精通
MCS-51
单片机C语言编程

赵 杰 王丽 谢东岩 编著

清华大学出版社

北京

内 容 简 介

本书以目前广泛使用的 MSC-51 系列单片机为背景，系统阐述 MCS-51 单片机的硬件结构、指令系统及汇编语言程序设计、单片机 C 语言及程序设计，并在此基础上，介绍了 MSC-51 单片机的并行 I/O 端口、定时器/计数器、中断系统、串行 I/O 接口，以及扩展存储器、并行 I/O 接口、输入/输出人机接口、A/D 与 D/A 转换的接口技术和应用实战案例。除第 3 章外，程序设计以 C 语言为主，为了与汇编衔接，个别实例同时给出汇编程序。

全书内容系统全面、结构合理，论述深入浅出、循序渐进，书中对每个知识点都提供了详细的实例，实例丰富、新颖，易于掌握，书中实例大多来源于科研工作及教学实践，理论联系实际，涉及面广、实用性强。

本书可作为高等院校自动化、计算机、电子信息工程、测控技术与仪器等电类专业教材，也可作为各类培训机构教材。

图书在版编目（CIP）数据

精通 MCS-51 单片机 C 语言编程 / 赵杰，王丽，谢东岩编著. —北京：清华大学出版社，2015
ISBN 978-7-302-36855-7

Ⅰ. ①精… Ⅱ. ①赵… ②王… ③谢… Ⅲ. ①单片微型计算机 Ⅳ. ①TP368.1

中国版本图书馆 CIP 数据核字（2014）第 127076 号

责任编辑：袁金敏
封面设计：刘新新
责任校对：徐俊伟
责任印制：何　芊

出版发行：清华大学出版社
　　　　网　　　址：http://www.tup.com.cn，http://www.wqbook.com
　　　　地　　　址：北京清华大学学研大厦 A 座　　　邮　　编：100084
　　　　社　总　机：010-62770175　　　　　　　　　邮　　购：010-62786544
　　　　投稿与读者服务：010-62776969，c-service@tup.tsinghua.edu.cn
　　　　质　量　反　馈：010-62772015，zhiliang@tup.tsinghua.edu.cn
印　装　者：北京密云胶印厂
经　　　销：全国新华书店
开　　　本：185mm×260mm　　　印　张：23　　　　字　　数：574 千字
版　　　次：2015 年 1 月第 1 版　　　　　　　　印　　次：2015 年 1 月第 1 次印刷
印　　　数：1～3500
定　　　价：49.00 元

产品编号：055459-01

前　言

基本内容

　　随着科学技术日新月异，自动化程度不断提高，单片机技术在各领域的应用飞速发展。由于单片机具有体积小、成本低、功能强、可靠性高等特点，因而广泛应用于工业控制、仪器仪表、汽车、舰船、航空航天、军事、通信、办公自动化和智能终端等领域。

　　单片机种类和型号繁多，各种高性能的不同型号单片机不断问世，但 8 位单片机仍以其突出的性价比、成熟的开发和应用技术，在单片机应用领域占有非常重要的地位。20 世纪 80 年代中期，Intel 公司将 MCS-51 内核使用权转给世界许多著名的 IC 制造厂家，这样，世界各大公司以 8051 基本内核为核心，发展出上百个品种，使得 MCS-51 成为一个大家族，直到现在，MCS-51 系列或其兼容的单片机仍是应用的主流产品之一。此外，MCS-51 单片机硬件结构清晰、指令可读性强，常作为初学者首选。

　　本书共分为 13 章，各章具体内容如下。

- ❑ 第 1 章：介绍了单片微型计算机及 MCS-51 系列单片机，主要讲解了 MCS-51 单片机的主要硬件结构。
- ❑ 第 2 章：主要讲解了 MCS-51 单片机的指令系统及汇编语言程序设计。
- ❑ 第 3 章：主要讲解了 MCS-51 的 C51 语言编程方法及实例。

　　通过对第 2 章和第 3 章的学习，帮助读者掌握基本程序设计语言，为编程打下基础，从第 4 章开始介绍单片机的内部资源。

- ❑ 第 4 章：主要讲解了 MCS-51 单片机的并行 I/O 端口。
- ❑ 第 5 章：主要讲解了 MCS-51 单片机的定时器/计数器。
- ❑ 第 6 章：主要讲解了 MCS-51 单片机的串行接口。
- ❑ 第 7 章：主要讲解了 MCS-51 单片机的中断系统。

　　从第 8 章开始介绍单片机的接口技术。

- ❑ 第 8 章：主要讲解了单片机存储器的扩展。
- ❑ 第 9 章：主要讲解了单片机并行 I/O 接口的扩展。
- ❑ 第 10 章和第 11 章：主要讲解了单片机的输入/输出人机接口。
- ❑ 第 12 章：主要讲解了单片机与 A/D、D/A 转换器的接口。
- ❑ 第 13 章：从应用实战案例出发，具体介绍如何根据应用需求，进行应用系统的软、硬件设计。

主要特点

　　本书以 MCS-51 单片机为核心，面向应用，主要有以下特点。

- ❑ 在内容编排上层次分明，由浅入深。首先介绍了 MCS-51 单片机的结构原理及软件编程语言，然后依次讲述了 MCS-51 单片机的内部资源、MCS-51 单片机的扩展技术，最后通过应用实战案例实现单片机的应用系统设计。
- ❑ 实例丰富，易于掌握。书中的各知识点多以实例来诠释，浅显易懂。实例是作者在科研和教学中反复提炼出来的，涉及面广、实用性强。
- ❑ 程序设计以 C 语言为主。C 语言是目前使用最广的单片机应用系统编程语言，更容易理解和掌握，也适于系统程序的开发。
- ❑ 汇编语言为辅。程序设计主要采用 C 语言，配有汇编指令介绍，个别程序同时配有汇编，有利于读者深入理解单片机的结构及工作原理。

读者对象

本书可作为院校自动化、计算机、电子信息工程、测控技术与仪器等电类专业教材，也可作为各类培训机构教材。

本书由赵杰编写第 1、2、4、5 章，王丽编写第 10、11 章，谢东岩编写第 3、6 章，韩龙编写第 12、13 章，杨立新编写第 7、8、9 章。参加本书编写工作的还有管殿柱、宋一兵、赵景波、李文秋、王献红、张忠林、谈世哲、初航等。

在本书编写过程中，参阅了大量的文献，在此谨向这些文献的作者致以衷心的感谢。

由于编者水平有限，书中错误及疏漏之处在所难免，恳请读者批评指正，提出宝贵意见。

感谢您选择了本书，希望我们的努力对您的工作和学习有所帮助，也希望您把对本书的意见和建议告诉我们。

零点工作室网站地址：www.zerobook.net
零点工作室联系信箱：gdz_zero@126.com

零点工作室

目　　录

第 1 章　MCS-51 系列单片机结构

1.1　单片微型计算机概述

随着社会的发展、科技的进步，微型计算机不断更新换代，新产品层出不穷。在微型计算机的大家族中，近年来单片微型计算机颇具生命力，发展迅速。

微型计算机包括运算器、控制器、存储器、输入/输出接口 4 个基本组成部分。如果把运算器与控制器封装在一块芯片上，该芯片称为微处理器，如果将微处理器与大规模集成电路制成的存储器和输入/输出接口电路在印制电路板上用总线连接起来，就构成了微型计算机。如果在一块芯片上集成了微型计算机的 4 个基本组成部分，则该芯片称单片微型计算机（Single-Chip Microcomputer），简称单片机。

单片机机型种类繁多，不同型号的单片机芯片内部集成的各部件不尽相同，一般包括中央处理器（Central Processing Unit，简称 CPU，包含运算器和控制器）、随机存取存储器（Random Access Memory，RAM）、只读存储器（Read Only Memory，ROM）和各种输入输出接口（定时/计数器、并行 I/O 口、串行口、A/D、D/A 以及 PWM 等）。单片机扩展适当的外部设备，并与软件结合，构成单片机控制系统。

1.1.1　单片机的发展历史

1970 年微型计算机研制成功后，单片微型计算机随之出现。单片机的发展历史大致分为以下几个阶段。

1. 第一阶段（1974~1976年）

自 1974 年美国德州仪器（Texas Instrument）公司首次推出了 4 位单片机 TMS-1000 后，各个计算机生产公司竞相推出了自己的 4 位单片机，如美国国家半导体公司（National Semiconductor，NS）的 COP4XX 系列、日本电气公司（NEC）的 μPD75XX 系列、美国洛克威尔公司（Rockwell）的 PPS/1 系列、日本东芝公司（Toshiba）的 TMP47XXX 系列及日本松下公司（Panasonic）的 MN1400 系列等。4 位单片机主要用于家用电器、电子玩具的控制。1974 年，美国仙童（Fairchild）公司研制了世界上第一台 8 位单片机 F8，采用双片形式，需外加一块 3851 芯片，由两块集成电路芯片才能组成完整的单片机。从此，单片机开始迅速发展，应用领域也不断扩大，成为微型计算机的重要分支。

2．第二阶段——低性能单片机的探索阶段（1976~1978年）

1976 年 9 月美国 Intel 公司率先推出了 MCS-48 系列 8 位单片机以后，8 位单片机纷纷应运而生。以 Intel 公司的 MCS-48 系列单片机为代表，采用了单片结构，即在一块芯片内具有 8 位 CPU、定时/计数器、并行 I/O 口、RAM 和 ROM 等。由于受集成度（几千只晶体管/片）的限制，一般没有串行接口，并且寻址空间范围小（小于 8KB），性能上属于低档 8 位单片机。

3．第三阶段——高性能单片机阶段（1978~1983年）

随着集成电路工艺水平的提高，在 1978～1983 年，集成度提高到几万只晶体管/片，因而一些高性能 8 位单片机相继问世，如 1978 年摩托罗拉（Motorola）公司的 6801 系列、齐洛格（Zilog）公司的 Z8 系列、1979 年 NEC 公司的 μPD78XX 系列、1980 年 Intel 公司的 MCS-51 系列等。以 Intel 公司的 MCS-51 系列单片机为代表，在片内增加了串行接口，有多级中断处理系统，寻址范围可达 64KB，片内 ROM 容量达 4~8KB，有的片内带有 A/D 转换器。

4．第四阶段——8位单片机巩固发展及16位、32位单片机阶段（1983~）

1983 年以后，集成电路的集成度达到十几万只晶体管/片，一方面不断完善高性能 8 位单片机，另一方面 16 位单片机逐渐问世，如 1983 年 Intel 推出的 MCS-96 系列，1987 年 Intel 公司推出的 80C96，美国国家半导体公司推出的 HPC16040 和 NEC 公司推出的 783XX 系列等。16 位单片机 CPU 为 16 位，片内 RAM 和 ROM 容量进一步增大，实时处理能力更强，体现了微控制器的特征。例如，Intel 公司的 MCS-96 系列单片机，主振频率为 12MHz，片内 RAM 为 232 字节，ROM 为 8K 字节，8 级中断处理系统，片内带有多通道 10 位 A/D 转换器、高速输入/输出（HIS/HIO）、脉冲宽度调制输出（PWM）等。

自 1985 年以来，各种高性能、大存储容量、多功能的超 8 位单片机不断涌现，代表了单片机的发展方向。近年来出现的 32 位单片机，是单片机顶级产品，具有较高的运算速度，代表产品有 Motorola 公司的 M68300 系列、Hitachi（日立）公司的 SH 系列等。由于控制领域对 32 位单片机需求并不十分迫切，所以 32 位单片机应用并不是很多。

1.1.2　单片机的发展趋势

目前，单片机的主流产品仍然是 8 位高性能单片机，并向 CPU 功能增加、内部资源增多、引脚的多功能化、低电压、低功耗等方向发展。

（1）CPU 的改进

采用双 CPU 结构，增加数据总线宽度，采用流水线结构提高数据处理速度和运算速度，如 TMS320 系列信号处理单片机。

（2）存储器的发展

增大存储容量，片内 EPROM 开始 Flash 存储器化，并且程序保密化。

（3）片内 I/O 接口的改进

提高并行口的驱动能力，以减少外部驱动电路，增加 I/O 的逻辑控制功能。

（4）增加内部资源

随着集成工艺的不断发展，把更多的外部功能部件集成在单片机内，如 NS 公司把语音、图像部件集成到单片机中，Infineon 公司的 C167CS-32FM 单片机内集成有两个局部网络控制模块 CAN。与互联网连接是一种明显的发展趋势。

（5）串行总线结构

Philip（飞利浦）公司开发的新型总线结构-I2C（Inter-ICbus）总线用三条数据线代替并行数据总线，从而大大减少单片机引线，降低成本。

（6）低功耗化

与 CHMOS 工艺相比，CMOS 工艺具有工作电压范围宽、功耗低的优点。光刻工艺提高了集成度，从而使单片机更小、成本更低、工作电压更低、功耗更小。

1.1.3　单片机的应用

单片机具有体积小、价格低、性能强大、速度快、研究周期短、可靠性高、抗干扰能力强、技术成熟、易于产品化等特点，具有广泛的应用领域。单片机适应于控制系统，可以很方便地实现多机和分布式控制。

（1）工业控制

单片机广泛用于各种实时的工业控制系统、数据采集系统，如工业机器人、锅炉燃烧控制系统、供水系统、电机转速控制、温室控制、自动生产线控制和数控机床等。

（2）智能仪器仪表

单片机用于仪器仪表可以提高仪器仪表的精度和自动化程度，如各种智能测量仪表、智能传感器、色谱仪、示波器和医疗设备等。

（3）民用

家用电器是单片机的又一重要应用领域，如空调、电冰箱、洗衣机、电视机、电饭煲、微波炉和高档洗浴设备等，日常生活用品如电子玩具、录像机、手机、防盗报警器和音响设备等。

现代的办公自动化设备多数也嵌入了单片机，如打印机、传真机、复印机、绘图仪、考勤机等，各种计算机外围设备及智能接口如 CRT、硬盘驱动器、磁带机、UPS、各种智能终端等。此外，商用如自动售货机、电子收款机、电子称、IC 卡刷卡机、出租车计价器及仓储安全监测系统、商场保安系统、冷冻保险系统等。

（4）交通

在交通领域中，汽车、火车、飞机、航天器等均有单片机的广泛应用，如汽车的点火装置、变速器控制、集中显示系统、动力监测控制系统、自动驾驶系统、航天测控系统、黑匣子等。

（5）军工

航空航天系统和国防军事、尖端武器等，单片机的应用更是不言而喻，如飞机、军舰、坦克、导弹控制、鱼雷制导、智能武器、航天导航等。

（6）通信

如调制解调器、程控交换、手机、自动呼叫应答系统、列车无线通信系统、无线遥控等。

（7）多机分布式系统

在较复杂的工业系统中，经常采用分布式测控系统，单片机完成分布式系统的前端采集。

1.4.4　51 系列单片机

迄今为止，单片机的制造商很多，影响较大的公司及其主要产品有美国英特尔公司（Intel）的 MCS-48 系列、MCS-51 系列、MCS-96 系列，美国摩托罗拉公司（Motorola）的 6801、6802、6803、6805、68HC11 系列，美国齐洛格公司（Zilog）的 Z8、Super8 系列，美国艾特梅尔公司（Atmel）的 AT89 系列，美国仙童公司（Fairchild）的 F8 系列和 3870 系列，美国得克萨斯仪器仪表公司（TI）的 TMS7000 系列，美国国家半导体公司（NS）的 NS8070 系列，日本电气公司（NEC）的 μ COM87 系列，日本松下公司（Panasonic）的 MN6800 系列，日本日立公司（Hitachi）的 HD6301、HD63L05、HD6305 系列等。

Intel 公司单片机是目前应用最广、品种最多的单片机。MCS-48 系列单片机是 Intel 公司的早期产品，主要用于简单的应用系统，该系列产品中 8048/8748/8035 为基本类型，8049/8749/8039 为提高型，8050 为增强型。在 MCS-48 系列单片机基础上，Intel 公司于 1980 年研制出 MCS-51 系列 8 位高性能单片机。1983 年 Intel 公司推出功能更强的 MCS-96 系列 16 位单片机。

MCS 是 Intel 公司专用的单片机系列符号，MCS-51 系列单片机有多种产品，可分为两大系列：51 子序列和 52 子系列，其中，51 子系列是基本型，主要有 8031/80C31、8051/80C51、8751/87C51 机型，52 子系列是增强型，主要有 8032/80C32、8052/80C52、8752/87C52 机型，如表 1-1 所示。

表 1-1　MCS-51 系列单片机性能一览表

系列	型号	片内存储器		并行 I/O 口	串行 I/O 口	中断源	定时器/计数器	制造工艺
		片内 ROM	片内 RAM					
MCS-51 子系列	8031/80C31 BH	无	128B	4×8 位	1 个 UART	5	2×16 位	HMOS/CHMOS
	8051/80C51 BH	4KB 掩膜 ROM	128B	4×8 位	1 个 UART	5	2×16 位	HMOS/CHMOS
	8751/87C51 BH	4KB EPROM	128B	4×8 位	1 个 UART	5	2×16 位	HMOS/CHMOS
MCS-52 子系列	8032AH	无	256B	4×8 位	1 个 UART	6	3×16 位	HMOS
	8052AH	8KB 掩膜 ROM	256B	4×8 位	1 个 UART	6	3×16 位	HMOS
	8752AH	8KB EPROM	256B	4×8 位	1 个 UART	6	3×16 位	HMOS
	80C32	无	256B	4×8 位	1 个 UART	7	3×16 位	CHMOS
	80C52	8KB 掩膜 ROM	256B	4×8 位	1 个 UART	7	3×16 位	CHMOS
	87C52	8KB EPROM	256B	4×8 位	1 个 UART	7	3×16 位	CHMOS

1984 年 Intel 公司将 8051 的核心技术转让给了很多公司，如 Ateml、Philips、Analog

Devices、Dallas 公司等，这些厂家以 8051 为内核，生产与 MCS-51 系列兼容的单片机，这些兼容机对 8051 功能进行了扩充，不同型号功能有差别，但引脚和指令系统都是完全相同的，统称为 80C51 系列单片机。MCS-51 内核系列兼容的单片机是应用的主流产品，如目前流行的 89S51 等。

89S51 相对于 8051 增加的新功能如下。

- ❑ ISP 在线编程功能。这个功能的优势在于在线改写单片机存储器内的程序，是一个强大易用的功能。
- ❑ 工作频率为 33MHz。S51 具有更高工作频率，从而具有了更快的计算速度。
- ❑ 具有双工 UART 串行通道。
- ❑ 内部集成看门狗计时器。
- ❑ 全新的加密算法，程序的保密性大大加强。
- ❑ 兼容性方面：向下完全兼容 51 全部子系列产品，如 8051、89C51 等早期 MCS-51 兼容产品。

1.2　MCS-51 单片机内部结构

MCS-51 单片机是美国 Intel 公司于 1980 年推出的产品，直到现在，MCS-51 系列或其兼容单片机仍是应用的主流产品之一。

MCS-51 系列单片机产品主要包括 8031、8051、8751（CMOS 型）和 89C51（CHMOS 型）等通用产品，也是以 8051 为内核的各种增强型、扩展型等衍生产品的核心，这些产品结构基本相同，主要差别是存储器配置不同。8031 片内没有程序存储器，8051 内部设有 4K 字节的掩模 ROM 程序存储器，而 8751 是将 8051 片内的 ROM 换成了 4KB 的 EPROM，89C51 则将 EPROM 改成了 4KB 的 E^2PROM。

如图 1-1 所示为 MCS-51 单片机的基本结构，包括中央处理器（CPU）、片内数据存储器（RAM）、片内程序存储器（ROM）、特殊功能寄存器（SFR）、并行输入/输出口（P0、P1、P2、P3）、可编程串行口、定时器/计时器和中断系统，各部分通过内部总线相连。

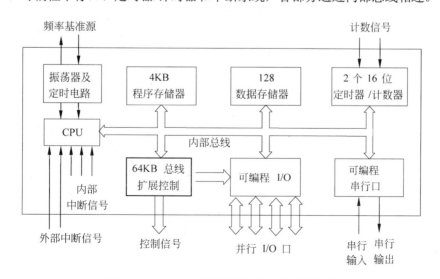

图 1-1　MCS-51 单片机系统基本组成结构图

MCS-51 单片机片内一般具有以下硬件资源。

- □ 一个 8 位微处理器 CPU；
- □ 布尔处理器，具有位寻址功能；
- □ 4KB 程序存储器 ROM；
- □ 128B 的片内数据存储器 RAM；
- □ 21 个特殊功能寄存器控制单片机各个部件的运行；
- □ 2 个 16 位可编程定时器/计数器；
- □ 4 个 8 位并行 I/O 口，共计 32 个双向可独立寻址的 I/O 口；
- □ 5 个中断源、两级中断优先级的中断控制器；
- □ 一个全双工的可编程异步串行通信口，通常称为 UART（通用异步接收发送器）；
- □ 片内振荡电路和时钟发生器，外接一晶振或输入振荡信号，可产生单片机运行所需要的各种时钟信号。

1.3 中央处理器

8051 单片机的内部总体结构框图如图 1-2 所示，图中主要绘出了 CPU 的内部结构，串行口、并行 I/O 口、定时器/计数器、中断的内部结构将在后面详细介绍。

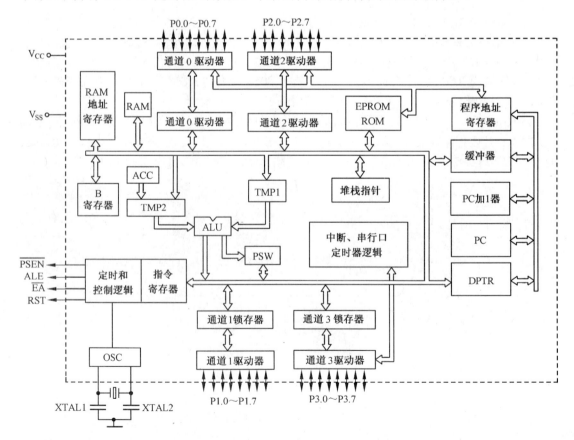

图 1-2 8051 单片机内部结构原理图

中央处理器（CPU）是单片机的核心部件，由运算器、控制器和布尔（位）处理器组成。

1. 运算器

运算器主要用来实现数据的传送、数据的算术运算、逻辑运算和位变量处理等，包括算术/逻辑单元 ALU、累加器 ACC、寄存器 B、暂存器 TMP1、暂存器 TMP2、程序状态寄存器 PSW 等。

（1）算术/逻辑单元 ALU

算术/逻辑单元 ALU 是运算器的核心部件，由加法器和其他逻辑电路组成，在控制信号的作用下，完成数据的算术和逻辑运算。

（2）累加器 ACC

累加器是一个 8 位寄存器，也是 CPU 中工作最忙碌的寄存器。ACC 中的操作数常作为一个操作数，经暂存器 2 进入 ALU，与另一个来自暂存器 1 的数据进行运算，而运算结果在大多数情况下送回 ACC 中。在指令系统中，对累加器直接寻址时使用助记符 ACC，此外，全部用助记符 A 表示。

（3）寄存器 B

寄存器 B 是一个 8 位寄存器，主要用于乘、除运算。在进行乘法和除法运算时，寄存器 B 用来存放一个操作数，并存放运算结果。寄存器 B 可以作为一般的寄存器使用。

（4）程序状态字 PSW

程序状态字 PSW（Program Status Word）是 8 位寄存器，用于指示程序运行状态信息。其中，有些位是根据程序执行结果由硬件自动设置的，而有些位可通过指令设定。PSW 的字节地址是 D0H，位地址是 D0H～D7H，PSW 中各标志位名称及位地址如表 1-2 所示。

表 1-2　程序状态字PSW格式

PSW	位地址	D7H	D6H	D5H	D4H	D3H	D2H	D1H	D0H
D0H	位符号	Cy	AC	F0	RS1	RS0	OV	—	P

- ❑ Cy（PSW.7）：进位标志。在加、减法运算时，若运算结果的最高位（D7 位）有进位或借位，Cy 由硬件自动置位，否则清零。此外，带进位循环移位指令和 CJNE 指令操作也会影响 Cy 标志。在位操作中，Cy 作为位处理器的位累加器，用 C 表示。

- ❑ AC（PSW.6）：辅助进位标志。在加、减法运算时，若运算结果的低半字节（D3 位）有进位或借位，Cy 由硬件自动置位，否则清零。

- ❑ F0（PSW.5）：用户自定义标志。用户可以根据自己的需要用软件置位或复位，作为某一执行状态的标志。

- ❑ RS1（PSW.4）、RS0（PSW.3）：工作寄存器组选择位。用户通过软件设置这两位，共 4 种组合，用来选择片内 RAM 中的 4 组工作寄存器之一，作为当前工作寄存器组，其对应关系如表 1-3 所示。

表 1-3　工作寄存器组的选择

RS1	RS0	工作寄存器组	工作寄存器名称	片内 RAM 地址
0	0	组 0	R0~R7	00~07H
0	1	组 1	R0~R7	08~0FH
1	0	组 2	R0~R7	10~17H
1	1	组 3	R0~R7	18~1FH

❑ OV（PSW.2）：溢出标志。当执行加、减法运算时，如果 D7 或 D6 位中有且只有一位产生进位或借位时，由硬件对 OV 自动置位；如果 D7 和 D6 位同时产生进位或借位，或者都没有进位或借位时，由硬件对 OV 自动清零。

在有符号数（补码）的加减运算中，OV=1 表示运算结果超出了累加器 A 的 8 位有符号数表示范围–128～+127，产生溢出，反映运算结果是错误的。OV=0 表示运算结果未发生溢出，结果正确。

此外，乘、除法运算也会影响 OV 标志。

❑ PSW.1：未定义。

❑ P（PSW.0）：奇偶标志。在每个指令周期根据累加器 A 中"1"的个数的奇偶性由硬件对 P 自动置位或复位。如果 A 中有奇数个"1"，则 P 置 1，有偶数个"1"，则 P 清零。

2．控制器

控制器是 CPU 的大脑中枢，统一指挥和控制单片机各部件协调工作。从程序存储器中取指令，送到指令寄存器，由指令译码器逐条进行译码，然后通过定时和控制电路在规定的时刻发出各种操作所需的内部和外部控制信号，使各部分协调工作，完成指令规定的各种操作。

控制器主要包括程序计数器 PC、指令寄存器 IR、指令译码器 ID、时钟控制逻辑、地址寄存器、地址缓冲器、数据指针寄存器 DPTR 和堆栈指针 SP 等。

（1）程序计数器 PC

PC（Program Counter）是一个 16 位的字节地址计数器，用来存放下一条要执行指令的存储单元地址。PC 的寻址范围为 64KB，即地址空间为 0000～0FFFFH。PC 具有自加 1 功能，CPU 根据 PC 指针指向的地址单元自动从程序存储器中取出指令执行。

程序计数器 PC 在物理上是独立的，不占用内部 RAM 单元，没有地址，因此，不可寻址。用户无法读写 PC，但是可以通过转移、调用、返回等指令修改 PC 内容，控制程序流向。

（2）指令寄存器 IR 和指令译码器 ID

从程序存储器中读取的指令代码存放在指令寄存器 IR（Instruction Register）中，由指令译码器 ID 对该指令进行译码，产生一序列的控制信号，控制逻辑电路完成指令规定的操作。

（3）数据指针寄存器 DPTR

DPTR（Data Pointer）是 16 位寄存器，也是 MCS-51 系列单片机中唯一一个 16 位寄存器，主要用于存放 16 位地址，以便访问 64KB 的外部程序存储器和数据存储器。DPTR 也可以作为两个独立的 8 位寄存器 DPH（高 8 位）和 DPL（低 8 位）使用。

（4）堆栈指针 SP

堆栈区（也称堆栈）是在片内 RAM 空间中专门开辟出的一个特殊用途的存储区，按着"先进后出"（先存入堆栈的数据后取出）的原则暂时存储数据。

堆栈区是动态变化的，堆栈指针 SP（Stack Pointer）是一个 8 位寄存器，用于指示堆栈栈顶单元地址，即 SP 始终指向栈顶。

新开辟的堆栈区是空的，无存储数据，此时，栈顶地址和栈底地址是重合的。数据进栈（数据写入堆栈）和出栈（从堆栈读出数据）都是在栈顶进行的，堆栈区栈底地址固定不变。单片机复位后，SP 的内容为 07H，即堆栈栈底为 07H，在程序运行中可通过修改 SP 设置堆栈区的初始位置，MCS-51 系列单片机的堆栈通常设置在内部 RAM 的 30H～7FH。例如，指令 MOV SP, #30H 将堆栈设置在内部 RAM 30H 以上单元。

操作堆栈有两种方式：一种是自动方式，在调用子程序或中断服务程序时，自动操作堆栈；另一种是指令方式，使用进栈指令 PUSH 和出栈指令 POP 操作堆栈。当数据进栈时，SP 自动加 1，然后将数据存入栈顶地址单元。随着存储数据的增多，栈顶向地址增大的方向生长，并且栈顶是有效数据，因此，又称 MCS-51 单片机的堆栈是满递增型堆栈。当数据出栈时，CPU 先将数据取出，然后 SP 自动减 1。当堆栈内所有的数据全部取出后，栈顶地址与栈底地址重合，堆栈区空，堆栈被释放。

3. 布尔处理器

与字节处理器对应，MCS-51 单片机的 CPU 中还设置了一个结构完整、功能极强的布尔处理器，这是 MCS-51 系列单片机的突出优点之一，适合于面向控制的应用。布尔处理器以 PSW 中的进位标志 Cy 作为累加器，专门处理位操作。

1.4　存　储　器

MCS-51 单片机的存储器分为程序存储器 ROM（Random Access Memory）和数据存储器 RAM（Read Only Memory），程序存储器和数据存储器空间是互相独立的。8051 内部有 4KB 的掩模 ROM 程序存储器，程序存储器通常用于固化程序、常数和数据表格；8051 内部有 128B 的 RAM 数据存储器，数据存储器存放程序运行中产生的中间结果、用作堆栈等。此外，MCS-51 单片机还有 128B 的特殊功能寄存器。

1.4.1　存储器地址分配

MCS-51 单片机存储器有片内和片外之分，集成在芯片内部的为片内存储器，采用专用的存储器芯片通过总线与 MCS-51 连接的为扩展的外部存储器。

程序存储器和数据存储器都可以采用专用芯片进行外部扩展，故在物理结构上，MCS-51 单片机有 4 个存储空间：片内程序存储器、片外程序存储器和片内数据存储器、片外数据存储器。

在访问这些存储器时，为了方便使用，在逻辑上划分为 3 个存储空间：片内和片外统一编址的 64KB 程序存储空间、256B 的片内数据存储空间和 64KB 的片外数据存储空间，其结构如图 1-3 所示。访问这 3 个不同的逻辑存储空间时，采用不同的指令，产生相应存储空间的选通信号。

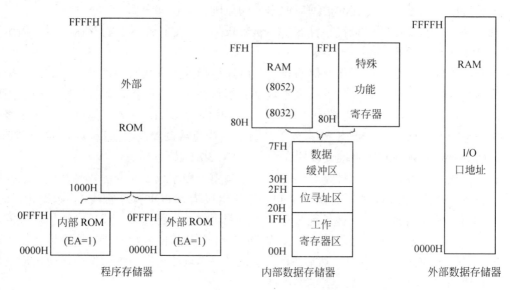

图 1-3　MCS-51 存储器地址分配

1.4.2　程序存储器

一般将只读存储器 ROM 用作程序存储器，片内和片外统一编址，程序计数器 PC 为 16 位寄存器，可寻址程序存储空间为 64KB。8051/8751/89C51 片内有 4KB 的掩膜 ROM/EPROM/FlashROM，其地址为 0000H～0FFFH，可扩展 64KB 的外部 ROM，其地址为 0000H～FFFFH。对于低地址重叠区，依据程序存储器选择引脚信号 $\overline{EA}$ 加以区分。当 $\overline{EA}$ 接低电平时，CPU 从片外程序存储器取指令。当 $\overline{EA}$ 接高电平时，CPU 从片内程序存储器取指令，当指令地址超过 0FFFH 时，自动转到片外程序存储器取指令。8031 片内无程序存储器，使用时 $\overline{EA}$ 必须接低电平，从片外程序存储器取指令。

MCS-51 程序存储器中有些单元具有特殊功能，作为主程序执行的起始地址和中断程序的入口地址，如表 1-4 所示，使用时应予以注意。

表 1-4　ROM 中保留的特殊功能存储单元

单元地址	功　能
0000H	复位后，PC=0000H，即程序从 0000H 单元开始执行
0003H	外部中断 0（INT0）入口地址
000BH	定时器/计数器 0（T0）入口地址
0013H	外部中断 1（INT1）入口地址
001BH	定时器/计数器 1（T1）入口地址
0023H	串行口中断入口地址

系统复位后，程序计数器 PC 总是指向 0000H 地址单元，复位结束后，CPU 从起始入口地址 0000H 开始执行程序，一般在 0000H 地址存放一条无条件转移指令，以便跳转到用

户程序的入口地址处执行用户程序。类似地,一般在中断服务程序的入口地址也存放无条件转移指令,响应中断后自动跳转到中断服务程序执行。因此,以上地址单元一般不用于存放其他程序。读取程序存储器中的常数,可用 MOVC 指令实现。

如果用 C 语言编程,则不需要考虑上述问题,这些问题均由编译系统解决,只要按照格式编写 main()函数和中断处理函数即可。

1.4.3　片内数据存储器

一般将随机存取存储器(RAM)用作数据存储器,MCS-51/52 系列单片机内部有128/256 字节的数据存储区(00H~7FH/00H~FFH)和特殊功能寄存器区。数据存储区的低 128 字节(00H~7FH)采用直接寻址或寄存器间接寻址,而高 128 字节(80H~FFH)只能采用寄存器间接寻址。

用 C 语言编程时,数据存储区的低 128 字节用关键字"data"定义变量,高 128 字节(52 系列)用关键字"idata"定义变量。

MCS-51 单片机内部 RAM 数据存储区 128 个字节单元又可分为工作寄存器区、位寻址区和数据缓冲区。

1. 工作寄存器区

工作寄存器又称通用寄存器,编程时用于临时存储 8 位数据。MCS-51 系列单片机有 8 个工作寄存器 R0~R7。

内部 RAM 的工作寄存器区地址为 00H~1FH,共计 32 个字节单元,为 8 个工作寄存器提供了 4 组地址,每组工作寄存器与 RAM 地址之间的对应关系如表 1-5 所示。

表 1-5　工作寄存器与RAM地址对应关系

RS1	RS0	寄存器组	R0	R1	R2	R3	R4	R5	R6	R7
0	0	第 0 组	00H	01H	02H	03H	04H	05H	06H	07H
0	1	第 1 组	08H	09H	0AH	0BH	0CH	0DH	0EH	0FH
1	0	第 2 组	10H	11H	12H	13H	14H	15H	16H	17H
1	1	第 3 组	18H	19H	1AH	1BH	1CH	1DH	1EH	1FH

在某一时刻,CPU 只能使用其中的一组工作寄存器,称正在使用的这组工作寄存器为当前工作寄存器组。程序状态寄存器 PSW 中 RS1 和 RS0 两位的状态组合用来选择当前工作寄存器组,如表 1-3 所示。利用这一特点,可以实现快速保护现场,提高了程序执行效率和响应中断的速度。

C 语言编程定义函数时,使用关键字"using"选择工作寄存器组。

2. 位寻址区

内部 RAM 的位寻址区地址为 20H~2FH,共计 16 个字节单元,这 16 个字节单元不仅可以按字节寻址,也可以对字节单元的每一位按位寻址,因此称位寻址区。从 20H 单元的第 0 位起到 2FH 单元的第 7 位止,16 个字节单元共计 128 位,对应位地址为 00H~7FH,如表 1-6 所示。

表 1-6 位寻址区位地址

字节地址	（MSB）		位	地	址		（LSB）
2FH	7FH	7EH	7DH	7CH	7BH	7AH	79H	78H
2EH	77H	76H	75H	74H	73H	72H	71H	70H
2DH	6FH	6EH	6DH	6CH	6BH	6AH	69H	68H
2CH	67H	66H	65H	64H	63H	62H	61H	60H
2BH	5FH	5EH	5DH	5CH	5BH	5AH	59H	58H
2AH	57H	56H	55H	54H	53H	52H	51H	50H
29H	4FH	4EH	4DH	4CH	4BH	4AH	49H	48H
28H	47H	46H	45H	44H	43H	42H	41H	40H
27H	3FH	3EH	3DH	3CH	3BH	3AH	39H	38H
26H	37H	36H	35H	34H	33H	32H	31H	30H
25H	2FH	2EH	2DH	2CH	2BH	2AH	29H	28H
24H	27H	26H	25H	24H	23H	22H	21H	20H
23H	1FH	1EH	1DH	1CH	1BH	1AH	19H	18H
22H	17H	16H	15H	14H	13H	12H	11H	10H
21H	0FH	0EH	0DH	0CH	0BH	0AH	09H	08H
20H	07H	06H	05H	04H	03H	02H	01H	00H

在 C 语言编程时，用关键字"bit"定义该区域的位变量，用关键字"bdata"定义该区域的字节变量，并且定义的变量可以进行位寻址。

3．数据缓冲区

内部 RAM 的数据缓冲区地址为 30H～7FH，即其余的 80 个字节单元，为用户 RAM 区。用户 RAM 区用于开辟堆栈、存放程序运行时的数据和中间结果。工作寄存器区和位寻址区中没有使用的单元也可作为一般的用户 RAM 单元使用。

4．特殊功能寄存器区

特殊功能寄存器（Special Function Register，SFR）又称专用寄存器，用来控制和管理单片机各部件的工作、反映各部件的运行状态、存放数据或者地址等。

MCS-51 单片机有 21 个特殊功能寄存器（PC 除外），离散分散在内部 RAM 特殊功能寄存器区的 80H～FFH 地址单元中，如表 1-7 所示。其余的空闲单元为保留区，无定义，用户不能使用。

除了特殊功能寄存器占用的 21 个单元外，80H～FFH 的其余空单元不能使用。

表 1-7 特殊功能寄存器地址对应表

寄存器符号	字节地址	寄存器名称
*ACC	E0H	累加器
*B	F0H	B 寄存器
*PSW	D0H	程序状态字
SP	81H	堆栈指针
DPL	82H	数据指针寄存器低 8 位
DPH	83H	数据指针寄存器高 8 位

续表

寄存器符号	字节地址	寄存器名称
*IE	A8H	中断允许控制寄存器
*IP	B8H	中断优先级控制寄存器
*P0	80H	P0 口锁存器
*P1	90H	P1 口锁存器
*P2	A0H	P2 口锁存器
*P3	B0H	P3 口锁存器
PCON	87H	电源控制及波特率选择寄存器
*SCON	98H	串行口控制寄存器
SBUF	99H	串行口数据缓冲寄存器
*TCON	88H	定时器控制寄存器
TMOD	89H	定时器方式选择寄存器
TL0	8AH	T0 低 8 位寄存器
TL1	8BH	T1 低 8 位寄存器
TH0	8CH	T0 高 8 位寄存器
TH1	8DH	T1 高 8 位寄存器

注意：标 "*" 的特殊功能寄存器既可以字节寻址，又可以位寻址。

字节单元地址能被 8 整除的特殊功能寄存器可以位寻址，可以位寻址的特殊功能寄存器有 11 个，这些特殊功能寄存器的每一位具有位地址和位名称，其位地址和位名称如表 1-8 中可位寻址特殊功能寄存器所示。

表 1-8　位地址空间

字节地址	位地址								SFR	
	(MSB)							(LSB)		
	B.7	B.6	B.5	B.4	B.3	B2	B.1	B.0	B	
F0H	F7H	F6H	F5H	F4H	F3H	F2H	F1H	F0H		
	ACC.	ACC.6	ACC.5	ACC.4	ACC.3	ACC.2	ACC.1	ACC.0	ACC	
E0H	E7H	E6H	E5H	E4H	E3H	E2H	E1H	E0H		
	Cy	AC	F0	RS1	RS0	OV		P	PSW	
D0H	D7H	D6H	D5H	D4H	D3H	D2H	D1H	D0H		
				PS	PT1	PX1	PT0	PX0	IP	可以位寻址特殊功能寄存器
B8H	BFH	BEH	BDH	BCH	BBH	BAH	B9H	B8H		
	P3.7	P3.6	P3.5	P3.4	P3.3	P3.2	P3.1	P3.0	P3	
B0H	B7H	B6H	B5H	B4H	B3H	B2H	B1H	B0H		
	EA			ES	ET1	EX1	ET0	EX0	IE	
A8H	AFH	AEH	ADH	ACH	ABH	AAH	A9H	A8H		
	P2.7	P2.6	P2.5	P2.4	P2.3	P2.2	P2.1	P2.0	P2	
A0H	A7H	A6H	A5H	A4H	A3H	A2H	A1H	A0H		
	SM0	SM1	SM2	REN	TB8	RB8	TI	RI	SCON	
98H	9FH	9EH	9DH	9CH	9BH	9AH	99H	98H		
	P1.7	P1.6	P1.5	P1.4	P1.3	P1.2	P1.1	P1.0	P1	
90H	97H	96H	95H	94H	93H	92H	91H	90H		

字节地址	位　　　地　　　址								SFR
	（MSB）							（LSB）	
	TF1	TR1	TF0	TR0	IE1	IT1	IE0	IT0	TCON
88H	8FH	8EH	8DH	8CH	8BH	8AH	89H	88H	
	P0.7	P0.6	P0.5	P0.4	P0.3	P0.2	P0.1	P0.0	P0
80H	87H	86H	85H	84H	83H	82H	81H	80H	
2FH	7FH	7EH	7DH	7CH	7BH	7AH	79H	78H	
2EH	77H	76H	75H	74H	73H	72H	71H	70H	
2DH	6FH	6EH	6DH	6CH	6BH	6AH	69H	68H	
2CH	67H	66H	65H	64H	63H	62H	61H	60H	
2BH	5FH	5EH	5DH	5CH	5BH	5AH	59H	58H	
2AH	57H	56H	55H	54H	53H	52H	51H	50H	
29H	4FH	4EH	4DH	4CH	4BH	4AH	49H	48H	
28H	47H	46H	45H	44H	43H	42H	41H	40H	位寻址区
27H	3FH	3EH	3DH	3CH	3BH	3AH	39H	38H	
26H	37H	36H	35H	34H	33H	32H	31H	30H	
25H	2FH	2EH	2DH	2CH	2BH	2AH	29H	28H	
24H	27H	26H	25H	24H	23H	22H	21H	20H	
23H	1FH	1EH	1DH	1CH	1BH	1AH	19H	18H	
22H	17H	16H	15H	14H	13H	12H	11H	10H	
21H	0FH	0EH	0DH	0CH	0BH	0AH	09H	08H	
20H	07H	06H	05H	04H	03H	02H	01H	00H	

访问特殊功能寄存器采用直接寻址方式，在指令中，可以使用特殊功能寄存器的符号，也可以使用特殊功能寄存器的字节单元地址。

C 语言不能识别位名称，在使用前必须先定义，多数已经在"reg51.h"、"reg52.h"等头文件中作了定义，还有一些未作定义，如 4 个并行 I/O 口 P0～P3 各位、累加器 A 各位、寄存器 B 各位等，在使用前需要用户定义。

1.4.4　片外数据存储器

MCS-51 单片机可以扩展 64KB 外部数据存储器，地址是 0000H～FFFFH。16 位数据指针寄存器 DPTR 可以对 64KB 的外部数据存储器和 I/O 寻址。片外数据存储器用作通用 RAM，主要存放采集或接受的数据、运算的中间数据、结果，或作为堆栈。

对于 0000H～00FFH 的低 256 字节，与片内数据存储器重叠，为了进行区分，使用不同的访问指令，访问片内数据存储器使用 MOV 指令，访问外部数据存储器使用 MOVX 指令，采用间接寻址方式，R0、R1 和 DPTR 作为间址寄存器。使用 MOVX 指令读/写片外 RAM 时，会自动产生读/写控制信号"$\overline{RD}/\overline{WR}$"，作用于片外 RAM 实现读/写操作。

C 语言编程使用关键字"xdata"或"pdata"定义外部 RAM 区变量、数组、堆栈。

1.5　MCS-51 系列单片机的引脚功能

　　MCS-51 系列单片机通常有两种封装形式，HMOS 型典型芯片一般采用 40 个引脚的双列直插式封装（DIP），CHMOS 型典型芯片多数采用 44 个引脚的方形封装（LCC 或 QFP），这两种封装形式引脚及其功能完全相同，只是引脚序号及其排列不同，方形封装中名称为 NC 的 4 个引脚为空引脚。

　　MCS-51 系列单片机双列直插式封装（DIP）的引脚图如图 1-4 所示。

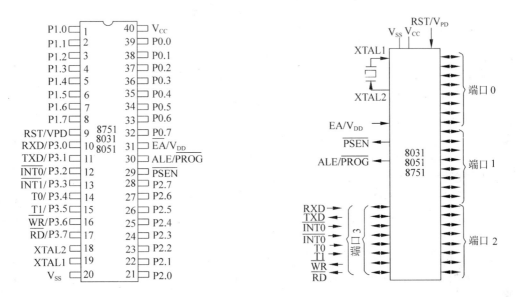

图 1-4　MCS-51 系列单片机芯片的引脚图及逻辑图

各引脚功能简要说明如下。

1. 电源引脚

□　V_{CC}（40 脚）：电源输入端，正常工作时接+5V 电源。

□　V_{SS}（20 脚）：共用接地端。

2. 时钟振荡电路引脚

□　XTAL1（19 脚）：片内振荡电路的输入端。

□　XTAL2（18 脚）：片内振荡电路的输出端。

提示：若要检查单片机的振荡电路是否工作，可以使用示波器查看 XTAL2 引脚是否有脉冲输出。

3. 输入/输出引脚

8051 有 4 个 8 位并行 I/O 端口，P0、P1、P2 和 P3。

（1）P0 端口

❏ P0.0～P0.7（39～32 脚）：漏极开路的 8 位准双向 I/O 端口。

当 CPU 访问外部存储器时，P0 口作为数据及低 8 位地址的分时复用总线。

对 EPROM 型芯片（如 8751）进行编程和校验时，P0 口用于输入、输出数据。

（2）P1 端口

❏ P1.0～P1.7（1～8 脚）：内部有上拉电阻的 8 位准双向 I/O 端口。

对 EPROM 型芯片（如 8751）进行编程和校验时，P1 口用于接收低 8 位地址。

（3）P2 端口

❏ P2.0～P2.7（21～28 脚）：内部有上拉电阻的 8 位准双向 I/O 端口。

当 CPU 访问外部存储器时，P2 口输出高 8 位地址。

对 EPROM 型芯片（如 8751）进行编程和校验时，P2 口用于接收高 8 位地址。

（4）P3 端口

❏ P3.0～P3.7（10～17 脚）：内部有上拉电阻的 8 位准双向 I/O 端口。

P3 口具有第二功能。

4．控制信号引脚

（1）复位信号/备用电源引脚

❏ RST/V_{PD}（9 脚）：复位信号输入引脚，高电平有效。当该引脚上输入持续 2 个机器周期（24 个时钟周期）以上的高电平时，单片机系统复位。在上电时，由于振荡器需要一定的起振时间，该引脚上的高电平必须保持 10ms 以上才能保证有效复位。

❏ V_{PD} 为备用电源输入引脚，以保持内部 RAM 中的数据不丢失。当主电源 V_{CC} 一旦发生掉电或电压降低到低电平规定值时，该引脚的备用电源（5±0.5V）接入，为内部 RAM 供电，以保证片内 RAM 中的数据不丢失。

（2）地址锁存允许/编程脉冲引脚

❏ ALE/$\overline{PROG}$（30 脚）：地址锁存允许信号，高电平有效。当访问外部存储器时，ALE 引脚输出一个高电平脉冲，其下降沿用于控制外接的地址锁存器，锁存 P0 口输出的低 8 位地址，从而实现地址/数据复用的 P0 口传送的 8 位地址与数据分离。ALE 引脚可以驱动 8 个 LS 型 TTL 负载。

ALE 引脚每个机器周期输出两个正脉冲，当访问外部数据存储器时，将丢失一个 ALE 脉冲。当没有外接外部存储器时，ALE 引脚输出周期性的脉冲信号，信号的频率是时钟振荡频率的 1/6，可以将该输出信号作为向外输出的时钟。

🔔提示：若要检查单片机是否工作，可以使用示波器查看该引脚是否有脉冲信号输出。

❏ $\overline{PROG}$ 为片内程序存储器的编程脉冲输入引脚，低电平有效。在对 8751 片内 EPROM 编程和校验时，此引脚输入 52ms 宽的负脉冲编程选通信号。

（3）访问外部程序存储器控制信号/编程电源引脚

❏ $\overline{EA}$/V_{PP}（31 脚）：访问外部程序存储器控制信号。8051 和 8751 单片机片内有 4KB 程序存储器。当 $\overline{EA}$ 为高电平时，CPU 访问内部程序存储器，当访问地址超出内部程序存储器 4KB 的范围（PC 值大于 0FFFH），自动转为访问外部程序存储器。

当 $\overline{\text{EA}}$ 为低电平时，则不论地址大小，CPU 只能访问外部程序存储器。8031 无片内程序存储器，故其 $\overline{\text{EA}}$ 必须接地，只能访问外部程序存储器。

❑ V_{PP} 为 8751 片内程序存储器 EPROM 的编程电源输入端，在编程时，该引脚需加 21V 的编程电压。

（4）外部程序存储器读选通信号引脚

❑ $\overline{\text{PSEN}}$（29 脚）：外部程序存储器读选通信号，低电平有效。

CPU 从外部程序存储器取指令或常数期间，$\overline{\text{PSEN}}$ 输出负脉冲信号，选通外部 ROM。当访问外部程序存储器时，每个机器周期 $\overline{\text{PSEN}}$ 有效两次。当访问外部数据存储器或片内程序存储器时，不会产生有效的 $\overline{\text{PSEN}}$ 信号，$\overline{\text{PSEN}}$ 始终为高电平。$\overline{\text{PSEN}}$ 可以驱动 8 个 LS 型 TTL 负载。

1.6　MCS-51 时钟和 CPU 时序

MCS-51 系列单片机的时钟电路用于产生单片机工作所需要的时钟信号。CPU 实质是一个复杂的同步时序电路，在时钟脉冲的作用下工作。在执行指令时，CPU 首先从程序存储器中取出需要执行指令的指令代码，然后对指令码译码，并由时序部件产生一系列控制信号完成指令的执行，这些控制信号在时间上的相互关系就是 CPU 时序。

1.6.1　时钟电路

MCS-51 系列单片机内部有一个高增益反相放大器，用于构成振荡器，但要形成时钟脉冲，需要附加外部电路。MCS-51 时钟可以由两种方式产生：内部时钟方式和外部时钟方式。

1．内部时钟方式

MCS-51 系列单片机内部有一个高增益反相放大器，引脚 XTAL1 和 XTAL2 分别是放大器的输入端和输出端，用于构成振荡器。一般在 XTAL1 和 XTAL2 引脚之间外接石英晶体振荡器（或陶瓷谐振器）和微调电容，从而构成一个稳定的自激振荡器。振荡频率为石英晶体的振荡频率，也就是单片机的工作主频，为单片机提供工作节拍，这就是单片机的内部时钟方式，如图 1-5 所示。

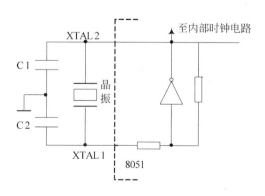

图 1-5　单片机内部时钟方式

振荡器发出的脉冲直接送入内部时钟电路，内部时钟发生器实质是一个分频电路，产生单片机工作所需的各种时钟信号。

晶振或陶瓷谐振器的频率范围可在 1.2～12MHz 之间选择，典型值取 6MHz。电容 C1 和 C2 为微调电容，一般取值在 5～30pF 之间，外接晶振时，C1、C2 通常选择 30pF 左右，外接陶瓷振荡器时，C1、C2 通常选择 47pF 左右。微调电容可稳定频率并对频率有微调的作用。为了减少寄生电容，保证振荡器稳定可靠地工作，设计硬件时振荡器和电容应尽可能靠近单片机 XTAL1 和 XTAL2 引脚。

2．外部时钟方式

外部时钟方式是采用外部振荡器，将外部时钟信号直接接到 XTAL1 或 XTAL2 引脚，为单片机提供基本的振荡信号。HMOS 和 CHMOS 型单片机外部时钟信号接入方式不同，如表 1-9 所示。

表 1-9　MCS-51 单片机外部时钟接入方式

单片机 工艺	接线方式	
	XTAL1	**XTAL2**
HMOS	接地	接片外时钟信号输入端（带上拉电阻）
CHMOS	接片外时钟信号输入端	悬空

采用外部时钟方式时，对于 HMOS 型单片机，外部时钟振荡脉冲信号接入 XTAL2 引脚，即此信号直接进入内部时钟电路的输入端，XTAL1 引脚接地。由于 XTAL2 的逻辑电平不是 TTL 的，故建议外接一个上拉电阻。对于 CHMOS 型单片机，外部时钟振荡脉冲信号接入 XTAL1 引脚，XTAL2 引脚悬空，如图 1-6 所示。

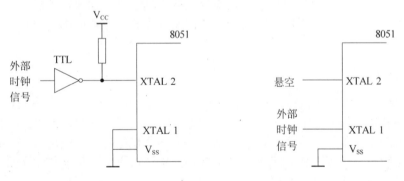

　　HMOS 型单片机的外部时钟方式　　　　　　CHMOS 型单片机的外部时钟方式

图 1-6　单片机外部时钟方式

在由多个单片机组成的系统中，为了保持各单片机之间的同步，往往需要统一的时钟信号，可采用外部时钟方式。一般要求外接时钟脉冲信号应是高、低电平持续时间大于 20ns，且频率低于 12 MHZ 的方波。

1.6.2　CPU 时序

1．时序单位

振荡电路产生的振荡信号，经单片机内部时钟发生器后，产生单片机工作所需要的各种时钟信号，如图 1-7 所示。

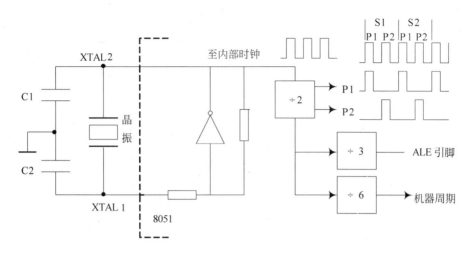

图 1-7　片内振荡器和时钟信号

（1）振荡周期

晶体或外部时钟发出的振荡脉冲的周期称为振荡周期，定义为时钟振荡频率（f_{OSC}）的倒数，是单片机最基本的、最小的时序单位。为了便于描述，振荡周期又称为拍，用 P 表示。

（2）状态周期

振荡脉冲经过二分频以后，得到单片机的内部时钟信号，用来协调单片机内部各功能部件按序工作，其周期称为状态周期，用 S 表示。振荡周期是单片机中最基本的时间单位，在一个状态周期内，CPU 仅完成一个最基本的动作。

一个状态包含两个拍，前半周期对应的拍称为 P1，后半周期对应的拍称为 P2。

（3）机器周期

完成一个基本操作所需要的时间称为机器周期。MCS-51 系列单片机有固定的机器周期，一个机器周期由 6 个状态组成，分别表示为 S1～S6，而一个状态包含两个拍，那么一个机器周期总共有 12 拍，依次表示为 S1P1，S1P2，S2P1，S2P2，…，S6P1，S6P2，即一个机器周期由 12 个时钟周期构成。

当振荡脉冲频率为 12MHz，一个机器周期为 1μs；当振荡脉冲频率为 6MHz，一个机器周期为 2μs。

（4）指令周期

执行一条指令所需的时间称之为指令周期，一般由若干个机器周期组成，指令不同，所需要的机器周期也不同。指令周期是单片机中最大的时序单位。

MCS-51 单片机执行不同的指令需要 1～4 个不等的机器周期，根据机器周期的不同，MCS-51 单片机指令分为单周期指令、双周期指令和 4 周期指令，只有乘法和除法两条指令为 4 周期指令，其余均为单周期和双周期指令。执行指令需要的机器周期数决定了指令的运算速度，机器周期数越少，指令执行速度越快。

双周期指令各时序单位之间的关系如图 1-8 所示。

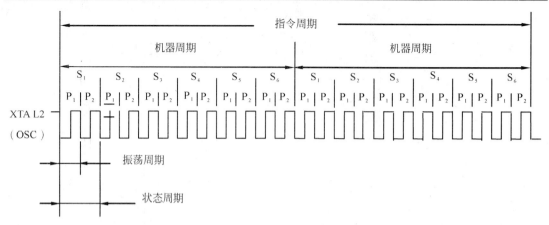

图 1-8　MCS-51 单片机时序单位的关系

2．MCS-51指令的取指/执行时序

每一条指令的执行都可以分为取指令和执行指令两个阶段。在取指阶段，CPU 从内部或外部程序存储器中取出操作码和操作数，送入指令寄存器，由指令译码器译码。在指令执行阶段，指令经指令译码器译码，产生一系列的控制信号，完成本指令规定的操作。

MCS-51 指令系统共有 111 条指令，按字节的长度可分为单字节指令、双字节指令和三字节指令。执行这些指令所用的时间也不相同，根据执行这些指令所需的机器周期数，可分为单字节单机器周期指令、单字节双机器周期指令、双字节单机器周期指令、双字节双机器周期指令、三字节双机器周期指令及单字节四机器周期（仅乘、除法）指令。

图 1-9 所示几种典型的单机器周期和双机器周期指令的取指时序。

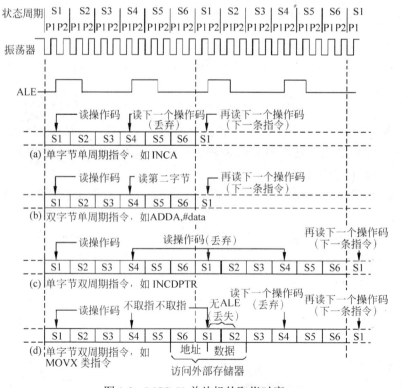

图 1-9　MCS-51 单片机的取指时序

ALE 是地址锁存信号，通常，每个机器周期地址锁存信号 ALE 有效两次，第一次在 S1P2 和 S2P1 期间，第二次在 S4P2 和 S5P1 期间，有效宽度为一个 S 状态，频率为振荡脉冲频率的 1/6。

每出现一次 ALE 信号，CPU 执行一次取指令操作，但并不是每次 ALE 信号有效时，都能读取有效的指令。

单字节单周期指令（如 INC A）只进行一次有效的读指令操作。在机器周期的 S1P2～S2P1 期间，ALE 第 1 次有效时，读取有效的指令操作码；在同一机器周期的 S4P2～S5P1 期间，ALE 第 2 次有效时，仍执行读操作，但由于程序计数器 PC 没有加 1，读出来的还是原指令，属于一次无效操作，所读的这个字节操作码被忽略，在 S6P2 结束时完成本次指令操作。

双字节单周期指令（如 ADD A,#data）对应于 ALE 信号的两次读指令操作都是有效的，第一次读指令的第 1 个字节，一般是操作码，第二次读指令的第 2 个字节，一般是操作数。

单字节双周期指令（如 INC DPTR）在两个机器周期内执行 4 次读指令操作，但只有第 1 次读操作有效，后 3 次读操作无效。

MOVX 类单字节双周期指令的执行情况有所不同，当 CPU 读写外部数据存储器 RAM 时，ALE 不是周期信号。执行这类指令时，先从程序存储器中读取指令，然后对外部 RAM 进行读或写操作。与其他指令类似，第一个机器周期是取指阶段，从外部 ROM 中读取指令的机器代码，第一个机器周期的第 1 次读指令有效，第 2 次读指令是无效操作。在 S4P2 结束后，将指令中指定的外部 RAM 单元地址送到总线上，P0 口为低 8 位地址 A7～A0，由第 2 个 ALE 信号进行锁存，P2 口为高 8 位地址 A15～A8。在第一个机器周期 S5 状态开始送出外部 RAM 地址，并在第二个机器周期访问外部 RAM，进行读/写数据。第二个机器周期访问外部被寻址和选通的 RAM。第二个机器周期中第 1 个 ALE 信号不再出现（丢失），而读信号 $\overline{RD}$ 或写信号 $\overline{WR}$ 有效，将数据送到 P0 口数据总线上，读入 CPU 或写入外部 RAM 单元。在此期间，无 ALE 信号输出（丢失一个 ALE 信号），不产生取指令操作。第 2 个 ALE 信号仍然出现，执行一次访问 ROM 的读指令操作，但属于无效操作。

注意：在访问外部 RAM 时，ALE 信号丢失一个周期，因此不能用 ALE 作为精确的时钟信号。

在图 1-9 的时序图中，只体现了取指令操作的相关时序，而没有表现执行指令的时序。每条指令的操作数类型不同，具体的执行时序也不同，如数据的算术运算和逻辑运算在拍 1 进行，而片内寄存器之间的数据传送在拍 2 进行，有兴趣的读者可参阅相关书籍。

1.7 MCS-51 单片机的工作方式

单片机的工作方式是系统设计的基础，通常，MCS-51 系列单片机的工作方式包括复位方式、程序执行方式、节电工作方式及编程和校验方式。

1.7.1 复位方式

复位是单片机的初始化操作。单片机在上电启动和死机状态下重新启动时都需要先复

位，使 CPU 及系统各部件都处于确定的初始状态，并从这个初始状态开始工作。MCS-51
单片机的复位是靠外部复位电路实现的。

1．复位状态

复位后单片机内各寄存器的状态如表 1-10 所示。

表 1-10　复位后内部寄存器状态

寄存器	复位状态	寄存器	复位状态
PC	0000H	TMOD	00H
ACC	00H	TL0	00H
B	00H	TH0	00H
PSW	00H	TL1	00H
SP	07H	TH1	00H
DPTR	0000H	TCON	00H
P0~P3	FFH	SCON	00H
IP	xx000000B	PCON	0xxx0000B
IE	0x000000B	SBUF	xxxxxxxxB

注意：x 表示其值不确定。

复位后，P0~P3 口内部锁存器置"1"，输出高电平且处于输入状态，堆栈指针 SP
为 07H，PC 和其他特殊功能寄存器清零。程序计数器 PC 指向 0000H，复位结束后，RST
引脚从高电平变为低电平，CPU 立刻从程序存储器的起始地址 0000H 开始执行程序。

此外，复位操作还对单片机的个别引脚有影响，在复位期间，ALE 和 $\overline{PSEN}$ 引脚为高
电平。内部 RAM 以及工作寄存器 R0~R7 的状态不受复位的影响，在系统上电时，RAM
的内容是不确定的。

2．复位电路

MCS-51 单片机的 RST 引脚是复位信号的输入端，复位信号高电平有效。在时钟电路
工作后，只要在 RST 引脚上输入持续 2 个机器周期（24 个时钟周期）以上的高电平时，
单片机系统内部复位。例如，单片机使用 6MHZ 的晶振，则复位脉冲宽度应在 4μs 以上。
在上电时，由于振荡器需要一定的起振时间，该引脚上的高电平必须保持 10ms 以上才能
保证有效复位。

MCS-51 单片机通常采用上电自动复位和按键手动复位两种复位电路。

上电自动复位电路如图 1-10 所示。

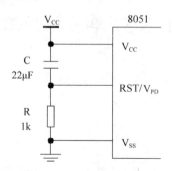

图 1-10　上电自动复位电路

上电自动复位是通过对电容充电实现的。上电瞬间，电流流过 R、C 回路，对电容充电，RST 引脚的电平为电阻 R 两端的压降，即高电平。RST 引脚高电平持续的时间取决于 RC 充电电路的时间常数。充电过程结束，RST 引脚为低电平。对于 CMOS 型单片机，在 RST 引脚内部有一个下拉电阻，故可将外部电阻去掉。由于下拉电阻较大，因此外接电容 C 可取 1μF。

按键手动复位电路如图 1-11 所示，具有上电自动复位和手动复位功能。

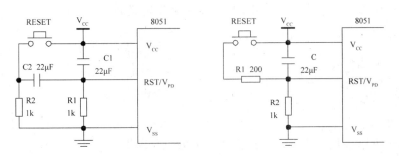

（a）按键脉冲复位　　　　　　　　　　　（b）按键电平复位

图 1-11　按键手动复位电路

未按下按键 S 时，电容 C 和电阻 R2 构成上电自动复位电路。当按下按键 S 后，电容迅速放电，RST 引脚为高电平；当按键 S 弹起后，V_{CC} 电源通过电阻 R2 对电容 C 重新充电，充电过程结束后，RST 引脚恢复低电平，手动复位过程结束。

在实际应用系统中，为了保证单片机可靠工作，常采用"看门狗"监视单片机的运行，故可采用带有看门狗的专用复位电路芯片，如 MAX813L、MAX690 等。

1.7.2　程序执行方式

这是单片机的基本工作方式，又分为连续执行工作方式和单步执行工作方式。

1. 连续执行工作方式

连续执行工作方式是所有单片机都需要的一种方式，这是程序执行的最基本方式。上电或按键手动复位结束后，CPU 从起始入口地址 0000H 开始执行程序，程序计数器 PC 具有自加 1 功能，CPU 根据 PC 指针指向的程序地址，自动连续执行程序，直到遇到结束或暂停标志。

2. 单步执行工作方式

这是用户调试程序的一种工作方式，一次执行一条指令。单步执行工作方式是利用单片机的外部中断功能实现的。MCS-51 单片机的中断规定，从中断服务程序返回之后，至少要再执行一条指令，才能再次相应中断。

在单片机开发系统上设置一专用的单步执行按键，作为单片机外部中断的中断源。从程序的某地址开始，启动一次只执行一条程序指令。按下单步执行按键，产生一个负脉冲，

向单片机的 $\overline{\text{INT0}}$ 或 $\overline{\text{INT1}}$ 引脚发出中断请求信号，编程设置使用电平触发方式，利用下面的 $\overline{\text{INT0}}$ 中断服务程序，就会出现一个脉冲产生一次中断。

汇编语言程序如下。

```
JNB P3.2,$
JB  P3.2,$
RETI
```

C 语言程序如下，使用前程序中的 P3_2 必须先定义。

```
void int_ex0 (void) interrupt 0
{
    while (P3_2==0);
    while (P3_2==1);
}
```

中断脉冲为低电平时响应中断，程序停留在第 1 行，脉冲变为高电平时，执行并停留在第 2 行。按下单步执行按键，脉冲再次变为低电平时退出中断服务程序，返回主程序，并且执行一条指令，然后再次响应中断进入中断服务程序。这样，单步执行按键动作一次，产生一个中断脉冲，启动一次中断处理过程，CPU 执行一条主程序指令，一步一步地实现单步操作。

1.7.3 节电工作方式

节电工作方式是一种能减少单片机功耗的工作方式，通常可分为空闲（待机）方式和掉电（停机）方式，是针对 CHMOS 型芯片而设计的，是一种低功耗的工作方式。HMOS 型单片机由于本身功耗大，不能工作在节电方式，但具有掉电保护功能。

1. HMOS型单片机掉电保护

在单片机工作时，如果供电电源发生停电或瞬间停电，将会使单片机停止工作。电源恢复时，单片机重新进入复位状态，断电前 RAM 中的数据全部丢失，这种现象对于一些重要的单片机应用系统是不允许的。在这种情况下，需要进行掉电保护。

单片机应用系统的电压检测电路，检测到电源电压 V_{CC} 下降到低于下限值时，触发外部中断 $\overline{\text{INT0}}$ 或 $\overline{\text{INT1}}$，在中断服务子程序中将必须保护的外部 RAM 中的有用数据送入内部 RAM 保存。因单片机电源入口的滤波电容的储能作用，可以有足够的时间完成中断操作。V_{CC} 继续下降，当 $V_{PD}>V_{CC}$ 时，由 V_{PD} 供电。

备用电源自动切换电路属于单片机内部电路，如图 1-12 所示。当电源电压 V_{CC} 高于 V_{PD} 引脚的备用电源电压时，VD1 导通，VD2 截止，单片机由电源供电；当 V_{CC} 降到比备用电源电压低时，VD2 导通，VD1 截止，单片机由备用电源供电。

备用电源只为单片机内部 RAM 和特殊功能寄存器提供维持电流，这时单片机的全部外部电路因停电而停止工作，时钟电路也停止工作，CPU 因无时钟也不工作。

当电源恢复时，备用电源继续供电一段时间，大约 10ms，以保证外部电路达到稳定状态。在结束掉电保护状态时，首要工作是将被保护的数据从内部 RAM 中恢复。单片机复位，重新由 V_{CC} 供电。

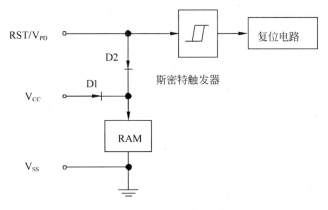

图 1-12　内部复位电路逻辑图

如图 1-13 所示是一个实用的掉电保护电路。当检测到电源故障时，立即通过外部中断输入引脚 $\overline{INT0}$ 中断单片机现行操作。外部中断 0 服务程序将有关数据送入片内 RAM 保存，然后向 P1.0 写入 0，P1.0 输出的这个低电平触发单稳态电路 MC7555。它输出电平的脉宽取决于 R、C 的取值及 V_{CC} 是否已掉电。当单稳态定时输出后，若 V_{CC} 仍然存在，这是一个假掉电报警，并从复位开始重新操作；若 V_{CC} 已掉电，则断电期间由单稳态电路给 RST/V_{PD} 供电，维持片内 RAM 处于"饿电流"供电状态保存信息，一直维持到 V_{CC} 恢复为止。

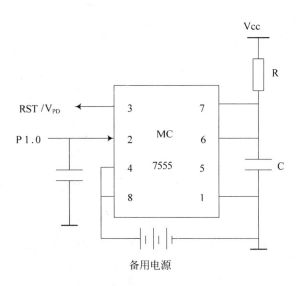

图 1-13　掉电保护电路

2．CHMOS型单片机的节电工作方式

CHMOS 型单片机是一种低功耗器件，正常工作时电流为 11～22mA，空闲状态时电流为 1.7～5mA，掉电方式时电流为 5～50μA。因此，CHMOS 型单片机系统适用于野外、井下和空中等场合采用电池供电的便携式仪器。

（1）电源控制寄存器 PCON

空闲方式和掉电方式都是由电源控制寄存器 PCON 中相应的位来控制。CHMOS 型单片机的电源控制寄存器 PCON 的字节地址是 87H,不能位寻址,各位的名称及功能如表 1-11 所示。

表 1-11　电源控制寄存器PCON各位的定义及功能

PCON	D7	D6	D5	D4	D3	D2	D1	D0	位序号
87H	SMOD	—	—	—	GF1	GF0	PD	IDL	位符号

🔔注意: HMOS 型单片机只有 SMOD 位。

- SMOD: 波特率倍增位,在串行通信中使用。
- GF1 和 GF0: 通用标志位。由用户通过软件置位、复位,描述中断来自正常运行方式还是空闲方式。
- PD: 掉电方式控制位。此位为 1 时,进入掉电工作方式。
- IDL: 空闲方式控制位,此位为 1 时,进入空闲工作方式。

如果 PD 和 IDL 同时为 1,则进入掉电工作方式。PD 和 IDL 的片内控制电路如图 1-14 所示。

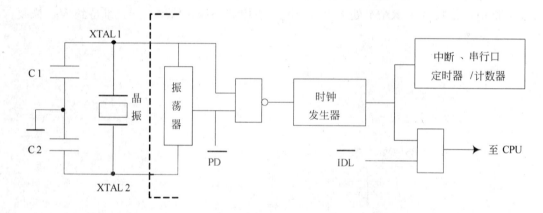

图 1-14　空闲和掉电方式控制电路

(2) 空闲工作方式

空闲工作方式是指 CPU 在不需要执行程序时停止工作,以取代不停的执行空操作或原地踏步等待操作,达到减小功耗的目的。

将电源控制寄存器 PCON 中的 IDL 位置 1 (如指令 ORL PCON, 01H),系统进入空闲工作方式。这种方式下,时钟电路正常工作,但送往 CPU 的时钟信号被封锁,CPU 停止工作,而中断系统、串行口、定时器/计数器仍继续工作并有时钟信号,如图 1-14 所示。通常 CPU 的耗电量占芯片总耗电量的 80%~90%,因此功耗大大降低了。CPU 内部状态保持不变,如堆栈指针 SP、程序计数器 PC、程序状态字 PSW、累加器 ACC 及所有的工作寄存器等保持不变,ALE 和 $\overline{\text{PSEN}}$ 维持高电平无效状态。

退出空闲工作状态有以下两种方法。

一种是中断退出。由于在空闲方式下中断系统还在工作,任何一个中断请求被响应,内部硬件电路自动将 IDL 位清零,单片机进入中断服务程序。执行完中断服务程序返回主程序，继续执行激活空闲方式指令（IDL 置位指令）的下一条指令。一般在设置 IDL 位进入空闲方式的同时，置位通用标志 GF0 或 GF1。用户可以在中断服务程序中通过查询通用标志 GF0 或 GF1，以确定当前的工作方式。

另一种是硬件复位退出。由于在空闲方式下振荡器仍然工作，在 RST 引脚保持两个机器周期的有效复位信号，系统硬件复位。复位后，各个特殊功能寄存器恢复默认状态，PCON 的 IDL 位清零，退出空闲工作方式。CPU 则从激活空闲方式指令的下一条指令继续执行。

🔔注意：为了防止对端口的操作出现错误，进入空闲方式指令的下一条指令不应该为写端口或写外部 RAM 的指令。

（3）掉电工作方式

将电源控制寄存器 PCON 中的 PD 位置 1（如指令 ORL PCON,02H），系统进入掉电工作方式。这种方式下，片内振荡器被封锁，由于没有振荡时钟，包括中断系统在内的所有功能部件都停止工作，只有内部 RAM 和特殊功能寄存器中的内容保持不变，ALE 和 $\overline{\text{PSEN}}$ 输出低电平。在掉电工作方式下，V_{CC} 可降至 2V，使片内 RAM 处于 50μA 左右的"饿电流"工作状态，功耗减到最小。

采用硬件复位的方法退出掉电工作方式。在退出掉电方式之前，V_{CC} 必须恢复到正常的工作电压。当 V_{CC} 恢复正常工作电压后，在 RST 引脚外加一个复位脉冲，要维持足够长的复位时间，通常需约 10 ms，以保证振荡器重新起振并达到稳定，退出掉电工作方式。

复位后特殊功能寄存器的内容初始化，但片内 RAM 中的数据不变，如果在掉电前预先把特殊功能寄存器中的内容保存到片内 RAM，则退出掉电工作方式后恢复特殊功能寄存器掉电前保护的内容，可继续执行掉电前的程序。

在设计低功耗应用系统时，外围扩展电路也应选择低功耗器件，才能达到低功耗的目的。

1.7.4　编程和校验方式

在 MCS-51 单片机中，对于内部集成有 EPROM 或 Flash ROM 的机型，如 8751 内部有 4KB EPROM，可以工作于编程和校验方式。不同型号的单片机，内部 ROM 的容量和特性不同，相应的编程、校验和加密方式也不同。

编程的主要操作是将原始程序、数据写入内部 EPROM 中。各种芯片的编程电压有所不同，最高不超过 21V，即使一个瞬间超过编程电压的尖峰脉冲也可能损坏芯片，因此，要求 V_{PP} 电源非常稳定并且不能有毛刺。编程时，编程时钟频率为 4～6MHz，V_{PP} 引脚提供稳定的编程电压，P2 口提供高 8 位地址，P1 口提供低 8 位地址，从 P0 口输入编程数据。$\overline{\text{PSEN}}$ 引脚为编程写控制信号，低电平有效，编程脉冲宽度为 52ms。每出现一个负脉冲，就完成一次写入操作。一般使用专门的编程器烧录程序，新型的单片机如 STC89C51，可以在线编程，不需要编程器，编程简单方便。

校验时，将 P2 口和 P1 口选中的 EPROM 单元中的内容读出到 P0 口，把该读出代码和编程时写入的编程代码进行比较，若两者相同，则该单元编程正确，若两者不同，则应查明原因重新进行编程，直到正确为止。

8751 系列和 89 系统单片机芯片内部有一个加密位，一旦该位被编程，便禁止用任何外部方法读/写内部程序，实现内部程序的保密。加密位编程后，可以正常执行内部程序存储器中的程序，但不能执行外部 ROM 中的程序。

不论是编程还是保密编程，可以在专用的 EPROM 擦除器中擦除程序代码。写入到 8751 EPROM 中的程序，在波长为 400nm 的紫外线光照射下，可以被擦除。擦除后，EPROM 中各位的内容均为 "1"。另外，E^{2}PROM 可以用电信号擦除。

1.8 思考与练习

1. MCS-51 系列单片机的基本型芯片分别为哪几种？它们的差别是什么？

2. 若累加器 A 中的内容为 63H，那么，P 标志位的值为多少？

3. 说明 AT89C51 单片机的引脚 $\overline{EA}$ 的作用，该引脚接高电平和低电平时各有何种功能？

4. 已知某单片机系统的外接晶体振荡器的振荡频率为 6MHz，计算该单片机系统的拍 P、状态 S、机器周期所对应的时间各是多少？指令周期中的单字节双周期指令的执行时间是多少？

5. 80C51 单片机的片内 RAM 低 128 单元分为哪几个主要部分？各部分的主要功能是什么？

6. MCS-51 单片机系统中，外接程序存储器和数据存储器共用 16 位地址线和 8 位数据线，为什么不会发生冲突？

第 2 章　MCS-51 汇编语言程序设计

指令系统是单片机程序设计的基础，在实际应用中大多数采用 C 语言设计程序，但对某些要求较高的系统，还是需要用汇编语言编写程序。

2.1　程序设计语言概述

程序设计语言可以分为机器语言、汇编语言和高级语言。

机器语言（machine language）是计算机唯一能直接识别和执行的指令，机器语言指令是一组二进制代码。机器语言程序运行效率高，但不便于阅读、书写和调试，容易出错，编程效率低，程序可维护性差。

汇编语言（assembly language）由助记符、保留字和伪指令等组成，用来替代机器语言进行程序设计。为了方便记忆和使用，可以用英文字符描述指令的功能，这就是助记符。采用助记符表示的指令称为汇编语言指令，汇编语言指令与机器语言指令一一对应。用汇编语言编写的程序称为汇编语言源程序，把汇编语言源程序翻译成机器语言的过程称为汇编，汇编可以分为机器汇编或人工汇编，汇编后的机器语言才能被识别和执行。采用汇编语言可以获得最简练的目标程序，可以准确地计算出操作控制时间，特别适用于实时控制系统。汇编语言缺乏通用性，程序不易移植，是一种面向机器的低级语言。

例如，将 11H 送到内部 RAM 20H 地址单元：

汇编语言指令：	MOV　20H,#11H
机器语言指令：	752011H

高级语言（high-level language）是一种面向算法、过程和对象且独立于机器的程序设计语言，是一种接近自然语言和人们习惯的数学表达式、直接命令的计算机语言，如 BASIC、C、FORTRAN、VB 等。高级语言直观、易学、通用性强、编程效率高，便于推广和交流。高级语言程序必须经过编译后编译成目标代码才能执行，编译后产生的目标程序大、占用内存多、运行速度慢、程序运行效率低。

2.2　指令格式和寻址方式

所谓指令，就是规定计算机进行某种操作的命令。一台计算机所能执行的指令集合称为该机器的指令系统。计算机的主要功能通过指令系统体现。指令系统是由生产厂商确定的，不同系列的机器其指令系统是不同的。

2.2.1 汇编语言指令格式

汇编语言语句是构成汇编语言源程序的基本单元。MCS-51 系列单片机汇编语言指令一般由标号、操作码、操作数和注释 4 部分组成，其格式如下。

[标号：] 助记符 [操作数 1] [,操作数 2] [,操作数 3] [;注释]

标号指出该条指令的起始地址，是一种符号地址，汇编时，以该指令所在的地址来代替标号。标号由 1～8 个 ASCII 码字符组成，第一个字符必须是字母，其余可以是字母、数字或其他特定字符，以分界符“：”结束。需要注意的是，标号不能使用汇编语言中的关键字，如指令助记符、伪指令即寄存器符号名称等。

助记符规定了指令的具体操作功能，是指令语句的核心，常用指令操作功能的英文缩写表示。每条指令必须有助记符，不能缺省，助记符与第一个操作数之间至少要有一个空格。

操作数指出指令的操作对象，可以是具体的数据，也可以是存放数据的地址。在一条指令中，可以没有操作数，也可以有 1 个或者多个操作数，多个操作数之间以逗号分隔。通常，双操作数中逗号前面的操作数称为源操作数，逗号后面的操作数称为目的操作数。指令中的操作数是二进制数，以 B 标识，如 10001100B；八进制数以 Q 标识，如 123Q，十进制数以 D 标识或省略，如 45D 或 45；十六进制以 H 标识，如 1000H，0A2H。

🔔注意：当十六进制数以字母开头，前面需加 0。

注释是为了方便阅读程序而为指令或程序添加的解释说明，以分号“；”开头，长度不限，需要换行时，在新一行开头使用“；”。

2.2.2 寻址方式

操作数是指令的一个重要组成部分，计算机执行程序就是不断寻找操作数并进行运算的过程，指出操作数或者操作数所在地址的方式称为指令的寻址方式。寻址方式越多，计算机功能越强，操作越灵活，指令系统也越复杂。寻址方式不仅影响指令的长度，还影响指令的执行速度。

MCS-51 系列单片机的指令系统共有 7 种寻址方式。

1. 立即寻址

在指令代码中直接给出操作数，这种寻址方式称为立即寻址，该操作数就是立即数。在操作数前面加“#”表示立即数，通常使用#data8 或#data16，用以与直接寻址方式中的直接地址 direct 或 bit 相区别。

📖 立即寻址方式操作数存储空间：程序存储器。

例如，

```
MOV R0,#45H   ;R0←45H
```

指令中 45H 为立即数，该指令的功能是将 45H 送入工作寄存器 R0 中。指令执行后，（R0）=45H。立即寻址方式示意图如图 2-1 所示。

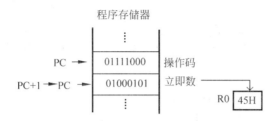

图 2-1　MOV R0,#45H 立即寻址示意图

2. 直接寻址

在指令中直接给出操作数的地址为直接寻址方式。

直接寻址方式操作数存储空间：（1）片内 RAM 低 128 个字节单元；（2）特殊功能寄存器 SFR。

注意：直接寻址是访问特殊功能寄存器的唯一方法，直接地址也可以采用特殊功能寄存器的符号名称来表示。

例如，

```
MOV R0,45H    ;R0←（45H）
```

该指令的功能是将片内 RAM 的 45H 单元中的内容送入工作寄存器 R0 中。45H 是操作数所在的地址，如果执行指令前 45H 地址单元中存储的内容数据为 71H，即（45H）=71H，该内容就是操作数，则执行指令后工作寄存器 R0 中的内容为 71H，即（R0）=71H，45H 地址单元中的内容保持不变，即（45H）=71H。直接寻址方式示意图如图 2-2 所示。

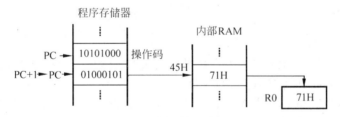

图 2-2　MOV R0,45H 直接寻址示意图

3. 寄存器寻址

指令中含有寄存器，寄存器中的内容就是操作数，这种寻址方式称为寄存器寻址方式。能够实现寄存器寻址的寄存器有通用寄存器 R0～R7 和专用寄存器 A、B、DPTR、Cy。

寄存器寻址方式操作数存储空间：（1）4 组工作寄存器 R0～R7，通过 PSW 中的 RS1 和 RS0 选择当前工作寄存器组；（2）累加器 A、寄存器 B 和数据指针 DPTR。

例如，

```
MOV A,R0        ;A←（R0）
```

该指令的功能是将工作寄存器 R0 中的内容送入累加器 A 中。如果执行指令前工作寄存器 R0 中存储的内容为 55H，即（R0）=55H，该内容就是操作数。执行指令后累加器 A 中的内容为 55H，即（A）=55H，R0 中的内容保持不变，即（R0）=55H。寄存器寻址方式示意图如图 2-3 所示。

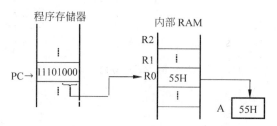

图 2-3   MOV A,R0 寄存器寻址示意图

4. 寄存器间接寻址

指令中含有寄存器，寄存器中的内容作为单元地址，该单元地址中的内容为操作数，这种寻址方式称为寄存器间接寻址方式。在寄存器间接寻址方式中，寄存器名称前必须加符号"@"。能够实现寄存器间接寻址的寄存器有通用寄存器 R0、R1 和数据指针 DPTR。

📖 寄存器间接寻址方式操作数存储空间如下。（1） 内部 RAM 低 128 个字节单元，使用 R0 或者 R1 作为间址寄存器；（2） 访问外部 RAM 单元地址有两种形式：使用 R0 或者 R1 作为间址寄存器可以访问外部低 256B 单元地址；使用 16 位的数据指针 DPTR 作为间址寄存器可以访问整个外部 RAM 的 64KB（0000H－FFFFH）的地址空间；（3） 使用堆栈操作指令 PUSH 或 POP，以堆栈指针 SP 作为间址寄存器访问片内 RAM 堆栈区。

例如，

```
MOV A,@R0        ;A←（（R0））
```

该指令中工作寄存器 R0 中的内容是操作数所在的地址，该地址中的存储内容为操作数。如果执行指令前工作寄存器 R0 的内容为 66H，即（R0）=66H，在存储器 66H 地址单元中存储的内容为操作数。如果 66H 地址单元中存储的数据为 2AH，即（66H）=2AH，则 2AH 就是操作数。执行指令后累加器 A 中的内容为 2AH，即（A）=2AH，存储单元 66H 和 R0 中的内容均保持不变，即（66H）=2AH，（R0）=66H。寄存器间接寻址方式示意图如图 2-4 所示。

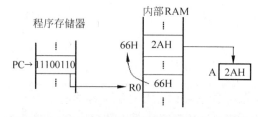

图 2-4   MOV A,@R0 寄存器间接寻址示意图

5．变址寻址

以程序计数器 PC 或数据指针 DPTR 作为基址寄存器，以累加器 A 作为变址寄存器，基址寄存器和变址寄存器的内容相加形成 16 位的单元地址，该单元地址中的内容为操作数。这种寻址方式称为基址加变址寄存器间接寻址方式，简称变址寻址。

这种寻址方式用于读取程序存储器中的数据表格或者实现程序的跳转。

📖　变址寻址方式操作数存储空间：程序存储器。A 是 8 位无符号偏移量，可以表示的偏移量范围是 00H ~ FFH。以 PC 为基址寄存器的指令寻址范围是程序存储器相对于 PC 当前值的 0 ~ +255 之间的 256 个字节，以 DPTR 为基址寄存器的指令寻址范围是整个程序存储器。

例如，

```
MOVC A,@A+DPTR   ;A← ((A) + (DPTR))
```

执行指令前累加器的内容为 32H，即（A）=32H，数据指针 DPTR 的内容为 1000H，即（DPTR）=1000H，程序存储器 1032H 中的内容为 9BH，即（1032H）=9BH。该指令的功能是将 DPTR 的内容和 A 的内容相加，得到 16 位地址 1032H，该地址程序存储器中的内容 9BH 就是操作数。执行指令后累加器 A 中的内容为 9BH，即（A）=9BH，数据指针 DPTR 的内容保持不变，即（DPTR）=1000H。变址寻址方式示意图如图 2-5 所示。

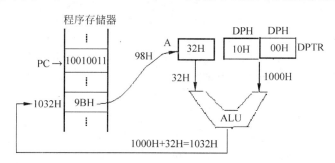

图 2-5　MOV A,@A+DPTR 变址寻址示意图

6．相对寻址

指令中含有相对地址偏移量 rel，将程序计数器 PC 的当前值（PC 当前值是正在执行指令的下一条指令的首地址）作为基地址，与指令中的相对地址偏移量 rel 相加，和作为程序的转移目标地址送入 PC 中，这种寻址方式称为相对寻址方式。相对转移指令的目标地址可以表示为：

```
目标地址=相对转移指令地址+相对转移指令字节数+偏移量 rel
```

相对寻址方式只用于相对转移指令中，对程序存储器 ROM 进行寻址，通过修改 PC 指针实现程序的分支转移。

📖　相对寻址方式操作数存储空间：相对地址偏移量 rel 是一个带符号的 8 位二进制补码，指令的寻址范围是程序存储器相对于 PC 当前值的–128 ~ +127 之间的 256 个字节空间。

例如，

```
SJMP 43H   ;PC←（PC）+2, PC←（PC）+rel
```

这是一条无条件相对转移指令，是双字节指令，指令代码为 8021H，假设存储在程序存储器 ROM 的 2300H 和 2301H 这两个地址单元中。读取该指令后，PC 指向下一条指令的首地址 2302H，执行该指令得到目标地址 2302H+43H=2345H 送入 PC 中，执行指令后 PC 的值为 2345H，程序将跳转到 2345H 处继续执行，实现了程序的跳转。相对寻址方式示意图如图 2-6 所示。

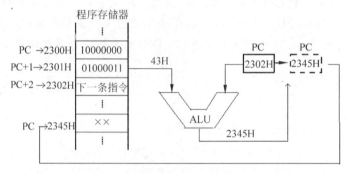

图 2-6 JZ 30H 相对寻址示意图

7．位寻址

指令中含有位地址，位地址单元中的二进制位就是操作数，这种寻址方式元地址称为位寻址方式。

📖 位寻址方式操作数存储空间：MCS-51 单片机内部 RAM 有两个区域可以位寻址，内部 RAM 20H～2FH 这 16 个字节单元对应的 128 个位单元；特殊功能寄存器中字节地址能被 8 整除的单元中的相应的 83 个位单元，如表 1-8 所示。

例如，

```
MOV C,2EH ;Cy ←（2EH）
```

这是一条位操作指令，指令中 2EH 是位地址，位地址单元中的内容是操作数 0 或 1。如果执行指令前位地址 2EH（内部 RAM 25H 字节单元地址的次高位）中的内容为 1，即（2EH）=1，执行指令后位累加器 Cy 中的内容为 1，即（Cy）=1。位寻址方式示意图如图 2-7 所示。

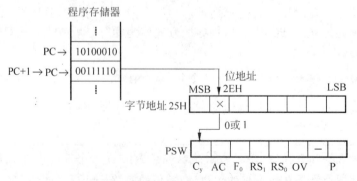

图 2-7 MOV C,2EH 位寻址示意图

2.3　MCS-51 单片机的指令系统

　　MCS-51 系列单片机的指令系统共有 111 条指令，这些指令在程序存储器中占有的字节数不同，其中，单字节指令 49 条、双字节指令 46 条、三字节指令 16 条；执行一条指令需要的时间也不同，一般用机器周期表示，单机器周期指令 65 条、双机器周期指令 44 条、四机器周期指令 2 条。

　　指令的操作功能不同，按其功能可以分为数据传送指令（29 条）、算术运算指令（24 条）、逻辑运算指令（24 条）、控制转移指令（17 条）和位操作指令（17 条）五大类。下面按着功能分类分别介绍这 111 条指令。

　　在 MCS-51 单片机汇编指令系统中，约定了一些描述指令常用的符号，说明如下。

　　（1）Rn——当前选择的工作寄存器组的通用寄存器 R0～R7（n=0～7）。

　　（2）@Ri——通用寄存器 R0 或 R1（i=0 或 1）间接寻址的片内 RAM 单元。"@"为间接寻址标志。

　　（3）@DPTR——以 16 位数据指针 DPTR 间接寻址的外部 RAM 单元。

　　（4）direct——8 位直接地址，可以是内部 RAM 单元地址 00H～7FH 或特殊功能寄存器 SFR 的地址。

　　（5）#data——8 位二进制立即数。"#"为立即数标志。

　　（6）#data16——16 位二进制立即数。

　　（7）addr16——16 位直接地址。LJMP 和 LCALL 指令中作为转移目标地址，转移地址范围为 64k，指令中常用标号代替。

　　（8）addr11——11 位直接地址。AJMP 和 ACALL 指令中作为转移目标地址，转移地址范围为 2k，指令中常用标号代替。

　　（9）rel——相对地址偏移量，8 位二进制有符号数–128～+127，以补码表示，指令中常用标号代替。

　　（10）bit——位地址。

　　（11）/——位操作数的取反标志。/bit 表示位地址 bit 的内容取反后作为操作数，位地址 bit 中的原内容不变。

　　（12）（X）——表示 X 地址单元中的内容。

　　（13）（（X））——表示以 X 地址单元中的内容作为寻址的地址，地址中的内容。

　　（14）$——当前指令的首地址。

　　（15）←——操作数传送方向，将箭头右边的操作数送入箭头左边的地址单元。

2.3.1　数据传送指令

　　数据传送是一种最大量、最基本、最主要的操作。MCS-51 单片机提供了极其丰富的数据传送指令，共有 29 条，其一般功能是把源操作数传送到目的操作数。指令执行后，源操作数不变，目的操作数修改成与源操作数相同。数据传送指令主要用于数据的传送、保存和交换等情况下，不影响除奇偶标志位 P 外的其他标志位（如 Cy、AC、OV 等）。

1. 内部RAM数据传送指令（16条）

内部数据传送指令的源操作数和目的操作数是片内 RAM 或者特殊功能寄存器的地址，其传送速度快，寻址方式灵活多样。

（1）以累加器 A 为目的操作数的数据传送指令

```
MOV A,Rn      ; A←（Rn）
MOV A,direct  ; A←（direct）
MOV A,@Ri     ; A←（（Ri））
MOV A,#data   ; A← data
```

指令的功能是将源操作数送入累加器 A 中，累加器 A 为目的操作数，该指令只影响 PSW 中的奇偶校验标志位 P，不影响其他标志位，指令如表 2-1 所示。

表 2-1　以累加器A为目的操作数的数据传送指令

汇编指令	十六进制指令代码	目的操作数寻址方式	源操作数寻址方式	代码长度（字节）	T_{osc}（振荡周期）	T_M（机器周期）
MOV A,Rn	E8～EF	寄存器寻址	寄存器寻址	1	12	1
MOV A,direct	E5 direct	寄存器寻址	直接寻址	2	12	1
MOV A,@Ri	E6 E7	寄存器寻址	寄存器间址	1	12	1
MOV A,#data	74 data	寄存器寻址	立即寻址	2	12	1

注意：n 的范围为 0~7，Rn 对应 R0~R7，对应指令代码 0~7；i 的范围为 0~1，Ri 对应 R0~R1，对应指令代码 0~1。

【例 2-1】 分析几个指令的功能。

```
MOV A,R3     ; A←（R3）
MOV A,49H    ; A←（49H）
MOV A,@R1    ; A←（（R1））
MOV A,#5EH   ; A← 5EH
```

【例 2-2】 将片内 RAM78H 单元中的数据传送到累加器 A 中。

```
程序1: MOV A,78H     ; A←（78H）
程序2: MOV R1,#78H   ; R1← 78H
       MOV A,@R1     ; A←（（R1））或A←（78H）
```

（2）以寄存器 Rn 为目的操作数的数据传送指令

```
MOV Rn,A      ; Rn←（A）
MOV Rn,direct ; Rn←（direct）
MOV Rn,#data  ; Rn← data
```

指令的功能是将源操作数送入当前工作寄存器区 R0～R7 中的某一个寄存器中，该指令不影响 PSW 中的各标志位，指令如表 2-2 所示。

表 2-2　以累加器 Rn 为目的操作数的数据传送指令

汇编指令	十六进制指令代码	目的操作数寻址方式	源操作数寻址方式	代码长度（字节）	指令周期	
					T_{osc}	T_M
MOV Rn,A	F8~FF	寄存器寻址	寄存器寻址	1	12	1
MOV Rn,direct	A8~AF direct	寄存器寻址	直接寻址	2	24	2
MOV Rn,#data	78~7F data	寄存器寻址	立即寻址	2	12	1

【例 2-3】　分析几个指令的功能。

```
MOV R7,A        ; R7← (A)
MOV R0,53H      ; R0← (53H)
MOV R2,#0AH     ; R2← 0AH
```

【例 2-4】　分析下列指令功能并指出运行结果。
已知（A）=30H，（R1）=4DH，（R7）=35H，（R3）=23H，（23H）=70H，执行指令

```
MOV R1,A        ; R7← (A)
MOV R7,#10H     ; R2← 0AH
MOV R4,23H      ; R0← (53H)
```

执行指令后，（R1）=30H，（R7）=10H，（R4）=70H
（3）以直接地址为目的操作数的数据传送指令

```
MOV direct,A        ; direct← (A)
MOV direct,Rn       ; direct← (Rn)
MOV direct1,direct2 ; direct1← (direct2)
MOV direct,@Ri      ; direct← ( (Ri) )
MOV direct,#data    ; direct← data
```

指令的功能是将源操作数送入 direct 直接地址单元中，直接地址 direct 为目的操作数，该指令不影响 PSW 中的各个标志位，指令如表 2-3 所示。

表 2-3　以直接地址为目的操作数的数据传送指令

汇编指令	十六进制指令代码	目的操作数寻址方式	源操作数寻址方式	代码长度（字节）	指令周期	
					T_{osc}	T_M
MOV direct,A	F5 direct	直接寻址	寄存器寻址	2	12	1
MOV direct,Rn	88~8F direct	直接寻址	寄存器寻址	2	24	2
MOV direct1,direct2	85 direct2 direct1	直接寻址	直接寻址	3	24	2
MOV direct,@Ri	86~87 direct	直接寻址	寄存器间址	2	24	2
MOV direct,#data	75 direct data	直接寻址	立即寻址	3	24	2

【例 2-5】　分析几个指令的功能。

```
MOV P1,A         ; P1← (A)
MOV 40H,R4       ; (40H)← (R4)
MOV 43H,53H      ; (43H)← (53H)
MOV 66H,@R0      ; (66H)← ( (R0) )
MOV 10H,#0AH     ; (10H)← 0AH
```

【例 2-6】　将片内 RAM70H 单元中的数据传送到 80H 单元中。

程序 1：

```
MOV 80H,70H        ;（80H）←（70H）
```

程序 2：

```
MOV A,70H          ; A←（70H）
MOV 80H,A          ;（80H）←（A）
```

程序 3：

```
MOV R0,#70H        ; R0← 70H
MOV 80H, @R0       ;（80H）←（（R0））或者（80H）←（70H）
```

（4）以寄存器间接地址为目的操作数的数据传送指令

```
MOV @Ri,A      ;（Ri）←（A）
MOV @Ri,direct ;（Ri）←（direct）
MOV @Ri,#data  ;（Ri）← data
```

指令的功能是将源操作数送入以 R0 或者 R1 寄存器间接寻址的片内 RAM 单元中，该指令不影响 PSW 中的各个标志位，指令如表 2-4 所示。

表 2-4　以寄存器间接地址为目的操作数的数据传送指令

汇编指令	十六进制指令代码	目的操作数寻址方式	源操作数寻址方式	代码长度（字节）	指令周期	
					T_{osc}	T_M
MOV @Ri,A	F6～F7	寄存器间址	寄存器寻址	1	12	1
MOV @Ri,direct	A6～A7 direct	寄存器间址	直接寻址	2	24	2
MOV @Ri,#data	76～77 data	寄存器间址	立即寻址	2	12	1

【例 2-7】　分析几个指令的功能。

```
MOV @R0,A      ;（R0）←（A）
MOV @R0,53H    ;（R0）←（53H）
MOV @R1,#0AH   ;（R1）← 0AH
```

【例 2-8】　分析下列指令功能并指出运行结果。
已知（R0）=30H，（40H）=4DH，执行指令

```
MOV @R0,40H        ;（R0）←（40H）
```

执行指令后，（30H）=4DH

（5）以 DPTR 为目的操作数的数据传送指令

```
MOV DPTR, #data16      ; DPTR← data16
```

指令的功能是将 16 位立即数送入 DPTR 中，立即数高 8 位送入 DPH，低 8 位送入 DPL，该指令不影响 PSW 中的各个标志位，指令如表 2-5 所示。

表 2-5　以 DPTR 为目的操作数的数据传送指令

汇编指令	十六进制指令代码	目的操作数寻址方式	源操作数寻址方式	代码长度（字节）	指令周期	
					T_{osc}	T_M
MOV DPTR, #data16	90 data15～8 data7～0	寄存器寻址	立即寻址	3	24	2

该条指令是 MCS-51 系统单片机指令系统中唯一一条 16 位数据传送指令,通常用来设置地址指针,将外部 RAM 或 ROM 的某单元地址作为立即数送入 DPTR 中。

内部 RAM 数据传送指令共 16 条,用于寻址内部 RAM 和 SFR,传送关系如图 2-8 所示,图中箭头表明数据传送的方向。

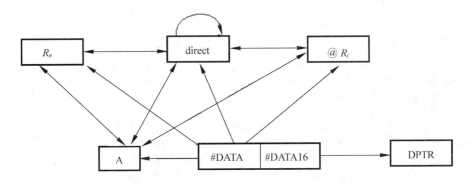

图 2-8　内部 RAM 数据传送指令

在使用上述指令时,应注意以下几点。

❑ 区分各种寻址方式。

❑ 以累加器 A 为目的操作数的内部数据传送指令只影响 PSW 的奇偶标志,不影响其他标志位,其余指令对所有标志位均无影响。

❑ 指令的字节数。一般地,指令中既含有直接地址,又含有立即数占用 3 个字节,指令中只含有直接地址或者只含有立即数占用 2 个字节,指令中两者都没有则占用一个字节。

❑ 程序注释。对某条指令或某个程序段进行注释,方便编写程序和阅读程序。

2. 片外RAM数据传送指令（4条）

访问外部扩展的数据存储器或 I/O 端口使用片外数据传送指令,指令助记符为MOVX。

```
MOVX  A,@DPTR   ; A← ((DPTR))
MOVX  @DPTR,A   ; (DPTR) ← (A)
MOVX  A,@Ri     ; A← ((Ri))
MOVX  @Ri,A     ; (Ri) ← (A)
```

片外数据存储器为读写存储器,与累加器 A 可实现双向操作。MCS-51 系列单片机扩展 I/O 接口的端口地址占用片外 RAM 的地址空间。

前两条指令的功能是实现 DPTR 间接寻址的外部地址单元与累加器 A 之间的数据传送。DPTR 是 16 位数据指针,由 P0 口送出低 8 位地址,由 P2 口送出高 8 位地址,因此这两条指令的寻址范围可达外部 RAM 的全部 64kB 的空间。

后两条指令的功能是实现 R0 或 R1 间接寻址的外部地址单元与累加器 A 之间的数据传送。R0 或 R1 是 8 位寄存器,由 P0 口送出,为低 8 位地址,P2 口的状态不变,此时这两条指令的寻址范围只能是片外 RAM 的 256B 空间。

片外 RAM 数据传送指令如表 2-6 所示。

表2-6 片外RAM数据传送指令

汇编指令	十六进制指令代码	目的操作数寻址方式	源操作数寻址方式	代码长度（字节）	指令周期	
					T_{osc}	T_M
MOVXA,@DPTR	E0	寄存器寻址	寄存器间址	1	24	2
MOVX@DPTR,A	F0	寄存器间址	寄存器寻址	1	24	2
MOVXA,@Ri	E2～E3	寄存器寻址	寄存器间址	1	24	2
MOVX@Ri,A	F2～F3	寄存器间址	寄存器寻址	1	24	2

【例2-9】 将片外 RAM 的 1000H 单元中的内容送入片外 RAM 的 0100H 单元中。

```
MOV  DPTR,#1000H    ; DPTR←1000H 数据原地址送 DPTR
MOVX A,@DPTR        ; A←（（DPTR））外部 RAM 的 1000H 单元中的内容送 A
MOV  DPTR,#0100H    ; DPTR←1000H 数据目标地址送 DPTR
MOVX @DPTR,A        ; （DPTR）←（A）A 中的内容数据送外部 RAM 的 0100H 单元中
```

3. 程序存储器数据传送指令（2条）

程序存储器为只读存储器，当访问程序存储器中的常数或表格时，采用程序存储器数据传送指令，又称为查表指令，指令助记符为 MOVC。

```
MOVC A,@A+DPTR      ; A←（（A）+（DPTR））
MOVC A,@A+PC        ; A←（（A）+（PC））
```

前一条指令采用 16 位数据指针 DPTR 作为基址寄存器，一般用来存储数据表格的首地址（16 位），累加器 A 中的内容为 8 为无符号数 00H～FFH，用作变址寄存器，该指令可以实现在整个 64kB ROM 空间寻址，故又称为远程查表指令。

后一条指令采用 PC 作为基址寄存器。这是一条单字节指令，执行指令时先取指令，PC←PC+1；然后执行指令，此时 PC 的当前值为下一条指令的首地址，累加器 A 中的内容 8 为无符号数 00H～FFH，用作变址寄存器，该指令的寻址范围是查表指令后的 256 个字节空间之内，故又称为近程查表指令。需要注意的是采用该查表指令，如果 MOVC 指令与表格之间相距 n 个字节，需要调整累加器 A 的内容，一般用一条加法指令加上相应的立即数 n，使寻址地址与所读 ROM 单元地址保持一致。

程序存储器数据传送指令如表 2-7 所示。

表2-7 程序存储器数据传送指令

汇编指令	十六进制指令代码	目的操作数寻址方式	源操作数寻址方式	代码长度（字节）	指令周期	
					T_{osc}	T_M
MOVC A,@A+DPTR	93	寄存器寻址	变址寻址	1	24	2
MOVC A,@A+PC	83	寄存器寻址	变址寻址	1	24	2

【例2-10】 分析下列指令功能并指出运行结果。

已知（A）=50H，程序存储器（1050H）=12H，（1051H）=34H，执行指令

```
1000H: MOVC A,@A+PC
```

分析：该指令为单字节指令。先取指，PC 内容加 1 后，PC 的当前值为 1001H；然后执行指令，PC 作为基址，累加器 A 中 8 位无符号整数 50H 为变址，两者相加得到一个 16 位地址 1051H，将该地址对应的程序存储器单元的内容送给累加器 A。故这条指令的功能是将程序存储器 1051H 单元的内容送给累加器 A，（A）=34H。

【例 2-11】 分析下列指令功能并指出运行结果。

已知（A）=50H，（DPTR）=1000H，程序存储器（1050H）=12H，（1051H）=34H，执行指令

```
MOVC A,@A+DPTR
```

分析：该指令以 DPTR 的内容 1000H 为基址，累加器 A 中 8 位无符号整数 50H 为变址，故这条指令的功能是将程序存储器 1050H 单元的内容送给累加器 A，（A）=12H。

4. 数据交换指令（5 条）

采用数据交换指令可以同时保留源操作数和目的操作数。

（1）字节交换指令

```
XCH A,Rn        ; (A) ←→ (Rn)
XCH A,direct    ; (A) ←→ (direct)
XCH A,@Ri       ; (A) ←→ ((Ri))
```

字节交换指令的功能是将累加器 A 中的内容和源操作数地址中的内容相交换，指令如表 2-8 所示。

表 2-8 字节交换指令

汇编指令	十六进制指令代码	目的操作数寻址方式	源操作数寻址方式	代码长度（字节）	指令周期	
					T_{osc}	T_M
XCH A,Rn	C8~CF	寄存器寻址	寄存器寻址	1	12	1
XCH A,direct	C5 direct	寄存器寻址	直接寻址	2	12	1
XCH A,@Ri	C6~C7	寄存器寻址	寄存器间址	1	12	1

【例 2-12】 分析下列指令功能并指出运行结果。

已知（A）=70H，（R3）=07H，（20H）=E0H，（R1）=50H，（50H）=0EH，执行指令

```
XCH A,R3        ; (A) ←→ (R3)
XCH A,20H       ; (A) ←→ (20H)
XCH A,@R1       ; (A) ←→ ((R1))
```

执行第 1 条指令后，（A）=07H，（R3）=70H；
执行第 2 条指令后，（A）=E0H，（20H）=07H；
执行第 3 条指令后，（A）=0EH，（R3）=E0H；
故执行上述指令后，（A）=0EH，（R3）=70H，（20H）=07H，（50H）=E0H

（2）半字节交换指令

```
XCHD A,@Ri      ; (A)3~0←→((Ri))3~0
SWAP A          ; (A)7~4←→(A)3~0
```

前一条指令的功能是将累加器 A 的低 4 位与 Ri 间接寻址的地址单元中的低 4 位相交

换，而各自的高 4 位保持不变。

后一条指令的功能是将累加器 A 中的高 4 位和低 4 位交换。

半字节交换指令如表 2-9 所示。

表 2-9 半字节交换指令

汇编指令	十六进制指令代码	目的操作数寻址方式	源操作数寻址方式	代码长度（字节）	指令周期	
					T_{osc}	T_M
XCHD A,@Ri	D6~D7	寄存器寻址	寄存器间址	1	12	1
SWAP A	C4	寄存器寻址（仅一个操作数）		1	12	1

【例 2-13】 分析下列指令功能并指出运行结果。

已知（R1）=20H，（A）=12H，（20H）=34H，执行指令

```
XCHD A,@R1        ; (A) 3~0 ←→ ((R1)) 3~0
```

执行指令后，（A）=14H，（20H）=32H

5. 堆栈操作指令（2条）

在内部 RAM 单元中，保留一段存储空间作为堆栈，堆栈操作遵循先进后出的原则，堆栈指针 SP 指向堆栈栈顶地址。堆栈操作指令以堆栈指针 SP 为间址寄存器，将数据存入栈顶或从栈顶取出数据。堆栈操作常用于子程序或者中断服务程序中保护现场、参数传递等。

```
PUSH direct       ;SP← (SP) +1, (SP) ← (direct)
POP direct        ;direct← ((SP)), SP← (SP) -1
```

前一条指令是进栈指令，其功能是将栈顶指针 SP 的内容加 1，然后将直接地址单元 direct 中的内容存入栈指针 SP 指向的栈顶地址单元。

后一条指令是出栈指令，其功能是将栈指针 SP 指向的栈顶地址单元中的内容存入 direct 直接地址单元中，然后释放该栈顶单元，即将栈顶指针 SP 的内容减 1，指出新的栈顶地址。

堆栈操作指令如表 2-10 所示。

表 2-10 堆栈操作指令

汇编指令	十六进制指令代码	操作数寻址方式	代码长度（字节）	指令周期	
				T_{osc}	T_M
PUSH direct	C0 direct	直接寻址	2	24	2
POP direct	D0 direct	直接寻址	2	24	2

注意：进栈与出栈指令必须成对使用。系统复位后，SP 的初始值为 07H，为了避免堆栈区与工作寄存器区、数据区重叠，一般要重新设置 SP 初值。

【例 2-14】 分析下列指令功能并指出运行结果。

已知（SP）=42H，（30H）=55H，执行指令

```
PUSH 30H        ;SP← (SP) +1, (SP) ← (direct)
```

指令执行后，（SP）=43H，（43H）=55H，该指令的执行过程如图 2-9 所示。

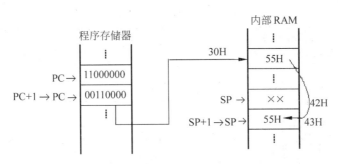

图 2-9　PUSH 30H 压栈操作示意图

2.3.2　算术运算类指令

MCS-51 的算术运算类指令共有 24 条，主要完成加、减、乘、除四则运算。算术运算类指令执行结果影响程序状态字 PSW 的标志位，如表 2-11 所示。

表 2-11　算术运算指令对PSW中标志位的影响

指令	PSW 中的标志位			
	Cy	OV	AC	P
ADD	√	√	√	√
ADC	√	√	√	√
INC A	—	—	—	√
SUBB	√	√	√	√
DEC A	—	—	—	√
MUL	0	√	—	√
DIV	0	√	—	√
DA	√	√	√	√

注意："√"表示影响该标志位，"—"表示不影响该标志位，"0"表示该标志位清零。

1.　加法指令（13条）

（1）不带进位的加法指令（4条）

```
ADD A,Rn        ;A← (A) + (Rn)
ADD A,direct    ;A← (A) + (direct)
ADD A,@Ri       ;A← (A) + ( (Ri) )
ADD A,#data     ;A← (A) +data
```

指令的功能是将源操作数与累加器 A 的内容相加，结果送入累加器 A 中，指令如表 2-12 所示。

表 2-12　不带进位的加法指令

汇编指令	十六进制指令代码	目的操作数寻址方式	源操作数寻址方式	代码长度（字节）	指令周期	
					T_osc	T_M
ADD A,Rn	28～2F	寄存器寻址	寄存器寻址	1	12	1
ADD A,direct	25 direct		直接寻址	2	12	1

汇编指令	十六进制指令代码	目的操作数寻址方式	源操作数寻址方式	代码长度（字节）	指令周期	
					T_{osc}	T_M
ADD A,@Ri	26～27	寄存器寻址	寄存器间址	1	12	1
ADD A,#data	24 data		立即寻址	2	12	1

加法指令的运算结果影响程序状态字 PSW 中的 Cy、Ac、OV 和 P：

① 进位标志 Cy：在加法运算中，如果字节的最高位 D7 位相加时产生进位，则 Cy=1，否则 Cy=0；

② 半进位标志 Ac：在加法运算中，如果字节低 4 位的高位 D3 位相加时产生进位，则 Ac=1，否则 Ac=0；

③ 溢出标志 OV：在加法运算中，如果字节的 D7 位相加时产生进位而 D6 位无进位，或者 D7 位相加时不产生进位而 D6 位有进位，则 OV=1，否则 OV=0；

④ 奇偶标志位 P：加法运算结果存入 A 中，如果 A 中"1"的个数为奇数，则 P=1，为偶数，则 P=0。

【例 2-15】 分析下列指令功能并指出运行结果。

执行指令

```
MOV A,#0C2H
ADD A,#8DH
```

执行过程如下：

			十进制无符号数	十进制有符号数
（A）=	11000010B	（C2H）	194	（−62）
+ data =	10001101B	（8DH）	+ 141	+ （−115）
	1 01001111B		335	（+79）

执行指令后，（A）=4FH，Cy=1，Ac=0，OV=1，P=1

无符号数（0～255）加法运算时，结果 Cy=1，产生进位，表示无符号数运算结果超出了 8 位所能表示的范围，发生了溢出。此时可以把 Cy 加到高字节，和累加器 A 中的内容一同表示正确结果。

有符号数（−128～+127） 加法运算时，结果 OV=1，表示有符号数相加运算结果超出了一个字节所能表示的范围，发生了溢出，结果错误。

【例 2-16】 分析下列指令功能并指出运行结果。

设 A=48H，（R2）=3AH，执行指令

```
ADD A,R2    ; A←（A）+（R2）
```

执行过程

				十进制无符号数		十进制有符号数
	（A）=	01001000B	（48H）	72		（+72）
+	（R2）=	00111010B	（3AH）	+ 58	+	（+58）
		10000010B		130		（−126）

执行指令后，（A）=82H，Cy=0，Ac=1，OV=1，P=0

如果 48H 和 3AH 表示两个无符号数相加，结果 Cy=0，无溢出，即十进制 72+58=130。

如果 48H 和 3AH 表示两个有符号数（补码）相加，结果 OV=1，溢出，即十进制（+72）+（+58）=（−126），结果错误。

【例 2-17】 分析下列指令功能并指出运行结果。

设（A）=57H，（30H）=B5H，执行指令

```
ADD A,30H  ;A← (A) + (30H)
```

执行过程　　　　　　　　　　　　　　　　十进制无符号数　　　　　　十进制有符号数

　　　　　（A）　=　　01010111B　（57H）　　　87　　　　　　　（+87）

　+　　（30H）　=　　10110101B　（B5H）　+　181　　　　　+　（−75）

　　　　　　　　　　　100001100B　　　　　　　12　　　　　　　（+12）

执行指令后，（A）=0CH，Cy=1，Ac=0，OV=0，P=0

如果 57H 和 B5H 表示两个无符号数相加，结果 Cy=1，溢出，即十进制 87+181=12，结果错误。如果高字节和累加器 A 中的内容一同表示，则十进制 87+181=268（100001100）结果正确。

如果 48H 和 3AH 表示两个有符号数（补码）相加，结果 OV=0，无溢出，即十进制（+87）+（−75）=（+12），结果正确。

（2）带进位的加法指令（4 条）

```
ADDC A,Rn       ;A← (A) + (Rn) + (Cy)
ADDC A,direct   ;A← (A) + (direct) + (Cy)
ADDC A,@Ri      ;A← (A) + ( (Ri) ) + (Cy)
ADDC A,#data    ;A← (A) +data+ (Cy)
```

指令的功能是将源操作数与累加器 A 的内容相加，再加上进位标志 Cy 的内容，结果送入累加器 A 中。进位标志 Cy 的内容是指在该指令执行前 Cy 的值，指令如表 2-13 所示。

表 2-13　带进位的加法指令

汇编指令	十六进制指令代码	目的操作数寻址方式	源操作数寻址方式	代码长度（字节）	指令周期	
					T_{osc}	T_M
ADDC A,Rn	38～3F	寄存器寻址	寄存器寻址	1	12	1
ADDC A,direct	35 direct		直接寻址	2	12	1
ADDC A,@Ri	36～37		寄存器间址	1	12	1
ADDC A,#data	34 data		立即寻址	2	12	1

带进位的加法指令常用于多字节的加法运算。带进位的加法指令对程序状态字 PSW 的影响与不带进位的加法指令相同。

【例 2-18】 分析下列指令功能并指出运行结果。

设（A）=8CH，（R1）=37H，Cy=1，执行指令

```
ADDC A,R1  ;A← (A) + (R1) + (Cy)
```

执行过程

　　　　　　　　（A）　=　　10001100B　（8CH）

　　　　　　　　（R1）　=　　00110111B　（37H）

　+　（Cy）　=　　　　　1B　　　（1）

　　　　　　　　11000100B

执行命令后，（A）=C4H，（R1）=37H，Cy=0，Ac=1，OV=0，P=1

（3）加 1 指令（5 条）

```
INC A          ;A←（A）+1
INC Rn         ;Rn←（Rn）+1
INC direct     ;direct←（direct）+1
INC @Ri        ;（Ri）←（（Ri））+1
INC DPTR       ;DPTR←（DPTR）+1
```

指令的功能是操作数加 1，该指令的源操作数和目的操作数相同，指令如表 2-14 所示。

表 2-14　加 1 指令

汇编指令	十六进制指令代码	操作数寻址方式	代码长度（字节）	指令周期	
				T_{osc}	T_M
INC A	04	寄存器寻址	1	12	1
INC Rn	08~0F	寄存器寻址	1	12	1
INC direct	05 direct	直接寻址	2	12	1
INC @Ri	06~07	寄存器间址	1	12	1
INC DPTR	A3	寄存器寻址	1	24	2

加 1 指令主要用于修改地址指针和计数次数。INC A 指令影响程序状态字 PSW 中的 P 标志，不影响 PSW 中的其他标志。

【例 2-19】　分析下列指令功能并指出运行结果。

设（A）=75H，（R5）=4AH，DPTR=1009H，执行指令

```
MOV R1,#33H     ;（R1）=33H
MOV 33H,#0FFH   ;（33H）=0FFH
INC A           ;（A）=76H
INC @R1         ;（33H）=00H
INC DPTR        ;（DPTR）=100AH
```

执行指令后，（A）=76H，（R5）=4BH，（DPTR）=100AH

当 INC direct 指令中的 direct 为端口地址 P0~P3 时，具有"读-修改-写"功能。执行指令时，CPU 发出"读锁存器"信号，通过内部数据总线读入端口锁存器 Q 端的数据（而不是读入引脚的数据），将数据加 1，然后输出到端口锁存器中。

2. 减法指令（8 条）

（1）带借位减法指令（4 条）

```
SUBB A,Rn       ;A←（A）-（Rn）-（Cy）
SUBB A,direct   ;A←（A）-（direct）-（Cy）
SUBB A,@Ri      ;A←（A）-（（Ri））-（Cy）
SUBB A,#data    ;A←（A）-data-（Cy）
```

指令的功能是将累加器 A 的内容减去源操作数，再减去借位位 Cy 的内容，结果送入累加器 A 中，进位标志 Cy 的内容是指在该指令执行前 Cy 的值，指令如表 2-15 所示。

表 2-15　带借位减法指令

汇编指令	十六进制指令代码	目的操作数寻址方式	源操作数寻址方式	代码长度（字节）	指令周期	
					T_{osc}	T_M
SUBB A,Rn	98～9F	寄存器寻址	寄存器寻址	1	12	1
SUBB A,direct	95 direct		直接寻址	2	12	1
SUBB A,@Ri	96～97		寄存器间址	1	12	1
SUBB A,#data	94 data		立即寻址	2	12	1

这组指令的运算结果影响程序状态字 PSW 中的 Cy、Ac、OV 和 P 标志位。

① 进位标志 Cy：在减法运算中，如果字节的最高位 D7 位相减时需要向上进位，则 Cy=1，否则 Cy=0；

② 半进位标志 Ac：在减法运算中，如果字节低 4 位的高位 D3 位相减时需要向上进位，则 Ac=1，否则 Ac=0；

③ 溢出标志 OV：在减法运算中，如果字节的 D7 位、D6 位只有一个需要向上借位，则 OV=1；如果字节的 D7 位、D6 位同时需要向上借位或同时无借位，则 OV=0；

④ 奇偶标志位 P：减法运算结果存入 A 中，如果 A 中"1"的个数为奇数，则 P=1，为偶数，则 P=0。

MCS-51 指令系统中没有不带借位的减法指令，若要实现不带借位的减法运算，可预先将 Cy 清零，然后执行 SUBB 指令实现。

减法运算在计算机中变成补码做加法计算，即被减数+（–减数）=差。

【例 2-20】 分析下列指令功能并指出运行结果。

设（A）=0C9H，R2=55H，Cy=1，执行指令

```
SUBB A,R2
```

执行过程

```
       （A）=  11001001B （C9H）        11001001B（C9H）
    −  （R2）=  01010101B （55H）        10101011B（-55H 的补码）
    −  （Cy）=         1B  （1）        +11111111B（-1 的补码）
              01110011B               10 01110011B
              常规运算                  补码运算
```

执行指令后，（A）=73H，R2=55H，Cy=0，AC=0，OV=1，P=1

在此例中，若 C9H 和 55H 是两个无符号数，Cy=0，则结果 73H 是正确的。若是两个有符号数，OV=1，则结果由于产生了溢出，结果错误，从题中可以看出，负数–正数=正数，这是错误的。

（2）减 1 指令（4 条）

```
DEC A       ;A←（A）-1
DEC Rn      ;Rn←（Rn）-1
DEC direct  ;direct←（direct）-1
DEC @Ri     ;（Ri）←（（Ri））-1
```

这组指令的功能是操作数减 1，该指令的源操作数和目的操作数相同，指令如表 2-16 所示。

表 2-16　减 1 指令

汇编指令	十六进制 指令代码	操作数寻址 方式	代码长度 （字节）	指令周期	
				T_{osc}	T_M
DEC A	14	寄存器寻址	1	12	1
DEC Rn	18~1F	寄存器寻址	1	12	1
DEC direct	15 direct	直接寻址	2	12	1
DEC @Ri	16~17	寄存器间址	1	12	1

DEC A 指令影响程序状态字 PSW 中的 P 标志，不影响 PSW 中的其他标志。其余指令均不影响 PSW 中的标志位。

当 DEC direct 指令中的 direct 为端口地址 P0~P3 时，与 INC direct 类似，具有"读-修改-写"功能。

3．乘、除指令（各1条）

（1）乘法指令

```
MUL AB  ;B←（A）×（B）积的高 8 位，A←（A）×（B）积的低 8 位
```

指令的功能是将累加器 A 和寄存器 B 中的两个 8 位无符号数相乘，所得 16 位乘积的高 8 位放在 B 中，低 8 位放在 A 中。

乘法指令的运算结果影响程序状态字 PSW 中的 Cy、OV 和 P 标志：

① 进位标志 Cy：Cy 总是 0；

② 溢出标志 OV：若乘积大于 FFH 时，OV=1，否则 OV=0；

③ 奇偶标志位 P：如果 A 中"1"的个数为奇数，则 P=1，为偶数，则 P=0。

【例 2-21】 分析下列指令功能并指出运行结果。

设（A）=5AH，（B）=24H，执行指令

```
MUL AB  ; BA←（A）×（B）
```

执行过程

```
        （A）  =    01011010B  （3AH）              90
   ×    （B）  =    00100100B  （24H）          ×   36
                   01011010                     3240
   +           01011010
               0110010101000B
```

执行指令后，（B）=0CH，（A）=A8H，Cy=0，OV=1，P=1

（2）除法指令

```
DIV AB    ;A←（A）÷（B）的商,B←（A）÷（B）的余数
```

指令的功能是两个 8 位无符号数相除。被除数放在累加器 A 中，除数放在寄存器 B 中，指令执行后，得到的商放在 A 中，余数放在 B 中。

除法指令的运算结果影响程序状态字 PSW 中的 Cy、OV 和 P 标志。

① 进位标志 Cy：Cy 总是 0；

② 溢出标志 OV：若除数为零（B=0）FFH 时，则 OV=1，表示除法无意义，若除数不为零，则 OV=0；

③ 奇偶标志位 P：如果 A 中"1"的个数为奇数，则 P=1，为偶数，则 P=0。

【例 2-22】 分析下列指令功能并指出运行结果。

设（A）=38H，（B）=0AH，执行指令

```
DIV AB  ; A···B← (A) ÷ (B)
```

执行指令后，（B）=06H，（A）=05H，Cy=0，OV=0，P=1

乘、除指令如表 2-17 所示。

表 2-17　乘、除指令

汇编指令	十六进制指令代码	操作数寻址方式	代码长度（字节）	指令周期	
				T_{osc}	T_M
MUL AB	A4	寄存器寻址	1	48	4
DIV AB	84	寄存器寻址	1	48	4

4．十进制调整指令（1 条）

```
DA A     ;若 (AC)=1 或 A3～0>9，A← (A) +06H
         ;若 (Cy)=1 或 A7～4>9，A← (A) +60H
```

该指令的功能是对 A 中的操作数进行修正，将其调整为压缩 BCD 码，指令如表 2-18 所示。

表 2-18　十进制调整指令

汇编指令	十六进制指令代码	操作数寻址方式	代码长度（字节）	指令周期	
				T_{osc}	T_M
DA A	D4	寄存器寻址	1	12	1

📖 补充知识：BCD 码

BCD 码（Binary Coded Decimal）是一种具有十进制权值的二进制编码。BCD 码种类很多，常用的有 8421 BCD 码。4 位二进制编码共有 16 种组合，用其中的编码 0000B～1001B 代表十进制数字符号 0～9，那么 8 位二进制数可以表示两个十进制数，称为压缩 BCD 码，而用 8 位二进制数表示一个十进制数，称为非压缩 BCD 码。

在执行加法指令时，单片机是按着二进制规则进行的，对应 4 位二进制数逢 16 进 1，执行二进制加法指令后，结果是用二进制编码表示的（0000～1111），而 BCD 码代表十进制数（0000～1001），BCD 码加法运算应该逢 10 进 1，故当 4 位二进制数的加法运算结果大于 10 时，需要将二进制编码调整为 BCD 码。

所以在进行压缩（非压缩）BCD 码加法运算时，在加法指令后使用十进制调整指令，对累加器 A 中的二进制数运算结果进行修正，才能得到正确的压缩（非压缩）BCD 码。

十进制调整指令的运算结果影响程序状态字 PSW 中的 Cy、Ac 和 P，不影响 OV 标志。

① 进位标志 Cy：执行十进制调整指令时，如果累加器 A 的最高位 D7 位产生进位，

则 Cy=1，否则 Cy=0；Cy 用来说明 BCD 码表示的十进制数十位是否向百位产生进位，借助 Cy 可实现多位 BCD 码加法运算。

② 半进位标志 Ac：执行十进制调整指令时，如果累加器 A 的 D3 位产生进位，则 Ac=1，否则 Ac=0；Ac 用来说明 BCD 码表示的十进制数个位是否向十位产生进位。

③ 奇偶标志位 P：如果 A 中 "1" 的个数为奇数，则 P=1，为偶数，则 P=0。

【例 2-23】 分析下列指令功能并指出运行结果。

设（A）=59H，执行指令

```
ADD  A,#78H
DA   A
```

执行过程　　　　　　　　　　　　　　　　　　　　　　　　　压缩 BCD 码加法

（A）　＝　　01011001B　（59H）　　　　　　　　　　　　　　 59

　＋　data ＝　01111000B　（78H）　　　　　　　　　　　　 ＋ 78

　　　　　　11010001B　（D1H）　（AC）=1，$A_{7 \sim 4}$>9　　 137

　＋　（AC=1　00000110B　（06H）

　　　　　　11010111B　（D7H）

　＋　$A_{7 \sim 4}$>9　01100000B　（60H）

　　　Ⅱ 00110111B　（37H）　（Cy）=1

执行指令后，（A）=37H，Cy=1，Ac=1，P=1

MCS-51 指令系统中没有十进制减法调整指令，不能用 DA 指令对十进制减法运算结果进行调整。BCD 码减法采用求 BCD 补数的方法，变（被减数–减数）运算为（被减数+减数的补数）运算，然后用十进制加法调整指令实现。

十进制数的位数为 N，则任意整数 d 的正补数为 10^N–d。两位十进制数的模为 10^2=100，则两位数 d 的补数为（100–d），如 38 和 62（100–38）互为补数。减法运算可以改为（被减数+减数的补数）运算，如减法 87–63=24 可以改为 87+（100–63）=87+37=124，去掉进位位，结果正确。由于 MCS-51 的 CPU 是 8 位的，不能用 9 位二进制数表示十进制数 100，为此可用 8 位二进制数 10011010 （9AH）代替 BCD 码的模 100，10011010（9AH）经过 DA 指令进行十进制调整后为 100000000 （100H）。

十进制无符号数减法运算步骤如下：

① 求 BCD 码减数的补数，补数=9AH–减数。

② 被减数加 BCD 码减数的补数。

③ 采用十进制加法调整指令对上一步得到的两数之和进行调整，得到十进制减法运算结果。

【例 2-24】 设 Cy=0，编程求被减数 92 和减数 54 之差。

```
MOV  A,#9AH      ;A←BCD 模 100
SUBB A,#54H      ;A←BCD 减数的补数
ADD  A,#92H      ;A←被减数+BCD 减数的补数
DA   A           ;对 A 进行调整
```

执行过程　　　　　　　　　　　　　　　　　　　　　　　压缩 BCD 码减法

$$（A）=\qquad 10011010B\quad（9AH）\qquad\qquad\qquad 92（BCD 码）$$

$$-\ data=\quad 01010100B\quad（54H）\quad 减数\qquad -\ 54（BCD 码）$$

$$\qquad\qquad 01000110B\quad（47H）\quad 补数=9AH-减数\qquad 38（BCD 码）$$

$$+\quad data=\quad 10010010B\quad（92H）\quad 被减数$$

$$\qquad\qquad 11011000B\quad（D8H）\quad A_{7\sim4}>9$$

$$+\ A_{7\sim4}>9\ 01100000B\quad（60H）$$

$$⊡00111000B\quad（38H）\quad 差（Cy）=1$$

执行指令后，（A）=38H，Cy=1，Ac=0，P=1

2.3.3　逻辑运算类指令

逻辑运算类指令包括逻辑运算和移位指令，共有 24 条。

逻辑运算类指令中，2 条带进位循环移位指令影响 Cy，目的操作数是累加器 A 的指令影响奇偶标志位 P，其余的逻辑运算类指令均不影响程序状态字 PSW 中的各标志位。

如果逻辑运算类指令的目的操作数是 I/O 端口，执行的是"读-修改-写"的功能。

1. 逻辑与运算指令（6条）

```
ANL A,Rn          ;A← (A) ∧ (Rn)
ANL A,direct      ;A← (A) ∧ (direct)
ANL A,@Ri         ;A← (A) ∧ ( (Ri) )
ANL A,#data       ;A← (A) ∧data
ANL direct,A      ;direct← (direct) ∧ (A)
ANL direct,#data  ;direct← (direct) ∧data
```

这组指令的功能是将源操作数与目的操作数按位进行与操作，结果送入目的操作数，源操作数不变，指令如表 2-19 所示。

表 2-19　逻辑与运算指令

汇编指令	十六进制指令代码	目的操作数寻址方式	源操作数寻址方式	代码长度（字节）	指令周期	
					T_{osc}	T_M
ANL A,Rn	58～5F	寄存器寻址	寄存器寻址	1	12	1
ANL A,direct	55 direct	寄存器寻址	直接寻址	2	12	1
ANL A,@Ri	56～57	寄存器寻址	寄存器间址	1	12	1
ANL A,#data	54 data	寄存器寻址	立即寻址	2	12	1
ANL direct,A	52 direct	直接寻址	寄存器寻址	2	12	1
ANL direct,#data	53 direct data	直接寻址	立即寻址	3	24	2

逻辑与运算指令可以对某个操作数的某一位或某几位清零。需要清零的位与"0"相与，结果为 0，其余的位与"1"相与，保持不变。ANL 指令可以用来提取目的操作数中与源操作数中"1"对应的位。

【例 2-25】　分析下列指令功能并指出运行结果。

设（25H）=45H，（A）=0F0H，执行指令

```
ANL 25H,A  ;direct← (direct) ∧ (A)
```

执行过程

```
        01000101B  （45H）
   /\   11110000B  （F0H）
        01000000B  （40H）
```

执行指令后，（A）=0F0H，（25H）=40H

【例 2-26】 设片内 RAM 30H 单元存有 1 位 10 进制数（0～9）的 ASCII 码，求其 BCD 码。

方法 1：

```
ANL 30H,#0FH  ;屏蔽高 4 位，低 4 位不变
```

方法 2：

```
MOV A,30H        ;A←（30H）
   CLR  C        ;Cy←0
   SUBB A,#30H   ;A←（A）-30H-Cy
   MOV 30H,A     ;（30H）←（A）
```

2. 逻辑或运算指令（6条）

```
ORL A,Rn         ;A←（A）∨（Rn）
ORL A,direct     ;A←（A）∨（direct）
ORL A,@Ri        ;A←（A）∨（（Ri））
ORL A,#data      ;A←（A）∨data
ORL direct,A     ;direct←（direct）∨（A）
ORL direct,#data ;direct←（direct）∨data
```

这组指令的功能是将源操作数与目的操作数按位进行或操作，结果送入目的操作数，源操作数不变，指令如表 2-20 所示。

表 2-20　逻辑或运算指令

汇编指令	十六进制指令代码	目的操作数寻址方式	源操作数寻址方式	代码长度（字节）	指令周期	
					T_{osc}	T_M
ORL A,Rn	48～4F	寄存器寻址	寄存器寻址	1	12	1
ORL A,direct	45 direct	寄存器寻址	直接寻址	2	12	1
ORL A,@Ri	46～47	寄存器寻址	寄存器间址	1	12	1
ORL A,#data	44 data	寄存器寻址	立即寻址	2	12	1
ORL direct,A	42 direct	直接寻址	寄存器寻址	2	12	1
ORL direct,#data	43 direct data	直接寻址	立即寻址	3	24	2

逻辑或运算指令可以对某个操作数的某一位或某几位取反。需要置位的位与"1"相或，结果为 1，其余的位与"0"相或，保持不变。ORL 指令可以用来将目的操作数和源操作数进行拼装，将所有的"1"拼装在一起。

【例 2-27】 分析下列指令功能并指出运行结果。

设（A）=03H，（B）=07H，执行指令

```
SWAP A    ;（A）7～4←→（A）3～0
ORL A,B   ;A←（A）∨（direct）
```

执行过程

```
        00110000B  （30H）
   ∨    00000111B  （07H）
        00110111B  （37H）
```

执行指令后，（A）=37H，（B）=07H

3．逻辑异或运算指令（6条）

```
XRL A,Rn          ;A←（A）⊕（Rn）
XRL A,direct      ;A←（A）⊕（direct）
XRL A,@Ri         ;A←（A）⊕（（Ri））
XRL A,#data       ;A←（A）⊕data
XRL direct,A      ;direct←（direct）⊕（A）
XRL direct,#data  ;direct←（direct）⊕data
```

这组指令的功能是将源操作数与目的操作数按位进行异或操作，结果送入目的操作数，源操作数不变，指令如表 2-21 所示。

表 2-21　逻辑异或运算指令

汇编指令	十六进制指令代码	目的操作数寻址方式	源操作数寻址方式	代码长度（字节）	指令周期	
					T_{osc}	T_M
XRL A,Rn	68～6F	寄存器寻址	寄存器寻址	1	12	1
XRL A,direct	65 direct	寄存器寻址	直接寻址	2	12	1
XRL A,@Ri	66～67	寄存器寻址	寄存器间址	1	12	1
XRL A,#data	64 data	寄存器寻址	立即寻址	2	12	1
XRL direct,A	62 direct	直接寻址	寄存器寻址	2	12	1
XRL direct,#data	63 direct data	直接寻址	立即寻址	3	24	2

逻辑异或运算指令可以对某个操作数的某一位或某几位取反。需要取反的位与"1"相异或，其余的位与"0"相异或，保持不变。ORL 指令可以用来将目的操作数取反，如指令：XRL A,#FFH；ORL 指令可以用来将累加器 A 清零，如指令：XRL A,ACC。

【例 2-28】　分析下列指令功能并指出运行结果。

设（25H）=55H，（A）=0FH，执行指令

```
XRL 25H,A   ;direct←（direct）⊕（A）
```

执行过程

```
        01010101B  （55H）
   ⊕    00001111B  （0FH）
        01011010B  （5AH）
```

执行指令后，（25H）=5AH，（B）=0FH

【例 2-29】　将累加器 A 的第 0 位置"1"，第 3 位清"0"，最高位取反。

程序如下：

```
ORL  A, #00000001B  ; 第 0 位置"1"
ANL  A, #11110111B  ; 第 3 位清"0"
XRL  A, #10000000B  ; 最高位取反
```

【例 2-30】　将累加器 A 的低四位送到 P1 口的低四位，而 P1 口的高四位保持不变。

程序如下：

```
MOV  R0,A        ; A 值保存于 R0
ANL  A,#0FH      ; 屏蔽 A 值的高四位，保留低四位
ANL  P1,#0F0H    ; 屏蔽 P1 口的低四位
ORL  P1,A        ; A 中低四位送 P1 口低四位
MOV  A,R0        ; 恢复 A 的内容
```

4．累加器清零与取反指令（2条）

累加器清零指令

```
CLR A    ;A←0
```

累加器取反指令

```
CPL A    ;A←（A）按位取反
```

累加器清零与取反指令如表 2-22 所示。

表 2-22　累加器清零与取反指令

汇编指令	十六进制指令代码	操作数寻址方式	代码长度（字节）	指令周期	
				T_{osc}	T_M
CLR A	E4	寄存器寻址	1	12	1
CPL A	F4	寄存器寻址	1	12	1

这两条指令均为单字节指令，可以节省存储空间，提高程序执行效率。

【例 2-31】 分析下列指令功能并指出运行结果。

设（A）=53H，执行指令

```
CPL A    ; A←（A）按位取反
```

执行指令后，（A）=ACH

5．循环移位指令（4条）

（1）循环左移

```
RL A   ;An+1←(An) (n=0～6),A0←(A7)
```

累加器 A 中的 8 位二进制数向左移 1 位，最高位内容（ACC.7）移至最低位（ACC.0）。

（2）循环右移

```
RR A   ;An←(An+1) (n=0～6),A7←(A0)
```

累加器 A 中的 8 位二进制数向右移 1 位，最低位内容（ACC.0）移至最高位（ACC.7）。

（3）带进位循环左移

```
RLC A  ;An+1←(An) (n=0～6),Cy←(A7),A0←(Cy)
```

累加器 A 中的 8 位二进制数和进位 Cy 一起向左移动 1 位，累加器 A 最高位内容（ACC.7）移至 Cy，Cy 内容移至累加器 A 最低位（ACC.0）。

（4）带进位循环右移

```
RRC A  ;An←(An+1) (n=0～6),Cy←(A0),A7←(Cy)
```

累加器 A 中的 8 位二进制数和进位 Cy 一起向右移动 1 位，累加器 A 最低位内容（ACC.0）移至 Cy，Cy 内容移至累加器 A 最高位（ACC.7）。

循环移位指令如表 2-23 所示。

表 2-23　循环移位指令

汇编指令	十六进制指令代码	操作数寻址方式	代码长度（字节）	指令周期	
				T_{osc}	T_M
RL A	23	寄存器寻址	1	12	1
RR A	03	寄存器寻址	1	12	1
RLC A	33	寄存器寻址	1	12	1
RRC A	13	寄存器寻址	1	12	1

循环移位指令中左移 1 位相当于原数乘 2（原数小于 80H 时），右移 1 位相当于原数除 2（原数为偶数时）。用移位指令进行乘除运算，比使用乘除指令速度快。

【例 2-32】　分析下列指令功能并指出运行结果。

设（A）=31H，执行指令

```
RL A;
```

执行指令后，（A）=62H

【例 2-33】　分析下列指令功能并指出运行结果。

设（A）=7AH，（Cy）=0，执行指令

```
                    右移 1 位
RRC A;01111010B（7AH=122D）──→001111101B（3DH=61D）
```

执行指令后，（A）=3DH

2.3.4　控制转移指令

通常情况下，程序是按顺序执行的，通过程序计数器 PC 自动加 1 实现。如果需要改变程序的执行顺序，必须强制改变 PC 中的内容，以改变程序执行的流行。控制转移指令能够改变程序计数器 PC 中的内容，从而控制程序跳转到指定的目的地址继续执行。

控制转移指令共有 17 条，除比较转移指令（CJNE）影响 PSW 的进位标志 Cy 外，其余指令都不影响 PSW 的各标志位。

1. 无条件转移指令（4条）

无条件转移指令如表 2-24 所示，执行无条件转移指令时，程序无条件地跳转到目的地址执行。

表 2-24　无条件转移指令

汇编指令	十六进制指令代码	代码长度（字节）	指令周期	
			T_{osc}	T_M
LJMP addr16	02 addr15～8 addr7～0	3	24	2
AJMP addr11	字节 1　addr7～0	2	24	2
SJMP rel	80 rel	2	24	2
JMP @A+DPTR	73	1	24	2

注意：字节 1 由 addr11 高 3 位和操作码构成，表示成八位二进制数 addr10addr9 addr800001。

（1）长转移指令

```
LJMP addr16 ;PC←addr16
```

指令的功能是将 16 位目的地址 addr16 送入程序计数器 PC 中，使程序无条件跳转到 addr16 处继续执行。程序设计中，常用标号代替 addr16，在程序执行前通过汇编程序汇编成机器代码时将标号转换成 16 位目的地址 addr16。

由于目的地址 addr16 是 16 位的，所以长转移指令的寻址范围是 0000H～FFFFH，允许程序跳转的目的地址在 64KB 程序存储器空间的任意单元，所以称为"长转移"。

（2）绝对转移指令

```
AJMP addr11 ;PC←（PC）+2, PC10～0←addr11
```

绝对转移指令是双字节指令，指令中 11 位地址 addr11（$A_{10}A_9A_8A_7A_6A_5A_4A_3A_2A_1A_0$）的高 3 位与操作码 00001 构成指令的第一个字节，低 8 位地址作为指令的第二个字节。取指令操作时，PC 自动加 2，指向下一条指令的地址（PC 的当前值），执行指令时，用指令中的 11 位地址 addr11 取代 PC 当前值的低 11 位 PC10～0，得到新的 PC 值，即转移的目的地址，如图 2-10 所示。程序设计中，常用标号代替 addr11。

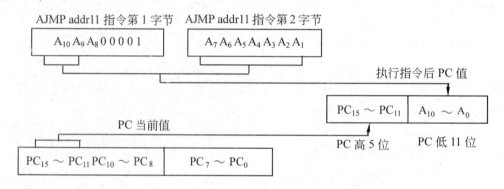

图 2-10　AJMP 指令的转移目的地址形成图

如果把单片机 64KB 寻址空间划分为 32 页，每页 2KB，则 PC 的高 5 位地址 PC15～PC11（00000B～11111B）用来指出页面地址（0～31 页）。由于 addr11（A_{10}～A_0）是 11 位的，所以绝对转移指令的寻址范围是 00000000000B～11111111111B，允许程序跳转的目的地址在与程序存储器 PC 当前值（AJMP 指令的下一条指令首地址）在同一页内，即 2KB 范围内。如 AJMP 指令首地址为 1FFEH，则 PC+2=2000H，PC 的当前值（下一条指令的首地址）为 2000H，所以转移的目的地址在 2000H～27FFH 这 2KB 范围内。

（3）相对转移指令（短转移指令）

```
SJMP rel    ;PC←（PC）+2, PC←（PC）+rel
```

相对转移指令是双字节指令，取指令操作时，PC 自动加 2，指向下一条指令的首地址（PC 的当前值），执行指令时，将 PC 当前值与偏移量 rel 相加得到转移的目的地址。程序设计中，常用标号代替 rel，汇编程序在汇编过程中自动计算偏移量代替标号，也可手工计算偏移量 rel，rel=目的地址–（PC）–2。

相对偏移量 rel 是 8 位二进制有符号数，用补码形式表示，所以相对转移指令的寻址范围是–128～+127。相对转移指令的特点是指令中不具体指出地址值，而是指出目的地址与相对转移指令的下一条指令的首地址的偏移量 rel，rel 为正程序向后跳转，rel 为负，程序向前跳转，跳转的目的地址在 256 个字节空间范围内。当程序存放在存储器中的地址发生变化，而相对地址不变时，该指令不需要改动。

程序原地循环等待常用 SJMP 指令来实现，如

```
LOOP: SJMP LOOP
```

或者

```
SJMP $    ;$表示本指令首字节所在单元地址，使用该指令可省略标号
```

（4）间接转移指令（短转移指令）

```
JMP @A+DPTR ;PC←（A）+（DPTR）
```

该指令把累加器 A 中的 8 位无符号数与数据指针 DPTR 中的 16 位数相加，和作为目的地址送入 PC。一般 DPTR 中为 16 位基地址，A 中为 8 位相对偏移量，寻址范围是 0000H～FFFFH，允许程序跳转的目的地址在 64KB 程序存储器空间的任意单元。

指令执行后 A 和 DPTR 中的内容不变，也不影响任何标志位。

该指令一般用于实现程序的多分支转移，称之为程序的散转。通常 DPTR 中的基地址即转移指令表的首地址，A 中的值为转移指令相对首地址的偏移量，指令 JMP @A+DPTR 与转移指令表共同实现程序的散转。

2．条件转移指令（8条）

条件转移指令的功能是当满足某种条件时，程序进行相对转移，跳转到目的地址继续执行；当条件不满足时，程序向下顺序执行，即执行本指令的下一条指令。

条件转移指令为相对转移指令，指令中 rel 为地址相对偏移量，是 8 位二进制有符号数，所以指令的寻址范围是–128～+127，即目的地址在 PC 当前值的 256 字节空间范围内。目的地址=PC 当前值+rel，PC 当前值=（PC）+条件转移指令的字节数，从而使 PC 当前值为下一条指令的首地址。

程序设计中，常用标号代替 rel，汇编程序在汇编过程中自动计算偏移量代替标号。

（1）判断累加器 A 是否为零条件转移指令（2 条）

```
JZ rel    ;PC←（PC）+2,
          ;若（A）=0，则 PC←（PC）+rel
JNZ rel   ;PC←（PC）+2;
          ;若（A）≠0，则 PC←（PC）+rel
```

这是一组以累加器 A 的内容是否为零作为判断条件的转移指令。第一条指令的功能是判零转移，累加器（A）=0，则程序跳转到目的地址执行，（A）≠0 则程序继续向下顺序执行。第二条指令功能与此相反，判非零转移。判断累加器 A 是否为零条件转移指令如表 2-25 所示。

表 2-25　判断累加器A是否为零条件转移指令

汇编指令	十六进制 指令代码	代码长度（字节）	指令周期	
			T_{osc}	T_M
JZ rel	60 rel	2	24	2
JNZ rel	70 rel	2	24	2

（2）比较不相等条件转移指令（4 条）

```
CJNE A,direct,rel   ;PC←（PC）+3
                    ;若（A）≠（direct），则PC←（PC）+rel
                    ;形成Cy标志
CJNE A,#data,rel    ;PC←（PC）+3
                    ;若（A）≠data，则PC←（PC）+rel
                    ;形成Cy标志
CJNE Rn,#data,rel   ;PC←（PC）+3
                    ;若（Rn）≠data，则PC←（PC）+rel
                    ;形成Cy标志
CJNE @Ri,#data,rel  ;PC←（PC）+3
                    ;若（（Ri））≠data，则PC←（PC）+rel
                    ;形成Cy标志
```

这组指令的功能是把目的操作数（第 1 操作数）与源操作数（第 2 操作数）进行比较，如果不相等，程序跳转到目的地址继续执行，如果相等，则继续向下顺序执行，同时影响标志位 Cy。对标志位的影响：指令的比较是通过两操作数（无符号数）相减实现的，根据减法运算结果影响 Cy 标志位，但不保存两数之差，即两个操作数保持不变。若目的操作数大于或等于源操作数，则 Cy=0，若目的操作数小于源操作数，则 Cy=1。

比较不相等条件转移指令如表 2-26 所示。

表 2-26　比较不相等条件转移指令

汇编指令	十六进制指令代码	代码长度（字节）	指令周期	
			T_{osc}	T_M
CJNE A,direct,rel	B5 direct rel	3	24	2
CJNE A,#data,rel	B4 data rel	3	24	2
CJNE Rn,#data,rel	B8～BF data rel	3	24	2
CJNE @Ri,#data,rel	B6～B7 data rel	3	24	2

比较转移指令是 3 字节指令，取指后 PC 当前值=（PC）+3，执行该指令，转移目的地址=（PC）+3+rel。rel 是 8 位有符号二进制数，地址范围是–128～+127，所以指令的相对转移范围是–125～+130。

注意：比较两个无符号数，根据 Cy 判断两个操作数的大小。若 Cy=0，则 X≥Y，若 Cy=1，则 X<Y。

如果比较两个有符号数的大小，可以依据符号位和 Cy 标志位编程实现。若 X>0 且 Y<0，则 X>Y；若 X<0 且 Y>0，则 X<Y；若 X>0 且 Y>0（或者 X<0 且 Y<0），则执行比较不相等指令，根据 Cy 标志进一步判断，若 Cy=0，则 X>Y，若 Cy=1，则 X<Y。

（3）减 1 不为零条件转移指令（2 条）

```
DJNZ Rn,rel      ;Rn←（Rn）-1，PC←（PC）+2
                 ;若（Rn）≠0，则PC←（PC）+rel
DJNZ direct,rel  ;direct←（direct）-1，PC←（PC）+2
                 ;若（direct）≠0，则PC←（PC）+rel
```

这组指令的功能是目的操作数减 1 后保存结果，然后判断目的操作数是否为零，如果不等于 0，程序跳转到目的地址继续执行，如果等于 0，则继续向下顺序执行。减 1 不为零条件转移指令如表 2-27 所示。

表 2-27　减 1 不为零条件转移指令

汇编指令	十六进制指令代码	代码长度（字节）	指令周期	
			T_{osc}	T_M
DJNZ Rn,rel	D8～DF rel	2	24	2
DJNZ direct,rel	D5 direct rel	3	24	2

这组指令一般用于循环程序中，当循环次数已知时，可以用工作寄存器 Rn 或者内部 RAM 存储器单元 direct 作为计数器，控制循环次数。如果目的操作数 direct 是 I/O 端口地址 P0～P3 时，执行的是"读-修改-写"功能。

【例 2-34】 试编程求 1+2+3+4+5+6+7+8+9+10 的和，结果存入 20H 单元中。

程序设计如下：

```
      MOV R4,0AH
      CLR A
LOOP: ADD A,R4
      DJNZ R4,LOOP
      MOV 20H,A
```

3．子程序调用和返回指令（4条）

能够完成特定功能并能为其他程序反复调用的程序段称为子程序。调用子程序的程序称为主程序或调用程序。调用子程序的过程称为子程序调用。子程序执行完后返回主程序的过程称为子程序返回。主程序和子程序之间的调用关系如图 2-11 所示。

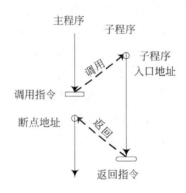

图 2-11　主程序调用和子程序返回

主程序通过执行调用指令自动转到子程序的入口地址，执行子程序，子程序执行完毕后，通过返回指令自动返回到主程序被中断的地方（调用指令的下一条指令，该指令地址称为断点地址），继续执行主程序。子程序调用和返回指令成对使用，调用指令在主程序中使用，而返回指令则是子程序中的最后一条指令。

主程序和子程序是相对的，同一程序既可以作为另一个程序的子程序，也可以有自己的子程序。如果在子程序中还调用其他子程序，称为子程序的嵌套，嵌套深度和堆栈区的大小有关，二级子程序嵌套过程及堆栈中断点地址的存放情况如图 2-12 所示。执行主程序的过程中调用子程序 1，将断点地址 1 压入堆栈，然后转向执行子程序 1，执行子程序 1 的过程中调用子程序 2，将断点地址 2 压入堆栈，转向执行子程序 2。压栈时先存放断点地址的低 8 位，后存高 8 位。子程序 2 执行完毕，按照"后进先出"的原则从堆栈中弹出断点地址 2，返回到断点地址 2 处继续执行子程序 1，然后弹出断点地址 1，返回主程序继续执行。

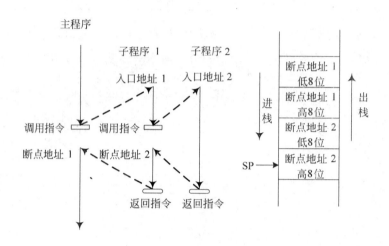

图 2-12　二级子程序嵌套过程

（1）长调用指令

```
LCALL addr16    ;PC←(PC)+3
                ;SP←(SP)+1, (SP)←(PC)₇~₀
                ;SP←(SP)+1, (SP)←(PC)₁₅~₈
                ;PC←addr16
```

这是一条 3 字节指令，首先将 PC 指针加 3，指向下一条指令的首地址，即断点地址，然后将断点地址压入堆栈，先低 8 位后高 8 位，最后把指令中的 16 位子程序入口地址 addr16 装入 PC，下一步程序将跳转到该入口地址开始执行子程序。

与 LJMP 指令类似，addr16 为目的地址，可以是 64KB 程序存储器空间的任意单元地址，可用标号表示。

（2）短调用指令（绝对调用指令）

```
ACALL addr11    ;PC←(PC)+2
                ;SP←(SP)+1, (SP)←(PC)₇~₀
                ;SP←(SP)+1, (SP)←(PC)₁₅~₈
                ;PC₁₀~₀←addr11
```

这是一条 2 字节指令，首先将 PC 指针加 2，指向下一条指令的首地址，即断点地址，然后将断点地址压入堆栈，先低 8 位后高 8 位，最后把指令中的 11 位地址 addr11 代替 PC 当前值的低 11 位（PC₁₀~₀），PC 当前值的高 5 位不变，得到子程序的入口地址，下一步程序将跳转到该入口地址开始执行子程序。

与 AJMP 指令类似，指令中 11 位地址 addr11（A₁₀A₉A₈A₇A₆A₅A₄A₃A₂A₁A₀）的高 3

位与操作码 10001 构成指令的第一个字节，低 8 位地址作为指令的第二个字节。寻址范围与 AJMP 指令相同，ACALL 指令所调用的子程序的入口地址与程序存储器 PC 当前值（ACALL 指令下一条指令的首地址）在同一页内，即 2KB 范围内。在实际编程中，addr11 可用标号表示，汇编时按上述指令格式翻译成机器代码。

（3）子程序返回指令

```
RET     ;PC15~8 ← （（SP）），SP ← （SP）-1
        ;PC7~0 ← （（SP）），SP ← （SP）-1
```

RET 指令放在子程序的末尾，其功能是将堆栈中保存的断点地址弹出给程序计数器 PC，先高 8 位后低 8 位，然后释放堆栈空间。下一步程序将返回到主程序的断点处继续执行。

子程序必须通过 RET 指令返回主程序，通常情况下，子程序都以 RET 指令结束，但一个子程序中也可以有多条 RET 指令。

（4）中断返回指令

```
RETI  ;PC15~8 ← （（SP）），SP ← （SP）-1
      ;PC7~0 ← （（SP）），SP ← （SP）-1
      ;清除中断优先级状态触发器
```

中断服务程序是一种特殊的子程序，在响应中断请求时，由硬件自动完成调用进入响应的中断服务程序。

RETI 指令放在中断服务程序的末尾，除了与 RET 指令相同的功能外，同时清除响应中断时置位的中断优先级状态触发器，恢复中断逻辑以准备响应新的中断请求。

子程序调用和返回指令如表 2-28 所示。

表 2-28　子程序调用和返回指令

汇编指令	十六进制指令代码	代码长度（字节）	指令周期	
			T_{osc}	T_M
LCALL addr16	12 addr15~8 addr7~0	3	24	2
ACALL addr11	字节 2 addr7~0	2	24	2
RET	22	1	24	2
RETI	32	1	24	2

注意：字节 2 由 addr11 高 3 位和操作码构成，表示成八位二进制数 addr10 addr9 addr8 1 0001

子程序和中断服务程序中使用堆栈要特别小心，PUSH 指令和 POP 指令必须成对使用，确保执行返回指令时，SP 指向断点地址，否则不能正确返回到主程序的断点处，程序将出错。

【例 2-35】　分析下列指令功能并指出运行结果。

设标号 LED1 的地址为 2A00H，子程序 DELAY1 的入口地址为 0455H，（SP）=63H，执行指令

```
LED1: ACALL DELAY1
```

指令执行后，（SP）=65H，（64H）=02H，（65H）=2AH，（PC）=2C55H

【例 2-36】 分析下列指令功能并指出运行结果。

设（SP）=78H，（78H）=46H，（77H）=8BH，执行指令

```
RET
```

指令执行后，（SP）=76H，（PC）=468BH。执行完子程序后，返回到 468BH 处继续执行调用程序。

4．空操作指令（1条）

```
NOP     ; PC← （PC）+1
```

该指令除了使 PC 加 1 指向下一条指令外，不执行任何操作。执行该指令消耗一个机器周期的时间，因此 NOP 指令常用于软件延时或等待。空操作指令如表 2-29 所示。

表 2-29　空操作指令

汇编指令	十六进制 指令代码	代码长度（字节）	指令周期	
			T_{osc}	T_M
NOP	00	1	12	1

2.3.5　位操作指令

MCS-51 系列单片机的特色之一是具有丰富的布尔变量处理功能。所谓布尔变量就是开关变量，以位为单位进行运算和操作，也称位变量。MCS-51 单片机硬件结构中有一个布尔处理器，以进位标志 Cy 作为位累加器，以内部 RAM 位地址空间中的位单元作为位存储器。软件上提供了一个专门处理布尔变量的指令子集，实现布尔变量的传送、逻辑运算和控制转移等功能，这些指令称之为布尔变量操作指令或位操作指令。

MCS-51 单片机位地址空间包括：内部 RAM 的 20H～2FH 位寻址区的 128 个位地址单元，位地址为 00H～7FH；可位寻址的 11 个特殊功能寄存器 SFR 中的 88 个位地址单元，如表 1-8 所示。

位地址有如下几种表示形式。

（1）直接位地址。内部 RAM20H～2FH 这 16 个字节单元的 128 个位对应的位地址是 00H～7FH，11 个特殊功能寄存器 SFR 中的 88 个位对应的位地址是 80～F7H，其中有一些单元不可用，如表 1-8 所示。例如，20H 字节单元的第 3 位对应的位地址是 03H。

（2）字节单元地址加位序号。例如，20H 字节单元的第 6 位可以表示成 20H.6，特殊功能寄存器 ACC 的第 7 位可以表示成 0E0.7。

（3）位名称。特殊功能寄存器的位单元都有位名称（位地址符号），可以采用位名称表示。此外，也可以用伪指令 BIT 定义位地址符号。例如，特殊功能寄存器 SCON 的第 1 位可用 TI 表示。

（4）特殊功能寄存器符号加位序号。特殊功能寄存器的位单元可以直接使用寄存器符号加位序号表示，例如，特殊功能寄存器 P3 的第 0 位可以表示成 P3.0。

上述 4 种表示表示方法是等效的，例如，下面 4 条指令中的 0D5H、0D0.5H、F0、PSW.5 表示的都是 PSW（D0H）中的第 5 位。

```
MOV C,0D5H,
ANL C,0D0.5H
CLR F0
ORL C,PSW.5
```

位累加器在位操作指令中直接用 C 表示。位操作指令共有 17 条。

1. 位传送指令（2条）

```
MOV C,bit    ;Cy←（bit）
MOV bit,C    ;bit←（Cy）
```

位传送指令的功能是在位累加器 Cy 与可寻址位 bit 之间的位数据传送，指令如表 2-30 所示。

表 2-30　位传送指令

汇编指令	十六进制指令代码	目的操作数寻址方式	源操作数寻址方式	代码长度（字节）	指令周期	
					T_{osc}	T_M
MOV C,bit	A2 bit	寄存器位寻址	直接位寻址	2	12	1
MOV bit,C	92 bit	直接位寻址	寄存器位寻址	2	24	2

对于 MOV bit,C 指令，当 bit 为 P0～P3 端口中的某一位时，执行"读—修改—写"操作。

【例 2-37】　分析下列指令功能并指出运行结果。

已知片内 RAM 字节单元（2FH）=10110101B，执行指令

```
MOV C,2FH.7   ;Cy←（07H）
```

指令执行后，（Cy）=1

【例 2-38】　将 P1.3 端口的内容传送到 P1.6 端口，保持 Cy 的内容不变。

程序如下：

```
MOV 10H,C    ;暂存 Cy 内容
MOV C,P1.3   ;P1.3 端口的值送入 Cy
MOV P1.6,C   ;Cy 的内容送入 P1.6 端口
MOV C,10H    ;恢复 Cy 内容
```

2. 位置位和清零指令（4条）

```
SETB C       ;Cy←1
SETB bit     ;bit←1
CLR C        ;Cy←0
CLR bit      ;bit←0
```

前两条指令分别把进位标志 Cy 和位地址 bit 置 1，后两条指令分别把进位标志 Cy 和

位地址 bit 清零。位置位和清零指令如表 2-31 所示。

表 2-31　位置位和清零指令

汇编指令	十六进制 指令代码	操作数寻址方式	代码长度（字节）	指令周期	
				T_{osc}	T_M
SETB C	D3	寄存器位寻址	1	12	1
SETB bit	D2 bit	直接位寻址	2	12	1
CLR C	C3	寄存器位寻址	1	12	1
CLR bit	C2 bit	直接位寻址	2	12	1

3. 位逻辑运算指令（6条）

```
ANL C,bit      ;Cy← (Cy) ∧ (bit)
ANL C,/bit     ;Cy← (Cy) ∧ (bit)
ORL C,bit      ;Cy← (Cy) ∨ (bit)
ORL C,/bit     ;Cy← (Cy) ∨ (bit)
CPL C          ;Cy← (Cy)
CPL bit        ;bit← (bit)
```

第一条指令的功能是位累加器 Cy 中的内容与位地址 bit 中的内容进行逻辑与运算，结果送入 Cy 中，bit 中的内容不变。第二条指令中的"/"表示先对位地址 bit 中的内容取反，再进行逻辑与运算。第三、四条指令进行逻辑或运算。第五、六条指令分别对 Cy、位地址 bit 中的内容取反。位逻辑运算指令如表 2-32 所示。

表 2-32　位逻辑运算指令

汇编指令	十六进制 指令代码	目的操作数寻址 方式	源操作数寻址 方式	代码长度（字节）	指令周期	
					T_{osc}	T_M
ANL C,bit	82 bit	寄存器位寻址	直接位寻址	2	24	2
ANL C,/bit	B0 bit	寄存器位寻址	直接位寻址	2	24	2
ORL C,bit	72 bit	寄存器位寻址	直接位寻址	2	24	2
ORL C,/bit	A0 bit	寄存器位寻址	直接位寻址	2	24	2
CPL C	B3	寄存器位寻址	寄存器位寻址	1	12	1
CPL bit	B2 bit	直接位寻址	直接位寻址	2	12	1

【例 2-39】试编程实现如下图所示的逻辑电路功能，其中 20H、21H 和 37H 是位地址。

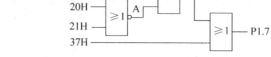

程序段如下：

```
MOV C,20H   ; Cy← (20H)
ORL C,21H   ; Cy← (Cy) ∨ (21H)
CPL C   ;
```

```
ANL C,P1.0  ; Cy←（Cy）∧（P1.0）
CPL C  ;
ORL C,37H  ; Cy←（Cy）∨（37H）
MOV P1.7,C  ; P1.7←（Cy）
```

4．位控制转移指令（5条）

位控制转移指令都是条件转移指令，以 Cy 或位地址 bit 的内容作为判断转移的条件，如表 2-33 所示。

```
JC rel      ;若（Cy）=1，则 PC←（PC）+2+rel
            ;若（Cy）=0，则 PC←（PC）+2；
JNC rel     ;若（Cy）=0，则 PC←（PC）+2+rel
            ;若（Cy）=1，则 PC←（PC）+2；
JB bit,rel  ;若（bit）=1，则 PC←（PC）+3+rel
            ;若（bit）=0，则 PC←（PC）+3；
JNB bit,rel ;若（bit）=0，则 PC←（PC）+3+rel
            ;若（bit）=1，则 PC←（PC）+3；
JBC bit,rel ;若（bit）=1，则 PC←（PC）+3+rel,bit←0
            ;若（bit）=0，则 PC←（PC）+3；
```

表 2-33　位控制转移指令

汇编指令	十六进制指令代码	代码长度（字节）	指令周期	
			T_{osc}	T_M
JC rel	40 rel	2	24	2
JNC rel	50 rel	2	24	2
JB bit,rel	20 bit rel	3	24	2
JNB bit,rel	30 bit rel	3	24	2
JBC bit,rel	10 bit rel	3	24	2

JBC 指令与 JB 指令的转移条件相同，不同的是 JBC 指令同时将直接寻址位 bit 清零，而 JB 指令的直接寻址位 bit 内容不变。

【例 2-40】　编程统计 A 中有多少个 1，结果存入 20H 单元中。

```
        MOV R4,0
PANA:   JZ RESUlT
COUNT:  RLC A
        JNC COUNT
        INC R4
        SJMP PANA
RESULT: MOV 20H,R4
```

【例 2-41】　如下图所示，编程实现在 8051 的 P1.5 引脚输出 8 个方波，方波周期为 10 个机器周期。

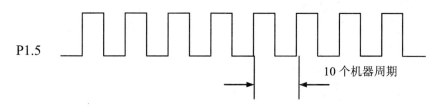

P1.5

10 个机器周期

```
        MOV R1,10H              ;设置方波个数初值
WAVE:   CPL P1.5                ;产生方波
        NOP                     ;延时 2 个机器周期
        NOP
        DJNZ R1,WAVE            ;循环控制
```

2.4 伪 指 令

在汇编语言源程序中，除了 CPU 可执行的指令外，还有一些控制命令，用来设置符号值、保留和初始化存储空间、控制用户程序代码的位置等，这些控制命令称为伪指令。伪指令是汇编程序能够识别的控制命令，为汇编过程提供控制信息，不能命令 CPU 执行某种操作，也不产生相应的机器代码，因此又称为不可执行指令。MCS-51 常用的伪指令如下。

1. ORG（Origin）汇编起始地址命令

格式：ORG nn

其中，nn 通常为 16 位绝对地址，说明此语句后的程序段或数据块在程序存储器中的起始地址。在汇编语言源程序允许有多条 ORG 指令，绝对地址按从小到大的顺序，不能颠倒。例如：

```
        ORG 1000H
START:  MOV A,#17H
        ...
        ORG 2000H
LOOP:   ADD A,@R0
```

上述指令说明，START 表示的地址为 1000H，MOV A,#17H 指令及其后面的指令汇编成机器码从程序存储单元 1000H 开始存放。LOOP 表示的地址为 2000H，ADD A,@R0 指令及其后面的指令汇编成机器码从程序存储单元 2000H 开始存放。

2. END汇编结束伪指令

格式：[标号:]END [表达式]

END 表示汇编语言源程序到此结束，一般在源程序最后使用一条 END 伪指令，通知汇编程序结束汇编。

3. EQU（Equat）赋值伪指令

格式：字符名称 EQU 赋值项

将特定的赋值项赋予字符名称，赋值后，字符名称在整个程序中有效。赋值项可以是数据、地址、标号或者表达式。字符名称必须先赋值后使用。例如：

```
LAddr EQU 6a3cH
VALUE EQU 10H
```

```
Times EQU R0
MOV A,VAlUE
MOV R1,Times
```

前三条指令是伪指令，第一条指令为 LAddr 定义了一个 16 位地址，第二条指令令 VALUE 与 10H 等值，第三条指令用 Times 代表了工作寄存器 R0。执行第四条指令后，将 10H 送入 A 中，执行第五条指令后，将寄存器 R0 中的内容送入 R1 中。

4．DATA　数据地址赋值伪指令

格式：字符名称　DATA　赋值项

将特定的赋值项赋予字符名称。赋值项可以是数据、地址或表达式，但不能是符号，如 R0。DATA 伪指令通常用在源程序的开头或末尾。

5．DB（Define Byte）定义字节伪指令

格式：[标号:]DB n1,n2,n3,…,nN

该指令表示从当前程序存储器地址开始，将 DB 后面的若干个单字节数据 n1,n2,n3,…,nN 存入指定的连续单元中。ni 为数值常数时，取值范围为 00H~FFH；ni 为 ASCII 码时，使用单引号‘’；ni 为字符串常数时，其长度不超过 80 个字符。例如：

```
      ORG  2000H
TAB1: DB 01H,32,'C',-1
```

伪指令汇编后，（2000H）=01H，（2001H）=20H，（2002H）=43H，（2003H）=FFH，从程序存储器单元 2000H 开始存放 4 个字节数据。

6．DW（Define word）定义字伪指令

格式：[标号:]DW nn1,nn2,nn3,…,nnN

该指令表示从当前程序存储器地址开始，将 DW 后面的若干个双字节数据 nn1,nn2,nn3,…,nnN 存入指定的连续单元中。每个数据 nni（16 位）占用两个存储单元，其中高 8 位存入低地址单元中，低 8 位存入高地址单元中。常用 DW 定义地址，例如：

```
      ORG  1000H
TAB2: DW 2345H,1AD2H,100
```

伪指令汇编后，（1000H）=23H，（1001H）=45H，（1002H）=1AH，（1003H）=D2H，（1104H）=00H，（1105H）=64H。从程序存储器单元 1000H 开始连续存放 6 个字节数据。

7．DS预留存储空间伪指令

格式：[标号:]DS n

从标号指定的地址单元开始，预留 n 个存储单元。n 可以是数值，也可以是表达式。例如：

```
       ORG  2000H
BSPACE: DS 10H
```

```
BVALUE: DB 45H,0E3H
```

汇编后，从 2000H 开始连续预留 16 个字节的存储单元 2000H～200FH，然后从 2010H 单元开始按 DB 伪指令赋值，（2010H）=45H，（2011H）=0E3H。

💬注意：DB、DW、DS 伪指令只能对程序存储器进行赋值和初始化工作，不能操作数据存储器。

8．BIT 定义位地址符号伪指令

格式：字符名称 BIT 位地址

将位地址赋予字符名称，其中位地址可以是绝对地址，也可以是符号地址。例如：

```
AB1 BIT P1.7
AB2 BIT 10H
```

汇编后，AB1 表示 P1 口位 7 的地址 97H，AB2 表示位地址 10H。

2.5 汇编语言程序设计

用汇编语言编写的程序称为汇编语言源程序。通常，汇编语言源程序是由指令和伪指令组成。对于比较复杂的问题可以根据要求绘出程序流程图，然后根据流程图编写程序。

2.5.1 顺序程序设计

顺序程序结构简单，是一种无分支的直线形程序，又称为简单程序。顺序程序的特点是从第一条指令开始顺序依次执行直到最后一条指令为止，每条指令执行一次。

【例 2-42】 交换片内 RAM 40H 的内容和 50H 的内容。

🐾分析：40H 和 50H 单元中都存有数据，交换时必须借助第三个存储单元暂存其中一个数，或者借助两个暂时存储单元。对于操作数分别采用间接寻址方式和直接寻址方式，其程序设计分别如下。

程序 1：

```
ORG 1000H
MOV R0,#40H
MOV R1,#50H
MOV A,@R0
MOV B,@R1
MOV @R1,A
MOV @R0,B
END
```

程序 2：

```
ORG 1000H
MOV A,40H
MOV 40H,50H
MOV 50H,A
END
```

【**例 2-43**】 多字节加法运算。两个 2 字节无符号数相加，被加数在片内 RAM 20H、21H 单元中，加数在片内 RAM 30H、31H 单元中，并将结果存放到片内 RAM 40H、41H、42H 单元中，其中，2 字节无符号数低位在低地址，高位在高地址。

分析：两个多字节数加法运算，高位字节相加时，要考虑低字节相加时产生的进位，故用 ADDC 指令。程序设计如下。

```
ORG 1000H
MOV A,20H      ;A←被加数低字节
ADD A,30H      ;A←被加数+加数
MOV 40H,A      ;40H←和低字节
MOV A,21H      ;A←被加数高字节
ADDC A,31H     ;A←被加数+加数+进位
MOV 41H,A      ;41H←和高字节
MOV A,#0       ;A←0
ADDC A,#0      ;A←0+0+Cy
MOV 43H,A      ;42H←高字节进位
END
```

多字节加法运算也可以用循环程序完成。

【**例 2-44**】将片内 RAM 30H 单元中的两位压缩 BCD 码转换成二进制数送到片内 RAM 40H 单元中。

分析：两位压缩 BCD 码转换成二进制数的算法为：$(a_1a_0)_{BCD}=a_1\times10+a_0$。

程序流程图如图 2-13 所示，程序设计如下。

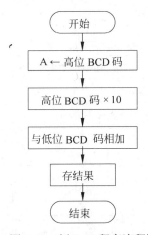

图 2-13　例 2-44 程序流程图

```
ORG 1000H
MOV A,30H      ;压缩 BCD 码送 A
ANL A,#0F0H    ;保留 BCD 码高 4 位 a1，低 4 位清零
SWAP A         ;
MOV B,#0AH     ;二进制 10 送 B
MUL AB         ;a1×10 积送入 A
MOV R0,A       ;结果暂存 R0 中
MOV A,30H      ;再次取压缩 BCD 码送 A
ANL A,#0FH     ;保留 BCD 码低 4 位 a0，高 4 位清零
ADD A,R0       ;a1×10+a0 结果送 A
```

```
MOV 40H,A              ;A中二进制数存入40H单元
END
```

【例2-45】码制转换。编程实现将片内 RAM 40H 单元内存放的 8 位二进制数（0～FFH）转换成压缩 BCD 码（0～255），分别存入 30H、31H 单元中，高位在 30H 单元。

分析：二进制数转换成 BCD 码一般用二进制数除以 1000、100、10 等，得到的商是千位数、百位数、十位数，余数是个位数。

程序流程图如图 2-14 所示，程序设计如下。

```
ORG 0100H
MOV A,40H              ;二进制数送A
MOV B,#10
DIV AB                 ;A中是商，B中是余数
MOV R0,#31H
MOV @R0,B              ;个位数送入31H
DEC R0
MOV B,#10
DIV AB                 ;A中是百位数，B中是十位数
MOV @R0,A              ;百位数送入30H
MOV A,B                ;十位数送入A
SWAP A                 ;十位数交换到A的高4位
ORL 31H,A              ;十位数存入31H的高4位
END
```

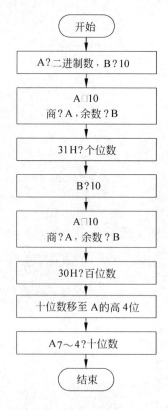

图 2-14　例 2-45 程序流程图

2.5.2　查表程序设计

查表程序就是根据变量 x 在表格中查找 y，使 y=f(x)。查表程序广泛用于 LED 显示、打印字符的转换及数据补偿、计算、转换等，具有程序简单、执行速度快等优点。

MCS-51 单片机指令系统提供了两条查表指令。

1. 使用MOVC A,@A+DPTR指令设计查表程序

计算与自变量 x 对应的所有函数值 y，将这组函数值按顺序存放在程序存储器中，建立与 x 值对应的函数表，表格的起始地址作为基地址送入 DPTR 中，x 值送入 A 中，使用查表指令 MOVC @A+DPTR 得到与 x 对应的 y 值。

【例 2-46】 片内 30H 单元低 4 位存放有一个十六进制数（0～F 中的一个），编程运用查表指令 MOVC A,@A+DPTR 实现将其转换为相应的 ASCII 码，存于片内 40H 单元中。

📖 补充知识：ASCII 码

现代微型计算机不仅要处理数字信息，还需要处理大量字母和符号，对这些数字、字母和符号进行二进制编码，以供微型计算机识别、存储和处理，称为字符的编码，目前普遍采用的是 ASCII 码（American Standard Coded for Information Interchange,美国标准信息交换码），现已成为国际通用的标准编码。通常，ASCII 码由 7 位二进制数码对 128 个字符编码，其中 32 个是控制字符，96 个是图形字符，如附录 A 所列。

🔧分析：由 ASCII 码字符表可知，十六进制 0～9 的 ASCII 码为 30H～39H，A～F 的 ASCII 码为 41H～46H。十六进制数相当于变量 X，存放在内存 30H 单元中，求得的 ASCII 码相当于 Y 值，存放在内存 40H 单元中。存储器内容如图 2-15 所示，程序设计如下。

```
        ORG 1000H
START:  MOV A,30H          ;将自变量 X 值送入 A
        ANL A,#0FH         ;屏蔽高 4 位
        MOV DPTR,#TAB      ;将函数表的基地址 TAB 送入 DPTR
        MOVC A,@A+DPTR     ;执行查表指令，将函数表中的 Y 值送入 A
        MOV 40H,A          ;Y 值送入内存 40H
TAB:    DB 30H,31H,32H,33H,34H,35H,36H,37H ; ASCII 码字符表，基地址为 TAB
        DB 38H,39H,41H,42H,43H,44H,45H,46H
        END
```

2. 使用MOVC A,@A+PC指令设计查表程序

计算与自变量 x 对应的所有函数值 y，将这组函数值按顺序存放在程序存储器中，建立与 x 值对应的函数表。x 值送入 A 中，使用 ADD A,#data 指令对累加器 A 的内容进行修正，data 由公式 data=函数表首地址–PC–1 确定，即 data 值等于查表指令和函数表之间的字节数，使用查表指令 MOVC A,@A+PC 得到与 x 对应的 y 值。

程序存储器

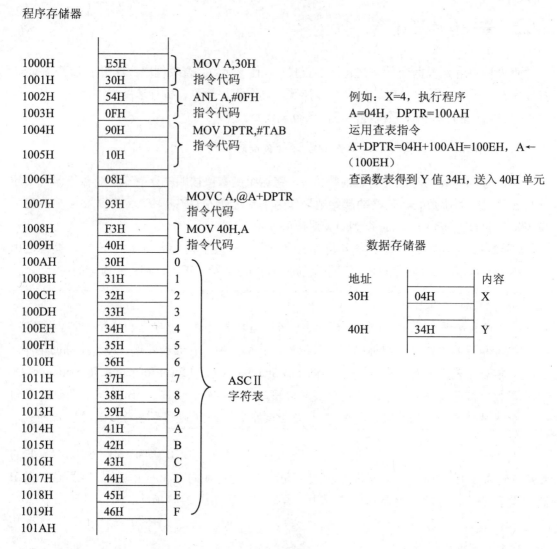

图 2-15　MOVC A,@A+DPTR 指令查表过程示意图

【例 2-47】　片内 30H 单元低 4 位存放有一个十六进制数（0～F 中的一个），编程运用查表指令 MOVC A,@A+PC 实现将其转换为相应的 ASCII 码，存于片内 40H 单元中。

存储器内容如图 2-16 所示，程序设计如下。

```
        ORG 1000H
START:  MOV A,30H               ;将自变量 X 值送入 A
        ANL A,#0FH              ;屏蔽高 4 位
        ADD A,#02H             ;修正 A 中的内容
        MOVC A,@A+PC           ;执行查表指令,将函数表中的 Y 值送入 A
        MOV 40H,A              ;Y 值送入内存 40H
TAB:    DB 30H,31H,32H,33H,34H,35H,36H,37H ; ASCII 码字符表,基地址为 TAB
        DB 38H,39H,41H,42H,43H,44H,45H,46H
        END
```

程序存储器

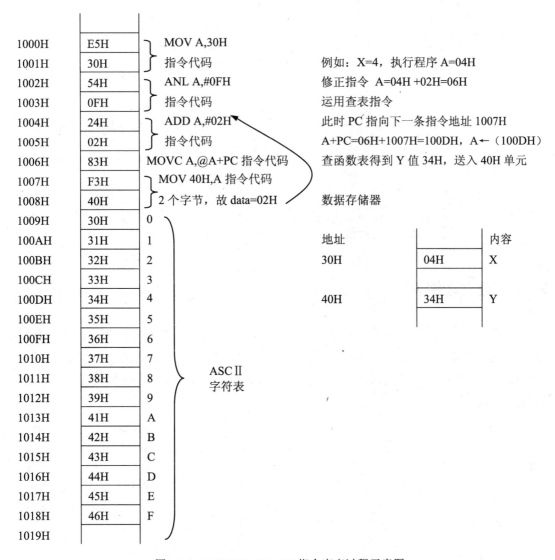

图 2-16　MOVC A,@A+PC 指令查表过程示意图

【例 2-48】　片内 30H 单元存放一个 BCD 码，设计查表程序将其转换为相应的八段数码管的显示码，存于片内 40H 单元中。

分析：八段数码管的显示码不是有序码，无规律可循。八段数码管显示器有共阳极和共阴极两种，共阳极是低电平输入有效，共阴极是高电平输入有效。以共阳极数码管显示为例，0 的显示代码为 11000000B，即 C0H，1～9 的八段显示代码依次为 F9H、A4H、B0H、99H、92H、82H、F8H、80H、90H。

程序 1：

```
ORG 0300H
    MOV A,30H
    MOV DPTR,#DIS_LED
```

```
        MOVC A,@A+DPTR
        MOV 40H,A
        SJMP $
DIS_LED: DB 0C0H,0F9H,0A4H,0B0H,99H
        DB 92H,82H,0F8H,80H,90H
        END
```

程序 2：

```
ORG 0300H
        MOV A,30H
        ADD A,#4
        MOVC A,@A+PC
        MOV 40H,A
        SJMP $
DIS_LED: DB 0C0H,0F9H,0A4H,0B0H,99H
        DB 92H,82H,0F8H,80H,90H
        END
```

2.5.3 分支程序设计

在很多实际问题中，都需要根据不同的情况进行不同的处理。在设计程序时可以采用分支程序，根据不同的条件，执行不同的程序段。执行分支程序会跳过一些指令，执行另一些指令，每条指令至多只执行一次。分支程序主要有一般分支程序和散转程序，其结构如图 2-17 所示。

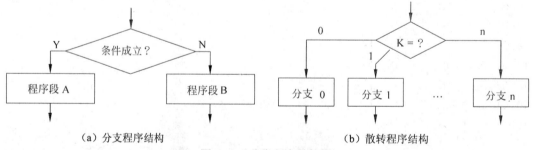

（a）分支程序结构　　　　　　　（b）散转程序结构

图 2-17　分支程序结构图

1．一般分支程序

一般分支程序结构如图 2-17（a）所示，用条件转移指令实现，当给出的条件成立时，执行程序段 A，否则执行程序段 B。

【例 2-49】　片内 RAM 30H 和 31H 单元中各有一无符号数，比较其大小，将大数存于片内 50H 单元中，小数存于片内 60H 单元，如两数相等，则分别存入这两个单元。

分析：用比较不相等指令 CJNE 比较这两个无符号数，或通过减法指令 SUBB 比较这两个无符号数，然后，根据借位标志 Cy 判断其大小。程序流程图如图 2-18 所示，程序设计如下。

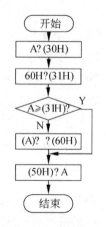

图 2-18　例 2-49 程序流程图

```
     ORG 1000H
     MOV A,30H
     MOV 60H,31H
     CJNE A,31H,$+3   ;比较
     JNC LE           ;A≥(31H)，跳转到LE
     XCH A,60H        ;A<(31H)，(60H)←(A)
LE:  MOV 50H,A        ;50H←A 中大数
     END
```

注意：另一种方法使用 SUBB 指令。SUBB 是带借位减法指令，在使用该指令前，应先对进位标志清零：CLR C；减法指令修改源操作数，在减法指令前，应暂存 A 中的源操作数，以备后用。

【例 2-50】 求符号函数的值。已知片内 RAM 40H 单元内的一个自变量 X，编制程序按如下条件求函数 Y 的值，并将其存入片内 RAM 41H 单元中。

$$Y = \begin{cases} 1, & X > 0 \\ 0, & X = 0 \\ -1, & X < 0 \end{cases}$$

分析：X 是有符号数，使用累加器判零指令 JZ 判别 X 是否等于零；使用 JB 或 JNB 指令判别符号位是 0 还是 1，从而判断该数是正还是负。程序流程图如图 2-19 所示，程序设计如下。

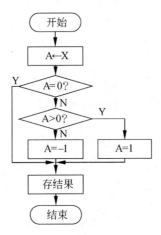

图 2-19　例 2-50 程序流程图

```
     ORG 1000H
     MOV A,40H         ;取数 X 送 A
     JZ ZERO           ;X=0，则转 ZERO 处理
     JNB ACC.7, NZERO  ;X>0，则转 NZERO 处理
     MOV A,#0FFH       ;X<0，则 Y=-1
     SJMP ZERO
NZERO:  MOV A,#01H     ;X>0，则 Y=1
ZERO:   MOV 41H,A      ;Y 值送入 41H 单元
     END
```

【例 2-51】 求有符号数的补码。已知片内 RAM 30H、31H 单元存有 16 位二进制有符号数，编程求该数的补码并存回原 RAM 单元中，其中，高位字节在低地址单元。

📖 补充知识：原码、反码、补码

　　机器数是指数的符号和值均采用二进制的表示形式。原码、反码和补码是机器数的三种基本形式。原码定义为最高位为符号位，其余位为数值位，符号位为 0 表示该数为正数，符号位为 1 表示该数为负数。正数的反码、补码与原码相同。负数反码的符号位和负数原码的符号位相同，数值位为原码数值位按位取反。负数补码的符号位为 1，数值位为反码数值位加 1。

🐝分析：有符号数最高位是符号位，最高位为 0，该数是正数，补码等于原码；最高位为 1，该数是负数，补码等于反码加 1，符号位不变。

🔔注意：多字节二进制数在低 8 位加 1，同时考虑向高字节的进位问题，INC 指令不影响 Cy 标志，故应采用 ADD 指令。

程序流程图如图 2-20 所示，程序设计如下。

```
        ORG 2000H
CMPT:   MOV A,30H           ;A ← (30H)高字节
        JNB ACC.7,POSI      ;判断符号位，若 A 为正数，结束，若 A 为负数，求补码
        MOV C,ACC.7         ;C ← 符号位
        MOV 10H,C           ;(10H)←符号位暂存
        MOV A,31H           ;A ← (31H)低字节
        CPL A               ;取反
        ADD A,#01H          ;加 1
        MOV 31H,A           ;存回低字节
        MOV A,30H           ;A ← (30H)高字节
        CPL A               ;取反
        ADDC A,#00H         ;加进位 Cy
        MOV C,10H           ;C ← 暂存的符号位
        MOV ACC.7,C         ;恢复最高位的符号
        MOV 30H,A           ;存回高字节
POSI:   SJMP $
        END
```

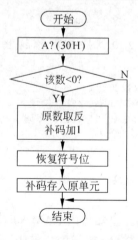

图 2-20　例 2-51 程序流程图

2. 散转程序

散转程序又称多分支程序，结构如图 2-17（b）所示，用变址寻址的转移指令"JMP @A+DPTR"实现散转。散转程序的程序分支按序号排列，根据序号的值确定需要执行的分支程序段。

（1）运用散转表

首先在程序存储器 ROM 中建立一个散转表，表中可以存放无条件转移指令、地址偏移量或各分支入口地址（可分别称为转移表、偏移量表、地址表），然后将散转表的首地址送 DPTR，分支序号送 A，最后使用散转指令"JMP @A+DPTR"根据序号查找相应的转移指令或入口地址，从而实现多分支转移。

（2）运用转移指令表

直接用转移指令（如 AJMP）按顺序组成一个转移表，将分支序号读入累加器 A，转移表首地址送入 DPTR，执行"JMP @A+DPTR"指令，根据不同的分支序号 0, 1, 2, …, n, 执行转移表中相应的转移指令，从而转向相应的处理程序 0，处理程序 1，处理程序 2, …, 处理程序 n。

程序中，转移表由绝对转移指令"AJMP addr11"组成，该指令为双字节指令，散转偏移量必须乘 2 修正；转移表由 3 字节长转移指令"LJMP addr16"组成，散转偏移量必须乘 3。

🔔提示：当散转偏移量超过 255 时，必须用两个字节存放偏移量，此时可直接修正 DPTR。

【例 2-52】 多分支程序。单片机系统输入设备键盘有按键按下，键值存放在片内 30H 单元中。编写程序，实现根据输入键值（0、1、2、3）的不同，跳转到相应的键值处理程序 KEY00、KEY01、KEY02、KEY03。

🔧分析：多分支程序可以通过多次使用条件转移指令 CJNE 实现，但当 N 值较大，比较次数较多时，程序执行速度慢，故可采用间接转移指令 JMP @A+DPTR 实现。

在程序存储器存放一个转移指令表，表中连续存放 N 条转移指令的指令代码，不同的转移指令占用的字节数不同，将转移指令表首地址送 DPTR，偏移量送累加器 A，通过 JMP @A+DPTR 实现。

本例中，转移指令表中采用绝对转移指令，转移指令表如图 2-21 所示，程序设计如下。

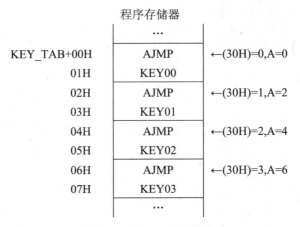

图 2-21 例 2-52 转移指令表

```
               ORG 2000H
               MOV A,30H
               CLR C
               RLC A              ;A←A×2,AJMP 是双字节指令
               MOV DPTR,#KEY_TAB  ;DPTR←转移指令表基地址
               JMP @A+DPTR        ;根据 A 值程序转移到目的地址
KEY_TAB:       AJMP KEY00         ;(30H)=0,(A)=0 时,跳转到 KEY00 分支程序
               AJMP KEY01         ;(30H)=1,(A)=2 时,跳转到 KEY01 分支程序
               AJMP KEY02         ;(30H)=2,(A)=4 时,跳转到 KEY02 分支程序
               AJMP KEY03         ;(30H)=3,(A)=6 时,跳转到 KEY03 分支程序
KEY00:         …                 ;键值=0 的处理程序
KEY01:         …                 ;键值=1 的处理程序
KEY02:         …                 ;键值=2 的处理程序
KEY03:         …                 ;键值=3 的处理程序
               END
```

注意：这种分支程序实际上是通过两次转移实现的，故要注意转移指令的寻址范围。其中，JMP @A+DPTR 的寻址范围是 64KB，A 是 8 位无符号数，所以数据表格的长度是 00H～FFH 共计 256 个字节。AJMP 是双字节指令，故使用 AJMP 最多可以实现 128 个分支程序的转移。AJMP 的寻址范围是 2KB，KEYnn 是第 nn 个分支程序的入口地址，AJMP 的目标转移地址 KEYnn，即分支处理程序与 AJMP 在同一个 2KB 范围内。

（3）运用地址偏移量表

计算分支程序入口地址与偏移量表的首地址之差，利用汇编伪指令 DB 构成地址偏移量表。这种方法程序简单，散转表短。程序中地址偏移量表的长度和分支处理程序的长度之和必须小于 256 个字节，且偏移量表和分支处理程序可以位于程序存储器空间的任意位置。

【例 2-53】 根据片内 31H 单元的内容（0、1、2 或 3），转向相应的分支处理程序。

```
               MOV A,31H         ;A←分支序号
               MOV DPTR,#TABBASE1;DPTR←偏移量表首地址
               MOVC A,@A+DPTR    ;查表,A←地址偏移量
               JMP @A+DPTR       ;PC←表首地址+地址偏移量=分支程序入口地址
TABBASE1:DB PRG0-TABBASE1        ;分支程序入口地址与偏移量表的首地址之差构成的偏移量表
         DB PRG1-TABBASE1
         DB PRG2-TABBASE1
         DB PRG2-TABBASE1
PRG0:          □                 ;分支处理程序 0
PRG1:          □                 ;分支处理程序 1
PRG2:          □                 ;分支处理程序 2
PRG3:          □                 ;分支处理程序 3
```

（4）运用分支入口地址表

前两种方法转移范围都受到一定限制，当程序转移范围较大时，可建立分支程序入口地址表，在 64KB 范围内实现分支程序转移。首先用各分支处理程序的 16 位入口地址构成入口地址表，然后通过查表指令找到对应的分支处理程序入口地址送入 DPTR，累加器 A 清零，最后用散转指令 "JMP @A+DPTR" 直接转向分支处理程序。

当散转偏移量超过 255 时，即入口地址表长度超过 255 时，必须用两个字节存放偏移量，此时可通过加法指令直接修正查表指令 MOVC 中的 DPTR 指针。

【**例 2-54**】 根据片内 32H 单元的内容（即分支序号），转向相应的分支处理程序，各分支处理程序的入口地址为 PRG0～PRGn。

```
              MOV DPTR,#TABBASE2      ;DPTR←地址表首地址
              MOV A,32H               ;A←分支序号
              ADD A,32H               ;A←A×2，入口地址占 2 个字节
              JNC NCY                 ;是否产生进位 Cy
              INC DPH                 ;(32H)×2>256，Cy=1，DPH←DPH+1
NCY:          MOV R7,A                ;R7←偏移量，暂存
              MOVC A,@A+DPTR          ;查表，A←入口地址高 8 位
              XCH A,R7                ;R7←入口地址高 8 位，A←偏移量
              INC A                   ;
              MOVC A,@A+DPTR          ;查表，A←入口地址低 8 位
              MOV DPL,A               ;DPL←入口地址低 8 位
              MOV DPH,R7              ;DPH←入口地址高 8 位
              CLR A                   ;A←0
              JMP @A+DPTR             ;PC←分支程序入口地址
TABBASE2:     DW PRG0                 ;分支程序入口地址表
              DW PRG1
  ...
              DW PRGn
PRG0:         □                       ;分支处理程序 0
PRG1:         □                       ;分支处理程序 1
...
PRGn:         □                       ;分支处理程序 n
```

（5）运用 RET 指令

子程序返回指令 RET 也可用来实现散转。与第（3）种方法类似，不同之处是找到分支程序入口地址后，不是送入 DPTR，而是压入堆栈，先压入低字节，再压入高字节，然后执行 RET 指令将堆栈中的分支程序入口地址弹出到 PC 中，实现程序的转移。

【**例 2-55**】 根据片内 33H、34H 单元的内容（34H 分支序号高 8 位，33H 分支序号低 8 位），转向相应的分支处理程序，各分支处理程序的入口地址为 PRG0～PRGn。其中，分支序号 n≥128，即散转偏移量>255。

```
              MOV DPTR,#TABBASE3      ;DPTR←地址表首地址
              MOV A,33H               ;A←(33H)分支序号低 8 位
              CLR C
              RLC A                   ;A←A×2，入口地址占 2 个字节
              XCH A,34H               ;34H←(33H)×2，A←(34H)分支序号高 8 位
              RLC A                   ;A←A×2，(分支序号×2)的高 8 位
              ADD A,DPH               ;A←表首地址高 8 位+偏移量高 8 位
              MOV DPH,A
              MOV A,34H               ;A←(分支序号×2)的低 8 位
              MOVC A,@A+DPTR          ;查表，A←入口地址高 8 位
              XCH A,34H               ;34H←入口地址高 8 位，恢复查表前 A 中的内容
              INC DPTR
              MOVC A,@A+DPTR          ;查表，A←入口地址低 8 位
              PUSH A                  ;入口地址低字节进栈
              MOV A,34H               ;A←入口地址高 8 位
              PUSH A                  ;入口地址高字节进栈
              RET                     ;PC←堆栈中弹出分支程序入口地址
TABBASE3:     DW PRG0                 ;分支程序入口地址表
              DW PRG1
```

```
            ...
            DW PRGn
PRG0:       □                      ;分支处理程序 0
PRG1:       □                      ;分支处理程序 1
...
PRGn:       □                      ;分支处理程序 n
```

2.5.4 循环程序设计

在处理实际问题时，某些程序段需要多次重复执行，这时可以采用循环程序。循环程序不但可以使程序简练，同时也节省了程序的存储空间。

循环程序一般由以下 4 个组成。

循环初始化：位于循环程序的开始，用于设置相关工作单元的初始值，完成循环前的准备工作。

循环体：循环程序的主体，需要重复执行的程序段。

循环控制：用于修改循环体中工作单元的相关参数、修改循环控制变量，使用条件转移指令判断循环是否结束。一般可以根据循环次数或循环结束条件来判断是否结束循环。

循环结束：用于存放执行循环程序所得的结果，以及恢复占用的各工作单元的数据等。

循环程序的基本结构有两种，如图 2-22 所示。一种是"先执行，后判断"，其特点是进入循环先执行一次循环体，然后根据循环控制条件判断循环是否结束，这种结构至少执行一次循环体，适用于循环次数已知的情况。另一种是"先判断，后执行"，其特点是循环控制部分放在循环的入口处，先根据循环控制条件判断是否结束循环，若不结束，继续执行循环体，否则进行结束处理退出循环，这种结构如果一开始就满足循环结束的条件，会一次也不执行循环体，则循环次数为 0，适用于循环次数未知的情况。

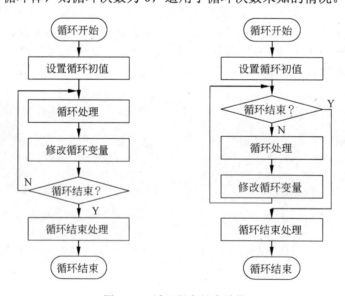

图 2-22 循环程序基本结构

1. 单循环程序

循环程序的循环体中不包含其他循环程序称为单循环程序。

（1）计数控制的循环程序

在循环次数已知的情况下，使用计数的方法控制循环次数。

【例 2-56】　已知片内 RAM 20H 为起始地址的单元连续存放 3 个无符号数，编程求它们的累加和，并将结果（假设小于 100H）存放到内部 RAM 30H 单元中。

🔧分析：采用顺序程序设计，参见程序 1。程序 1 中加法指令 ADD 和修改地址指针加 1 指令 INC 重复执行，故可采用循环程序设计，参见程序 2。程序 2 中，重复执行部分作为循环体，R1 作为计数器，DJNZ 指令进行循环的控制，程序流程图如图 2-23 所示。

程序 1：

```
ORG 0300H
MOV R0,#20H ;数据首地址
MOV A,#00H  ;A 清零
ADD A,@R0   ;加第 1 个数
INC R0      ;指向下一个数
ADD A,@R0   ;加第 2 个数
INC RO
ADD A,@R0   ;加第 3 个数
MOV 30H,A   ;结果存 30H
END
```

程序 2：

```
ORG 0300H
MOV R1,#03H         ;R1←循环次数
MOV R0,#20H         ;数据首地址
MOV A,#00H          ;A 清零
SUM: ADD A,@R0      ;A←(A)+((R0))
INC R0              ;修改指针
DJNZ R1,SUM         ;R1≠0，转到 SUM
MOV 30H,A           ;和存入 30H
END
```

【例 2-57】　将片内 RAM 30H～7FH 单元中的一组数据传送到外部 RAM 以 1000H 开始的单元中连续存储。

🔧分析：30H～7FH 单元共计 80 个数据，需传送 80 次，故采用循环次数已知的循环程序实现。R0 作为片内数据存储区指针，DPTR 用作片外数据存储区指针，R1 用作计数器，程序流程图如图 2-24 所示，程序设计如下：

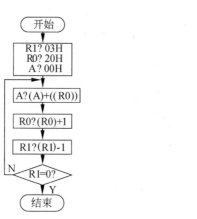

图 2-23　例 2-56 程序流程图

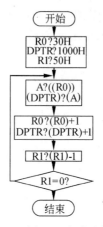

图 2-24　例 2-57 程序流程图

```
        ORG 1000H
START:  MOV R0,#30H      ;片内 RAM 数据首地址
        MOV DPTR,#1000H  ;片外 RAM 数据首地址
        MOV R1,#50H      ;循环次数
LOOP:   MOV A,@R0        ;片内 RAM 数据送 A
        MOVX @DPTR,A     ;A 的内容送外部 RAM
        INC R0           ;指向下一个数据
        INC DPTR
        DJNZ R1,LOOP     ;判断循环次数并跳转
        END
```

【例 2-58】 编写程序统计片内 RAM 从 40H 单元开始的 20 个单元中 0 的个数，统计结果存于 R2 中。

分析：用 R0 作间址寄存器读取数据，用 JNZ 或 CJNE 判断数据是否为 0，R7 作循环变量，DJNZ 指令控制循序是否结束。

程序 1：

```
        MOV R0,#40H
        MOV R7,#20
        MOV R2,#0
LOOP:   MOV A,@R0
        JNZ NEXT
        INC R2
NEXT:   INC R0
        DJNZ R7,LOOP
```

程序 2：

```
        MOV R0,#40H
        MOV R7,#20
        MOV R2,#0
LOOP:   CJNE @R0,#0,NEXT
        INC R2
NEXT:   INC R0
        DJNZ R7,LOOP
```

（2）条件控制的循环程序

在循环次数未知的情况下，往往需要根据给出的某种条件，判断是否结束循环。

【例 2-59】 片外 RAM 2000H 为起始地址的区域存储着一组数据块，该数据块以 '$' 字符作为结束标志，将该组数据传送到片内 RAM 40H 为起始地址的存储区域内。

分析：数据块的长度未知，故循环次数不确定。循环结束的条件是找到 '$' 字符，故可以采用 CJNE 指令将数据与 '$' 的 ASCII 码比较，如果相等，循环结束。程序设计如下。

```
        ORG 1000H
        MOV DPTR,#2000H  ;DPTR←源数据区首地址
        MOV R0,#40H      ;R0←目的数据区首地址
LOOP:   MOVX A,@DPTR     ;A←外部 RAM 数据
        CJNE A,#24H,TRAN ;判断是否是$字符，不是跳转到 TRAN
        SJMP FINI        ;是$，结束
TRAN:   MOV @R0,A        ;不是，内部 RAM←A
        INC DPTR         ;修改源地址指针
        INC R0           ;修改目的地址指针
        SJMP LOOP        ;继续下一次传送
FINI:   END
```

2. 多重循环程序

循环程序的循环体中仍然有一个或多个其他的循环程序，称为多重循环程序，也叫循环的嵌套。

设计循环程序时有以下几个要点。

循环嵌套层次分明，外循环嵌套内循环，从外循环一层一层进入内循环，循环结束从内循环一层一层退出到外循环，不允许内外层循环交叉。

进入循环程序是有条件的，不允许从循环体的外部直接跳转进入循环体。

内循环可以直接转入外循环，实现一个循环由多个条件控制的循环结构方式。

【例 2-60】　延时程序。编程实现 50ms 延时，设单片机的晶振为 12MHz。

💐分析：计算机反复执行一段程序以达到延时的目的称为软件延时，延时时间与指令执行时间（机器周期）和晶振频率 f_{osc} 有关，要实现较长时间的延时，一般需要采用多重循环。

设计软件延时程序一般采用用"DJNZ Rn,rel"指令，当晶振频率为 12MHz 时，机器周期为 1μs，执行一条 DJNZ 指令需要两个机器周期，时间为 2μs，采用双重循环控制，程序设计如下。

```
      ORG 1000H
DEL:  MOV R5,#100
DEL1: MOV R4,#250
DEL2: DJNZ R4,DEL2    ;250×2=500μs，内循环时间
      DJNZ R5,DEL1    ;0.5ms×100=50ms
      END
```

粗略计算，该程序延时 50ms。精确计算，考虑执行一条"MOV Rn,#data"指令需要一个机器周期，时间为 1μs，该程序的延时时间为 $(500+1+2)×100+1=50.301ms$。

如果要求比较精确的延时，程序修改如下。

```
      ORG 1000H
DEL:  MOV R5,#100
DEL1: MOV R4,#247
      NOP
DEL2: DJNZ R4,DEL2    ;247×2=496μs，内循环时间
      DJNZ R5,DEL1    ;(496+1+1+2)×100+1=50.001ms
      END
```

经过计算，延时时间为 50.001ms。

💡提示：计数寄存器值为 0 时，延时时间最长。对于更长时间的延时，可采用多重循环程序，如延时 1s 可设计三重循环程序。

💡注意：软件延时程序不允许被中断，否则将严重影响定时的准确性。

2.5.5　子程序设计

循环程序解决了同一程序中连续多次有规律地重复执行某一程序段的问题。更多的情况是在不同的程序中或在同一个程序的不同位置常常用到的功能完全相同的程序段，对于

无规律重复执行的程序段，往往把它独立出来，设计成子程序，可供其他程序反复调用。

通常将反复执行、具有通用性和功能相对独立的程序段设计成子程序。子程序可以有效地缩短程序长度、节约存储空间，可被其他程序共享，便于程序设计模块化，方便阅读、修改和调试。

1. 设计子程序的注意事项

子程序是程序设计模块化的一种重要手段，在工程上，几乎所有实用程序都是由许多子程序构成的。子程序在结构上应具有通用性和独立性，在编写子程序时应注意以下问题。

（1）子程序的调用

子程序第一条指令的地址称为子程序的入口地址，该指令前必须有标号，标号一般要能够说明子程序的功能，以便一目了然，可读性强。主程序调用子程序是通过主程序中的调用指令 LCALL addr16 或 ACALL addr11 实现的，指令中的地址为子程序的入口地址，编程时通常用标号来代替。

（2）子程序的返回

主程序中调用指令的下一条指令所在的地址称为断点地址。子程序返回主程序是通过返回指令 RET 实现的，子程序末尾一定要有返回指令 RET，将堆栈中保存的断点地址弹出给程序计数器 PC，主程序从断点处继续执行。

（3）保护现场和恢复现场

在主程序中用到的各工作寄存器、特殊功能寄存器和内存单元可能存放有主程序的中间结果，这就要求子程序在使用这些寄存器和存储单元之前，将其中的内容保护起来，称之为保护现场。用完之后，还原寄存器和存储单元原来的内容，称之为恢复现场。

保护现场和恢复现场一般在子程序中用堆栈来完成。在子程序的开始使用压栈指令 PUSH，把需要保护的内容压入堆栈，以保护现场。子程序执行完毕，返回主程序前（RET 指令前），使用出栈指令 POP，把堆栈中保护的内容弹出到原来的存储单元中，恢复其原来的状态，以恢复现场。子程序中用到的不是用来传递参数的寄存器，一般都应保护，携带入口参数的寄存器一般不必保护，携带出口参数的寄存器一般不允许保护。

由于堆栈操作是"后进先出"，故恢复现场时，后压栈的数据应该先弹出，才能保证恢复寄存器和内存单元原来的状态。例如：

```
PUSH R1
PUSH ACC
PUSH PSW
PUSH 10H
  :
POP 10H
POP PSW
POP ACC
POP R1
```

（4）子程序内部必须使用相对转移指令，而不使用其他转移指令，这样在汇编时生成浮动代码，所编子程序可以放在 64KB 的任何存储空间，并能被主程序调用。

（5）在子程序调用时，要明确并采用适当的方法在主程序和子程序之间进行信息交换，即参数传递。

2. 参数传递

主程序在调用子程序时，经常需要把主程序的一些原始数据传送给子程序，子程序执行完后，也需要把一些结果数据送回主程序，这一过程称为参数传递，主要包括"入口参数"和"出口参数"。

入口参数是指子程序需要的原始参数。主程序在调用子程序前，将入口参数送到约定的工作寄存器 R0～R7、特殊功能寄存器 SFR、内存单元或堆栈中，供子程序使用；出口参数是由子程序根据入口参数执行程序后获得的结果参数。子程序结束前，将出口参数送到约定的单元中，供主程序使用。

参数传递通常有以下几种方法。

（1）传递数据

通过工作寄存器 R0～R7、存储单元或累加器等特殊功能寄存器直接传送数据。

（2）传递地址

入口参数和出口参数的数据放在数据存储器中，通过 R0、R1 或 DPTR 传递数据存放的地址。一般数据在内部 RAM 中，可用 R0 或 R1 作指针；数据在外部 RAM 中，可用 DPTR 作指针。

（3）通过堆栈传递参数

主程序与子程序间传递的参数都放到堆栈中。在调用子程序之前，主程序把要传送的入口参数压入堆栈，进入子程序后，子程序从堆栈中弹出这些参数使用。同样子程序的出口参数也通过堆栈传送给主程序。

（4）利用位地址传递参数

如果入口参数和出口参数是字节中的某些位，可以利用位地址传递参数，传递参数的过程与上述诸方法类似。

💡**提示**：子程序的参数传递方法同样适用于中断服务程序。

【**例 2-61**】　编制程序计算 $y=a^2+b^2$，其中 a、b 均为小于 10 的整数，分别存放于片内 RAM 60H、61H 单元中，结果 y 存放到片内 70H 单元。

🐾**分析**：本题两次用到求平方值，所以计算某数的平方的过程可设计为子程序，程序由两部分组成，主程序和子程序。

子程序功能：求 $y = x^2$，可以通过查表程序实现。参数传递：子程序的入口参数 x 存放于累加器 A 中，子程序的出口参数 y 存放于累加器 A 中。

主程序通过两次调用子程序分别求 a^2、b^2，并在主程序中完成求和运算，程序流程图如图 2-25 所示，程序设计如下。

```
ORG 1000H
MOV SP,#3FH      ;设置堆栈指针
MOV A,60H        ;A←入口参数 a
ACALL SQR        ;调用子程序，求 a²
MOV R1,A         ;a² 暂存于 R1
MOV A,61H        ;A←入口参数 b
ACALL SQR        ;调用子程序，求 b²
ADD A,R1         ;A←a²+b²
MOV 70H,A        ;结果存入 70H 单元
```

```
        SJMP $
SQR:    ADD A,#01H        ;地址调整
        MOVC A,@A+PC      ;查平方表
        RET               ;子程序返回
SQRTAB: DB 0,1,4,9,16,25,36,49,64,81
        END
```

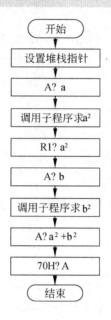

图 2-25 例 2-61 程序流程图

2.6 应用举例

下面通过实例说明汇编语言程序设计的方法和思路。

2.6.1 巡回检测报警装置

设计一个 16 路输入的巡回检测报警装置，每路有一个最大允许值，为双字节数。依次巡回检测，当某路检测值大于最大允许值时，则发出报警。编制子程序找到最大允许值。

设计分析

采用查表程序设计，检测路数为 x，存于 R5 中，根据 x 找到最大允许值 y，存入 R6、R7 中。

【例 2-62】 巡回检测报警装置。

```
        ORG 3000H
MAXALM: MOV A,R5              ;R5←检测路数
        ADD A,R5;A←(R2)×2    ;最大允许值是双字节
        MOV R6,A
        ADD A,#6              ;偏移量修正
        MOVC A,@A+PC          ;查表,A←最大允许值第 1 字节
```

```
        XCH A,R6
        ADD A,#3
        MOVC A,@A+PC              ;查表,A←最大允许值第 2 字节
        MOV R7,A
        RET
ALMTAB: DW 3455,6793,256,3456,10000,9457,42890,96
        DW 7484,2489,562,3450,3892,40455,23476,9372
```

本例中，表格长度不能超过 256 个字节，且只能存放于 MOVC A,@A+PC 指令以下的 256 个单元以内。如果超出了上述范围，可改用 MOVC A,@A+DPTR 指令设计程序，可参考例 2-63。

2.6.2　单片机测温系统

单片机测温系统中，检测电压与温度呈非线性关系，故可将不同的电压值对应的温度列成一个表格，表格中是温度值。检测电压经 A/D 转换为 10 位二进制数（10 位二进制数可对应 1024 个温度值），根据测量的电压值求出被测温度。

设计分析

输入电压 x 占 2 个字节，放在 R2、R3 中，转换成温度是双精度数，也占 2 个字节，仍放在 R2、R3 中，R3 中为低字节。

【例 2-63】　单片机测温。

```
        ORG 3000H
        MOV DPTR,#TEMTAB         ;温度表基地址
        MOV A,R3                 ;R2 R3←(R2 R3)×2
        CLR C
        RLC A;
        MOV R3,A
        XCH A,R2
        RLC A
        XCH A,R2                 ;A←低字节,R2←高字节
        ADD A,DPL                ;DPTR←(DPTR)＋(R2 R3)
        MOV DPL,A
        MOV DPH,A
        ADDC A,R2
        MOV DPH,A
        CLR A
        MOVC A,@A+DPTR           ;A←查温度值第 1 字节
        MOV R2,A
        CLR A
        INC DPTR
        MOVC A,@A+DPTR           ;A←查温度值第 1 字节
        MOV R3,A;
        RET
TEMTAB: DW …                     ;温度表
```

2.6.3　码制转换

单片机应用系统中，经常涉及各种码制之间的转换。如单片机内部数据存储和计算采用二进制数，打印机打印字符为 ASCII 码，输入/输出人机交互习惯采用十进制数，在单片

机中常采用 BCD 码。

1. 二进制数转换为ASCII码

在片内 RAM 50H 为起始地址的单元中存有一组数据，数据块的长度为 10。将每个存储单元中的两位十六进制数分别转换成 ASCII 码，并按顺序存储到片内 RAM 60H 起始的地址单元中。

 设计分析

一个字节存储单元中有两位十六进制数，而子程序的功能是一次只转换 1 位十六进制数，所以将一个字节拆成两个十六进制数，转换两次，调用两次子程序，完成一个字节的转换。

十六进制数据块的首地址在 R0 中，转换的 ASCII 码存放的首地址在 R1 中，R2 用作数据块长度计数器。

【例 2-64】 码制转换程序设计。

主程序：

```
        ORG 2000H
        MOV SP,#30H        ;SP←开辟堆栈区
        MOV R0,#50H        ;R0←十六进制数首地址
        MOV R1,#60H        ;R1←ASCII 码首地址
        MOV R2, #10        ;R2←数据块长度
LOOP:   MOV A,@R0          ;A←待转换的数
        ACALL HEXASC        ;调用转换 ASCII 子程序
        MOV @R1,A          ;转换的 ASCII 码存目的地址
        INC R1             ;修改目的地址指针
        MOV A,@R0          ;A←重新取待转换的数，转换高 4 位
        SWAP A             ;高 4 位与低 4 位互换
        ACALL HEXASC        ;调用转换 ASCII 子程序
        MOV @R1,A
        INC R0             ;修改十六进制数地址指针，准备转换下一个字节
        INC R1             ;修改 ASCII 码存储地址指针
        DJNZ R2,LOOP
        END
```

子程序名称：HEXASC

子程序功能：将一个存储单元中的低 4 位十六进制数转换成 ASCII 码。

入口参数：A 中存有待转换的十六进制数

出口参数：转换的 ASCII 码存在 A 中

子程序 1：采用查表法

```
        ORG 2300H
HEXASC: ANL A,#0FH         ;保留低 4 位，高 4 位清零
        ADD A,#01H         ;查表位置调整
        MOVC A,@A+PC       ;查表，A←ASCII 码
        RET                ;子程序返回
ASCTAB: DB 30H,31H,32H,33H ;ASCII 码表
        DB 34H,35H,36H,37H
        DB 38H,39H,41H,42H
        DB 43H,44H,45H,46H
```

子程序 2：计算法。由 ASCII 码字符表可知 0～9 的 ASCII 码是 30H～39H，A～F 的

ASCII 码是 41H～46H，因此，若是十六进制数 0～9，加上 30H 得到对于的 ASCII 码；若是十六进制数 A～F，加上 37H 得到对于的 ASCII 码。

```
          ORG  2300H
HEXASC:   ANL  A,#0FH             ;保留低4位，屏蔽高4位
          CJNE A,#10,ASC09        ;(A)与10比较
ASC09:    JNC  ASCAF              ;若(A)>9，转到ASCAF
          ADD  A,#30H             ;若(A)≤9，则A←(A)+30H
ASCAF:    ADD  A,#37H             ;A←(A)+37H
          RET                     ;子程序返回
```

思考：另一种计算方法，可以通过加法指令及其十进制调整指令设计子程序。

2. ASCII码转换为二进制数

【例 2-65】 在片外 RAM 3000H 为起始地址的连续单元中存有 50 个用 ASCII 码表示的十六进制数，将其转换成相应的十六进制数并存放到片内 RAM 以 40H 为起始地址的 25 个连续单元中。要求：采用子程序结构，使用堆栈传递参数。

设计分析

一个 ASCII 码转换成一位十六进制数，转换两个 ASCII 码得到两位十六进制数，合并成一个字节。

子程序功能：一个 ASCII 码转换成一位十六进制数，采用堆栈传递入口参数 ASCII 码和出口参数十六进制数。

由 ASCII 码字符表可知 0～9 的 ASCII 码是 30H～39H，A～F 的 ASCII 码是 41H～46H。将 ASCII 码与 3AH 比较，若小于 3AH，是 0～9 的 ASCII 码 30H～39H，减去 30H 得到十六进制数 00H～09H；若大于 3AH，是 A～F 的 ASCII 码 41H～46H，减去 37H 得到十六进制数 0AH～0FH。

程序设计如下，程序中堆栈操作示意图如图 2-26 所示。

```
          ORG  1000H
          MOV  DPTR,#2FFFH        ;DPTR←初值
          MOV  R0,#3FH            ;R0←初值
          MOV  SP,#20H            ;SP←开辟堆栈区
          MOV  R2,#19H            ;R2←循环计数器初值25
LOOP:     INC  DPTR               ;修改存储ASCII码地址指针，准备转换下一个字节
          INC  R0                 ;修改十六进制数地址指针
          MOVX A,@DPTR            ;A←待转换的数
          PUSH ACC                ;压入堆栈
          ACALL ASCHEX            ;调用ASCII转换十六进制数子程序
          POP  1FH                ;(1FH)←十六进制数
          INC  DPTR
          MOVX A,@DPTR            ;A←取下一个待转换的数
          PUSH ACC
          ACALL ASCHEX
          POP  ACC                ;A←十六进制数
          SWAP A                  ;十六进制数作为字节的高4位
          ORL  A,1FH              ;两个十六进制数合并为一个字节
          MOV  @R0,A              ;存转换结果
          DJNZ R2,LOOP            ;R2≠0，继续下一次转换
```

```
        SJMP $;
ASCHEX: MOV R7,SP;
        DEC R7
        DEC R7
        XCH A,@R0           ;A←从堆栈中取数
        CLR C
        SUBB A,#3AH         ;A←(A)-3AH
        JC FIG              ;小于3AH为0～9的ASCII码
        SUBB A,#07H         ;大于3AH为A～F的ASCII码,再减7
FIG:    ADD A,#0AH          ;小于3AH,则 A← (A)-3AH+0AH=(A)-30H
                            ;大于3AH,则 A← (A)-3AH-07H+0AH=(A)-37H
        XCH A,@R0           ;堆栈←转换得到的16进制数
        RET
        END
```

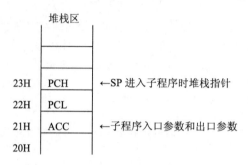

图 2-26 例 2-65 堆栈操作示意图

3. 压缩BCD码转换成二进制数

【例 2-66】 片内 RAM 30H（千位、百位）、31H（十位、个位）单元中存有 4 位压缩 BCD 码，将 BCD 码转换为二进制数（16 位无符号数），并存入 R5、R4 中，R5 中为高 8 位。

 设计分析

设 4 位 BCD 码分别为 a_3、a_2、a_1、a_0，将其转换为二进制数为

y(16 位二进制数)=$a_3a_2a_1a_0$(十进制数)=$a_3\times 10^3 + a_2\times 10^2 + a_1\times 10 + a_0$

$$= (a_3\times 10 + a_2)\times 100 + (a_1\times 10 + a_0)$$

其中，$(a_i\times 10 + a_j)$部分可用子程序实现。

```
        ORG 3000H
        MOV A,30H           ;A←取 BCD 码(千位、百位)
        MOV R2,A            ;R2←BCD 码
        ACALL BCD2BIN       ;调用 BCD 码转换成二进制数子程序
        MOV A,R2            ;A←得到的二进制数(a3×10+ a2)
        MOV B,100
        MUL AB
        MOV R3,A            ;R3←低8位,暂存
        XCH A,B             ;A←高8位
        MOV R5,A            ;R5←高8位
        MOV A,31H           ;A←取 BCD 码(十位、个位)
        MOV R2,A
        ACALL BCD2BIN
        MOV A,R2            ;A←得到的二进制数(a1×10+ a0)
```

```
          ADD A,R3        ;A←(a3×10+ a2)×100 的低 8 位+(a1×10+ a0)
          MOV R4,A        ;R4←转换结果低 8 位
          MOV A,R5        ;R5← (a3×10+ a2)×100 的高 8 位
          ADDC A,#0       ;加低 8 位的进位 Cy
          MOV R5,A        ;R5←转换结果低 8 位
BCD2BIN:  MOV A,R2        ;A←待转换的 BCD 码，子程序入口参数和出口参数均为 R2
          ANL A,#0F0H     ;A←取高位 BCD 码，屏蔽低 4 位
          SWAP A
          MOV B,#10
          MUL AB          ;高位 BCD 码×10
          MOV R3,A        ;R3←（高位 BCD 码×10）暂存
          MOV A,R2
          ANL A,#0FH      ;A←取低位 BCD 码，屏蔽高 4 位
          ADD A,R3        ;A←（高位 BCD 码×10）+低位 BCD 码
          MOV R2,A
          RET
          END
```

思考：非压缩 BCD 码转换为二进制数。

设 5 位非压缩 BCD 码分别为 a_4、a_3、a_2、a_1、a_0，将其转换为二进制数为

y(16 位二进制数)=$a_4a_3a_2a_1a_0$(十进制数)=$a_4×10^4+ a_3×10^3+ a_2×10^2+ a_1×10+ a_0$

$$= ((((a_4×10+ a_3)×10+ a_2)×10+ a_1)×10+ a_0$$

($a_i×10+ a_j$)部分可用循环程序实现，循环次数=BCD 码个数−1。

4．二进制数转换为BCD码

【例 2-67】 将双字节二进制数转换成压缩 BCD 码（十进制数），双字节二进制数在 R3、R2 中，其中，R3 为高字节，转换的 5 位 BCD 码，十、个位存于 30H 中，千、百位存于 31H 中，万位存于片内 RAM 32H 中。

设计分析

二进制数与 BCD 码的关系为：

$$(a_{15}a_{14}\cdots a_1a_0)_2=(a_{15}×2^{15}+ a_{14}×2^{14}+\cdots+ a_3×2^3+ a_2×2^2+ a_1×2^1+ a_0×2^0)_{10}$$
$$=(a_{15}×2^{14}+ a_{14}×2^{13}+\cdots+ a_3×2^2+ a_2×2^1+ a_1)×2+ a_0$$
$$=((a_{15}×2^{13}+ a_{14}×2^{12}+\cdots a_3×2^1+ a_2)×2+ a_1)×2+ a_0$$
$$=(((a_{15}×2^{12}+ a_{14}×2^{11}+\cdots a_3)×2+ a_2)×2+ a_1)×2+ a_0$$
$$\cdots$$
$$=(\cdots(a_{15}×2+ a_{14})×2+\cdots+ a_3)×2+ a_2)×2+ a_1)×2+ a_0$$

二进制转换为 BCD 码，通式为($a_i×2+a_j$)，可设计成循环程序。循环初始值为 0，第 1 次循环完成($0×2+a_{15}$)，第 2 次循环完成[($0×2+ a_{15}$)×2+ a_{14}]，依次向下，程序 1 设计如下。

```
          ORG 3000H
BINBCD:   CLR A         ;A 清零
          MOV R4,A      ;BCD 码初值为 0
          MOV R5,A
          MOV R6,A
          MOV R7,#16    ;R7 循环计数器
LOOP:     CLR C         ;进位标志清零
          MOV A,R2      ;二进制数左移，Cy←aj
```

```
        RLC A
        MOV R2
        MOV A,R3
        RLC A
        MOV R3
        MOV A,30H
        ADDC A,30H    ;带进位自身相加，即(ai×2+ aj)
        DA A          ;十进制调整
        MOV 30H,A
        MOV A,31H
        ADDC A,31H
        DA A
        MOV 31H,A
        MOV A,32H
        ADDC A,32H
        DA A
        MOV 32H,A
        DJNZ R7,LOOP  ;控制循环 16 次，程序结束
        END
```

方法 2：除 10 取余。先用 10 除 R3 的高 4 位，再用 10 除余数和 R3 的低 4 位，再用 10 除余数和 R2 的高 4 位，最后用 10 除余数和 R2 的低 4 位，此时得到 4 位十六进制数的商和 1 位余数，余数就是转换得到的最低位 BCD 码。4 位十六进制数商送入 R3、R2 中，再重复上述除 10 的过程，得到第 2 位 BCD 码，循环 5 次，得到 5 位 BCD 码，存于内部 RAM 40H~44H(万、千、百、十、个位)。

如将二进制数 FFFFH 转换为 BCD 码 65535 的过程：

0FH÷0AH=1···5，5FH÷0AH=9···5，5FH÷0AH=9···5，5FH÷0AH=9···5

第 1 次得到商 1999H，余数 5；第 2 次用 1999H 除以 0AH，商 028FH 余数 3；第 3 次用 028FH 除以 0AH，商 0041H 余数 5；第 4 次用 0041H 除以 0AH，商 0006H 余数 5；第 5 次用 0005 H 除以 0AH，商 0 余数 6；故 FFFFH 的压缩 BCD 码为 06H55H35H。

```
        ORG 3000H
        MOV R7,#5      ;循环计数器
        MOV R0,#44H    ;BCD 码间址指针
LOOP:   MOV A,R3       ;R3 的高 4 位除以 10
        SWAP A
        ANL A,#0FH     ; A←R3 的高 4 位
        MOV B,#10
        DIV AB
        SWAP A
        XCH A,R3       ;商存入 R3 高 4 位
        ANL A,#0FH     ;A←再取 R3 低 4 位
        XCH A,B        ;B←R3 低 4 位，A←余数
        SWAP A
        ORL A,B        ;合并余数和 R3 低 4 位
        MOV B,#10
        DIV AB
        ORL A,R3       ;和并两个商
        MOV R3,A       ;R3 存商的高字节
        MOV A,B
        SWAP A
        MOV B,A        ;余数存 B 的高 4 位
        MOV A,R2
        SWAP A
```

```
          ANL A,#0FH        ;A←R2 的高 4 位
          ORL A,B           ;合并余数和 R2 高 4 位
          MOV B,#10
          DIV AB
          SWAP A
          XCH A,R2          ;商存入 R2 高 4 位
          ANL A,#0FH        ;A←再取 R2 低 4 位
          XCH A,B           ;B←R2 低 4 位，A←余数
          SWAP A            ;将余数交换到高 4 位
          ORL A,B           ;合并余数和 R2 低 4 位
          MOV B,#10
          DIV AB
          ORL A,R2          ;和并两个商
          MOV R2,A          ;R2 存商的低字节
          MOV @R0,B         ;存余数
          DEC R0
          DJNZ R5,LOOP
          MOV 32H,40H       ;转换为压缩 BCD 码，万位
          MOV A,41H
          SWAP A
          ORL A,42H
          MOV 31H,A         ;千、百位
          MOV A,43H;
          SWAP A
          ORL A,44H
          MOV 30H,A         ;十、个位
          END
```

2.6.4　排序问题

【例 2-68】无符号数排序。MCS-51 单片机内部 RAM 30H 为起始地址的单元中，连续存放 64 个无符号数，编程将这组数据按从小到大（升序）的顺序排列。

设计分析

数据排序常用的方法是冒泡排序法，又称两两比较法，这种方法类似于水中气泡上浮。从前向后依次比较相邻的两个数，如果前数大于后数，交换两个存储单元的内容，否则不交换。N 个数据经过 N-1 次比较后，从前到后完成一次冒泡，找到 N 个数中的最大数，并存入第 N 个单元中。第二次冒泡过程与第一次完全相同，经过 N-1 次比较，将次最大数存于第 N-1 个单元，依次类推，经过 N-1 次冒泡，完成 N 个数从小到大的排列，如图 2-27 所示。本程序设计可以采用双重循环，内循环和外循环次数均已知，为常数 N-1 次，程序流程如图 2-27 所示，程序设计参见程序 1。

从上面分析可以看出，第一次冒泡需要从先向后依次比较 N-1 次，找到最大数，存入第 N 个单元；第二次冒泡只需要在剩余的 N-1 个数中找到最大数，所以第二次冒泡比较 N-2 次，找到最大数存于第 N-2 个存储单元；依次类推，第三次冒泡比较 N-3 次，…，第 N-1 冒泡比较 1 次，完成从小到大排序。本程序设计可以采用双重循环，内循环和外循环次数均已知，外循环次数为常数 N-1 次，内循环次数为变量，从而减少了内循环执行次数，程序设计参见程序 2。

实际上，排序过程可能提前完成，如果在某次冒泡过程中没有发生交换，说明数据排

序已经完成，这种情况下，可以通过设置"交换标志"，禁止不必要的冒泡次数，减少循环次数。内循环初始化时"交换标志"清零，冒泡过程中发生数据交换，标志置 1，说明排序尚未完成，继续下一次冒泡；若完成一次冒泡后，"交换标志"仍为零，说明刚刚进行完的冒泡中未发生数据交换，排序已经完成，可停止冒泡。

如一组数据 1，2，3，…，64 存储在片内 RAM 30H 为起始地址的单元中，排序程序经过一次冒泡就可以根据"交换标志"状态结束排序程序，从而节省了 63-1=62 次的冒泡时间。

第一次冒泡排序过程（比较 5 次）

N=6		第 1 次比较	第 2 次比较	第 3 次比较	第 4 次比较	第 5 次比较
35H	32	32	32	32	32	234
34H	16	16	16	16	234	32
33H	6	6	6	234	16	16
32H	100	100	234	6	6	6
31H	78	234	100	100	100	100
30H	234	78	78	78	78	78

第二次冒泡排序过程（比较 5 次）

N=6		第 1 次比较	第 2 次比较	第 3 次比较	第 4 次比较	第 5 次比较
35H	234	234	234	234	234	234
34H	32	32	32	32	100	100
33H	16	16	16	100	32	32
32H	6	6	100	16	16	16
31H	100	100	6	6	6	6
30H	78	78	78	78	78	78

注：第二次冒泡过程只需进行第 1～4 次比较，第 5 次比较可以省略。

图 2-27　冒泡法排序过程（以 N=6 为例）

冒泡程序流程图如图 2-28 所示，程序 1 设计如下。

```
        ORG 1000H
        MOV R6,#64          ;R6←数据块长度
        DEC R6              ;外循环次数=块长-1
        MOV A,R6
        MOV R7,A            ;内循环次数=块长-1
BUBBLE: CLR F0             ;交换标志清零
        MOV R0,#30H         ;R0←数据块首地址
COMP:   MOV A,@R0           ;A←取前一个数
        INC R0              ;修改数据地址指针
        MOV 20H,@R0         ;20H←取相邻下一个数
        CJNE A,20H,EXCHAN   ;相邻两个数比较
EXCHAN: JC NEXCHAN          ;若前数<后数，不交换
        XCH A,@R0           ;若前数≥后数，交换数据
        DEC R0
        MOV @R0,A
        INC R0              ;恢复数据地址指针
```

```
        SETB F0            ;交换标志置 1
NEXCHAN: DJNZ R7,COMP      ;R7≠0，继续比较下一组数
        JNB F0, SEQU       ;交换标志为 0，完成排序
        DJNZ R6,BUBBLE     ;R6≠0，继续下一次冒泡
SEQU:   SJMP $             ;R6=0 或交换标志为 0，完成排序
        END
```

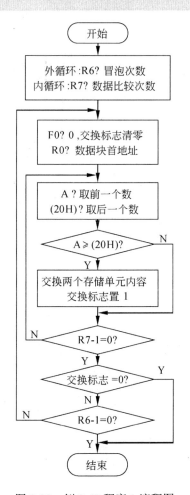

图 2-28　例 2-68 程序 1 流程图

程序 2：改进程序 1，内循环次数 R7 为变量，每执行一次外循环，R6 减 1，内循环循环次数减 1。

```
        ORG 1000H
        MOV R6,#64         ;R6←数据块长度
        DEC R6             ;外循环次数=块长-1
BUBBLE: CLR F0             ;交换标志清零
        MOV A,R6
        MOV R7,A           ;R7←内循环次数
        MOV R0,#30H        ;R0←数据块首地址
```

下面程序设计与程序 1 相同。

程序 3：如图 2-29 所示，直接由交换标志控制外循环。

```
        ORG 1000H
```

```
        CLR F0              ;交换标志清零
BUBBLE: MOV R7,#64          ;R7←数据块长度
        DEC R7              ;内循环次数=块长-1
        MOV R0,#30H         ;R0←数据块首地址
COMP:   MOV A,@R0           ;A←取前一个数
        INC R0              ;修改数据地址指针
        MOV 20H,@R0         ;20H←取相邻下一个数
        CJNE A,20H,EXCHAN   ;相邻两个数比较
EXCHAN: JC NEXCHAN          ;若前数<后数,不交换
        XCH A,@R0           ;若前数≥后数,交换数据
        DEC R0
        MOV @R0,A
        INC R0              ;恢复数据地址指针
        SETB F0             ;交换标志置1
NEXCHAN:DJNZ R7,COMP        ;R7≠0,继续比较下一组数;R7=0,完成一次冒泡,继续向下执行
        JBC F0,BUBBLE       ;交换标志为1,对交换标志清零并进行下一次冒泡
                            ;交换标志为0向下执行
        SJMP $              ;交换标志为0,排序完成
        END
```

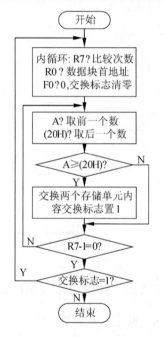

图 2-29   例 2-68 程序 3 流程图

　　除了常用的冒泡法排序外,排序问题还可以采用逐一比较法:将第 1 个单元中的数与其后的 N–1 个单元中的数逐一比较,如果前数大于后数,交换两个存储单元的内容,否则不交换。N 个数经过 N–1 次比较后,找到 N 个数中的最小数,并存入第 1 个单元中,然后将第 2 个单元中的数与其后的 N–2 个单元中的数逐一比较,经过 N–2 次比较后,找到 N–1 个数中的最小数,并存入第 2 个单元中,以此类推,直到比较最后两个单元中的数,将较小数存入第 N–1 个单元,较大数存入第 N 个单元,完成数据排序。

　　用逐一比较法设计程序 4 如下。

程序 4:

```
        ORG 1000H
```

```
        MOV R0,#30H         ;R0←数据块首地址
        MOV R6,#64          ;R6←数据块长度
        DEC R6              ;外循环次数=块长-1
EACHCOM:MOV A,R6
        MOV R7,A            ;内循环次数
        MOV B,R0            ;B←暂存 R0
        MOV A,@R0           ;A←取第 1 个数
COMP:   INC R0              ;修改数据地址指针
        MOV 20H,@R0         ;依次取后面的数
        CJNE A,20H,EXCHAN   ;比较两个数
EXCHAN: JC NEXCHAN          ;若前数<后数，不交换
        XCH A,@R0           ;若前数≥后数，交换数据
NEXCHAN: DJNZ R7,COMP       ;R7≠0，继续比较下一组数；R7=0，完成一轮比较，继续向下执行
        MOV R0,B            ;R0←恢复地址指针
        MOV @R0,A           ;(R0)←A 中找到的最小数
        INC R0              ;下一轮比较中的第 1 个数地址指针
        DJNZ R6, EACHCOM    ;R6≠0，继续下一轮比较；R6=0，完成 N-1 轮比较，继续向下执行
        SJMP $              ;排序完成
        END
```

2.7　思考与练习

1. 说明伪指令的作用。"伪"的含义是什么？常用伪指令的功能如何？

2. 分析程序并写出结果。

已知（R0）=20H，（20H）=10H，（P0）=30H，（R2）=20H，执行如下程序段后（40H）=

```
    MOV  @R0 , #11H
    MOV  A , R2
    ADD  A , 20H
    MOV  PSW , #80H
    SUBB A , P0
    XRL  A , #45H
    MOV  40H , A
```

3. 分析程序并写出结果。

已知（R0）=20H，（20H）=36H，（21H）=17H，（36H）=34H，执行过程如下：

```
    MOV  A , @R0
    MOV  R0 , A
    MOV  A , @R0
    ADD  A , 21H
    ORL  A , #21H
    RL   A
    MOV  R2 , A
    RET
```

则执行结束（R0）=　　　　　（R2）=

4. 执行下面一段程序：

```
    MOV   SP, #60H
    MOV   A, #10H
    MOV   B, #01H
```

```
PUSH    A
PUSH    B
POP     A
POP     B
```

A，B 的内容是：（A）=　　　　　（B）=

5. 设在 31H 单元存有 #23H，执行下面程序：

```
MOV  A, 31H
ANL  A, #0FH
MOV  41H, A
MOV  A, 31H
ANL  A, #0F0H
SWAP A
MOV  42H, A
```

则（41H）=　　　　　（42H）=

6. 编程将内部 RAM 20H 为首的 16 个单元的 8 位无符号数排序。

7. 将字节地址 30H～3FH 单元的内容逐一取出减 1，然后放回原处，如果取出的内容为 00H，则不要减 1，仍将 0 放回原处。

8. 数据块传送，将 RAM 从 30H 开始的连续 32 个单元的内容传递给片内 RAM 从 60H 开始的连续 32 个单元。

9. 将 4 个单字节数放片内 30H～33H，它们求和结果放在片内 40H，41H 单元。

10. RAM 中 40H 单元内存有一个十六进制数，把这个数转换为 BCD 码的十进制数，BCD 码的十位和个位放在累加器 A 中，百位放在 R2 中。

11. 程序将片内 40H-46H 单元内容的高 4 位清零，保持低 4 位不变。

12. 将 31H、32H 单元与 41H、40H 单元的双字节十进制无符号数相加，结果存入 32H，31H，30H 单元，即（31H）（30H）+（41H）（40H）→32H、31H、30H。

13. 编程实现字符串长度统计：设在单片机内 RAM 中从 STR 单元开始有一字符串（以 ASCII 码存放），该字符串以 $（其值为 24H）结束，试统计该字符串的长度，其结果存于 LON 单元。

第 3 章　C51 程序设计

C 语言由于其功能强大、结构性强、可移植性好等优点，深受广大编程人员的喜爱，而单片机 C 语言既具有 C 语言的特点，又兼有汇编语言对操作硬件的功能，因此，在现代单片机程序设计中，单片机 C 语言得到了广泛应用。本章主要介绍 MCS-51 单片机 C 语言的基础知识及程序设计。

3.1　C51 的标识符和关键字

标识符和关键字是一种编程语言最基本的组成部分，C51 语言同样支持自定义的标识符及系统保留的关键字，在进行 C51 程序设计时，需要了解标识符和关键字的使用规范。

1. 字符集

单片机 C 源程序都是由键盘上的字符按相应语法规定而写成的，这些字符分为三类：
（1）26 个英文字母（包括大小写）；
（2）10 个阿拉伯数字；
（3）其他符号，如：+、−、*、/、%、<、>、=、！等。

2. 标识符

源程序中有各种程序对象，如变量、函数、数组、数据类型等。为了正确使用这些程序对象，应先命名标识。这种具有名字效应的字符序列，称为标识符。对于标识符，C 语言规定：
（1）只能由英文字母（A-Z，a-z）、数字（0-9）、下划线"_"三种符号组成；
（2）大写字母与其小写字母视为不同，即代表不同的对象，如 A12 与 a12 代表不同的对象；
（3）数字字符不能作为标识符的首字符，如 1ab 就是错误的。

3. 关键字

C 语言把一些具有特定含义的标识符划归系统使用，作为专用的定义符来使用。这种专用定义符就是关键字，这些特定的关键字不允许程序设计人员作为自定义的标识符使用，C 语言的关键字一般是由小写字母构成的字符序列。C 语言的关键字如表 3-1 所示。

单片机 C51 程序语言不仅继承了 ANSIC 标准定义的 32 个关键字，还根据 C51 语言及单片机硬件的特点扩展了相关的关键字。在 C51 语言程序设计中，用户自定义的标识符不能和这些关键字相冲突，否则无法正确通过编译。下面具体介绍一下这几个关键字：

表 3-1　C语言的关键字

auto	break	case	char
const	default	do	double
else	enum	continue	extern
float	for	goto	if
int	long	register	return
short	signed	sizeof	static
struct	switch	typedef	union
unionunsigned	void	volatile	while

（1）使用相关的关键字可以将数据存放到指定的存储空间，这些关键字如表 3-2 所示：

表 3-2　数据存储空间定义

关键字	作　　用
data	直接使用单片机低 128 字节的常用内存区，速度最快
bdata	直接使用常用内存区的 20-2FH 位寻址区共 128 位
idata	间接使用片内 RAM256 字节，也就是通过间接寻址的方法使用内存储区
pdata	采用分页寻址的方法使用片外 256 字节数据存储区
xdata	直接使用片外 64KB 数据存储区
code	直接访问代码存储区（64KB 的空间）

（2）bit 位标量：利用它可以定义一个位标量，但不能定义位指针，也不能定义位数组。它的值是一个二进制位，不是 0 就是 1。

（3）sbit 可寻址位：利用它可以定义内部 RAM 中的可寻址位或特殊功能寄存器中的可寻址位。

（4）sfr 特殊功能寄存器：8 位特殊功能寄器。

（5）sfr16 特殊功能寄存器：sfr16 和 sfr 一样用于操作特殊功能寄存器，所不同的是它用操作占两个字节（16 位）的寄存器，如定时器 T0 和 T1。

（6）interrupt：中断函数说明，定义一个中断函数。

（7）reentrant：再入函数说明，定义一个再入函数。

（8）using：寄存器组定义，定义芯片的工作寄存器。

3.2　变量和常量

数据类型有常量和变量之分，常量就是在程序的运行过程中不能改变其值的量，而变量是在程序的运行过程中能够改变其值的量。C51 编译器支持 C 语言中所有的变量类型，而对常量的支持类型只有整型、浮点型、字符型、字符串型和位标量。

3.2.1　常量

程序中固定的数据表、字库等都是常量。常量区分为不同的类型，如整型常量、浮点数常量、字符型常量、枚举常量等。整型常量能表示为十进制，如 123，0，−89 等，也可以表示成十六进制，如 0x34、−0x3B 等；长整型就在数字后面加字母 L，如 104L、034L 等。

字符型常量在使用之前必须先定义，其一般形式为：

```
#define  标识符  常量
```

它的功能是把该标识符定义为其后面的常量值。在定义后的程序中，所有出现该标识符的地方均代之以该常量值。

　　（1）习惯上字符型常量的标识符用大写字母，变量标识符用小写字母，以示区别。
　　（2）字符型常量与变量不同，字符型常量的值在其作用域内不能改变，也不能再被赋值。

【例 3-1】　字符型常量的使用。

```
#define WEIGHT 20        //在以后的程序中 WEIGHT 为常量，其值为 20
main()
{
int num,total;
num=10;
total=num* WEIGHT;
printf("total=%d",total);
}
```

程序运行的结果：

```
total=200
```

　　（1）通过#define 定义的字符型常量在编译后的目标代码中并不存在。因为在对程序进行编译之前，编译器首先对标识符进行字符替换，也就是说，编译器实际编译的是标识符所代表的常量。
　　（2）printf（"格式"，变量）函数是打印函数，其功能是将"变量"按照"格式"说明进行输出。%d 代表将 total 按整型变量的格式输出。

3.2.2　变量

　　其值可以改变的量称为变量。一个变量应该有一个名字，在内存中占据一定的存储单元，在存储单元中存储着该变量的数值，因此变量名和变量值是两个不同的概念。要在程序中使用变量必须先用标识符作为变量名，并指出所用的数据类型和存储器类型，这样编译系统才能为变量分配相应的存储空间，一般放在函数体的开头部分。
　　定义一个变量的格式如下。

```
存储种类　数据类型　存储器类型　变量名;
```

　　在定义格式中除了数据类型和变量名是必须的以外，其他项都是可选项，定义变量时，允许同时定义多个相同类型的变量，各变量之间用逗号间隔，最后一个变量名以";"结尾。

1. 存储种类及作用域

　　变量在程序被编译时由编译器根据存储类型进行定位。存储种类有 4 种：自动（auto）类型、外部（extern）类型、静态（static）类型和寄存器（register）类型。
　　变量作用域是程序中变量起作用的范围，由于 C51 中可以包含多个函数和程序文件，因此使用变量时，除要首先定义该变量外，还要注意变量的有效作用范围，即该变量的作用域。变量作用域即变量的作用范围，可以是作用于一个函数或程序文件，甚至整个工程里的所有文件都可用。下面针对 4 种存储种类分别介绍它们的作用域范围。

（1）自动变量

自动变量一般是在函数内部或程序块中使用，是变量的缺省类型，其标识为关键字 auto。定义格式为：

```
auto  类型说明符  变量标识符
```

自动变量的作用域范围是函数或者程序块的内部。在编译 C51 程序时，自动变量根据变量类型动态分配存储空间。在程序执行到该函数时，根据变量类型为其自动分配存储空间，当该函数执行完毕后，立即取消该变量的存储空间，即该自动变量失效。这样在该函数内部定义的变量，就不能在该函数外引用。使用自动变量的程序示例如下。

【例 3-2】 自动变量的作用范围实例。

```c
#include <stdio.h>
void main(void)
{
auto int a,b;        //定义自动变量
a = 1;
b = 2;
if(1)
{
auto int a =11;
auto int b =22;
printf("a,b are firstly printed as : %d, %d\n", a,b);
}
printf("a,b are secondly printed as: %d, %d\n", a,b);
}
```

程序的运行结果为：

```
a,b are firstly printed as :11, 22
a,b are secondly printed as: 1, 2
```

分析：在该程序中，主函数声明了 auto 型整型变量 a 和 b，然后在 if 结构中再次定义并初始化 auto 型的同名的变量 a 和 b，根据前面的介绍，虽然变量名相同，其作用域仅限于函数内部和块结构内部，不会影响外部的变量，即使块结构内定义的变量与块结构外定义的变量具有相同的变量名，它们之间也不会发生冲突，在编写程序的时候要特别注意。

　　在 C51 中，函数或程序块内部定义的变量，一般都默认为自动型变量。因此，在不声明自动型变量时，关键字 auto 一般都可以省略。

（2）全局变量

如果一个变量定义在所有函数的外部，即整个程序文件的最前面，那么它的作用域是整个程序文件，所以该变量称为全局变量。一个复杂的程序工程可能包含很多个独立的源码文件，各文件之间一定存在数据共享或参数传递。比如 A 文件使用了在 B 文件中定义的变量，这时该变量一般用"extern"进行引用声明，那么该变量是整个工程中的全局变量，也可以称为 A 文件中引用的外部变量，其定义格式为：

```
extern  类型说明符  变量标识符
```

全局变量的作用域是整个程序文件，在编译 C51 程序时，全局变量根据变量类型被静态地分配适当的存储空间。在整个程序运行过程中，该变量一旦分配空间，便不会消失。这样全局变量对整个程序文件都有效，可以作为不同函数间的参数进行传递和共享。

【例 3-3】　全局变量的作用范围实例。

例如一个软件工程包含两个程序文件，分别为 Ex_main.c 和 Ex_increase.c。Ex_main.c 文件的部分内容如下：

```
int a,b,c;
int increaseN();
void main(void)
{
……; /*串口初始化*/
a = 1;
b = 2;
c = 3;
increaseN();
}
```

Ex_increase.c 文件的部分内容如下：

```
extern a,b,c;
int increaseN()
{
a++;
b++;
c++;
printf("a,b,c in function increaseN are : %d, %d, %d\n", a,b,c);
}
```

程序的运行结果为：

```
a,b,c in function increaseN are : 2, 3, 4
```

分析：Ex_main.c 文件在开始位置定义了整型的全局变量 a、b、c，并在主函数中被初始化。Ex_increase.c 文件在开始位置声明了外部变量 a、b、c，然后定义 increaseN ()函数并将三个变量的数值加“1”。从程序的运行结果看出，increaseN ()函数中的操作对象 a、b、c 就是在 Ex_main.c 文件中定义的变量 a、b、c，通过 extern 对三个外部变量的引用说明，increaseN ()函数实现了对 Ex_main.c 文件中的变量的加“1”操作。

（3）静态变量

静态变量即在编译 C51 程序时，根据数据类型静态分配合适的存储空间，并在程序运行过程中始终占有该存储空间的变量。静态变量以关键字 static 定义，其格式为：

```
static  类型说明符  变量标识符
```

根据变量声明位置的不同，C51 语言中的静态变量可以分为以下两种。

① 内部静态变量，即在函数内部定义，其作用域只是定义该变量的函数内部，与自动变量类似。

② 外部静态变量，即在函数外部定义，其始终占有内存空间，与全局变量类似。

除了静态变量外，C51 语言还允许将自定义函数定义为静态型，同样用 static 关键字来定义这样，只有同一程序文件中的其他函数才能调用这个静态型函数，而工程项目中的其他程序文件则不能调用访问。使用静态型函数既有利于程序的模块化设计，又可以防止和其他文件中的函数发生重名的情况。

【例 3-4】 静态变量的作用范围实例。

```
static int fun_static(int n)
{
static int f=1;
f=f*n;
return(f);
}
static int fun(int n)
{
int f=1;
f=f*n;
return(f);
}
void main()
{
int i;
……; /*串口初始化*/
printf("i and its corresponding result of static_func are\n");
for(i=1;i<=5;i++)
{
        printf( "%d : %d\n",i,fun_static(i));
}
printf("i and its corresponding result of func are\n");
for(i=1;i<=5;i++)
{
        printf( "%d : %d\n",i,fun(i));
}
}
```

程序的运行结果如下，注意静态变量对计算结果的影响：

```
i and its corresponding result of fun_static are
1:1
2:2
3:6
4:24
5:120
i and its corresponding result of fun are
1:1
2:2
3:3
4:4
5:5
```

（4）寄存器变量

寄存器变量被存储在 CPU 的寄存器中。寄存器变量以关键字 register 声明，声明的格式为：

register 类型说明符 变量标识符

由于寄存器变量被存储在 CPU 的寄存器中，因此其读写速度较高。寄存器变量常用于某一变量名频繁使用的情况，这样做可以提高系统的运算速度。

（1）由于单片机内部寄存器数量有限，不能定义多个寄存器变量。在实际程序设计中，应将最重要的变量设置为寄存器变量，以提高系统的执行速度。

（2）在 C51 中，只允许同时定义两个寄存器变量，如果多于两个，程序在编译时会自动将两个以外的寄存器变量作为非寄存器变量来处理。

2. 数据类型

C51 的数据类型包括基本数据类型和聚合型数据（如数组、指针、联合和结构、枚举等，这部分内容参见本书 3.4 节）。

在本节主要介绍基本数据类型，包括整型（int）、浮点型（float）、字符型（char）、无值型（void）。在基本数据类型中，除 void 类型外，其前面均可以有各种修饰符，常用的修饰符有 signed（有符号）、unsigned（无符号）、long（长型符）、short（短型符）。在 C51 语言中，所有数据类型的字长和取值范围如表 3-3 所示。

表 3-3　C51 语言的数据类型

类　　　型	字　　　长	取 值 范 围
char（字符型）	8	ASC 字符或 0~255
unsigned char（无符号字符型）	8	0~255
signed char（有符号字符型）	8	-128~127
int（整型）	16	-32768~32767
unsigned int（无符号整型）	16	0~65535
signed int（有符号整型）	16	同 int
short（短整型）	8	-128~127
unsigned short int（无符号短整型）	8	0~255
singed short int（有符号短整型）	8	同 short int
long int（长整型）	32	-2147483648~2147483649
signed long int（有符号整型）	32	-2147483648~2147483649
unsigned long int（无符号长整型）	32	0~4294967296
float（单浮点型）	32	约精确到 6 位数
void（无值型）	0	无值

（1）C51 以整型的默认定义为有符号数，因此，signed 修饰符可以省略。

（2）为了使用方便，C51 允许使用整型简写形式，如 short int 简写为 short 等。

各种数据类型的定义举例如下：

```
char c_var;          //定义 c_var 为字符型变量
int  a_var,b_var;    //定义 a,b 为短整型变量
long c_var           //定义 c 为长整型变量
float f_var;         //定义 f_var 为浮点型变量
void *p1;            //定义 p1 为无值型指针
```

3. 存储器类型

说明了一个变量的数据类型后，还可以选择说明该变量的存储器类型。存储器类型指定的是该变量在单片机硬件系统中所使用的存储区域，并在编译时进行准确定位。

51 单片机的 C51 编译器支持的存储器类型如表 3-2 的内容，包括 data、bdata、idata、pdata、xdata、code 类型。如果不对变量的存储器类型进行说明，系统会按编译模式 Small、Compact 或 Large 所规定的模式将变量按照指定的存储类型存放到相应的区域。在 C51 编译器的 3 种存储器模式下，变量的存储方式如下。

（1）Small：相关参数、堆栈和局部变量都存储在 128byte 的可以直接寻址的片内存储

器，使用 DATA 存储类型。因为位于片内存储器，所以该类型变量的优点是访问速度快，缺点是空间有限，只适用于小程序。

（2）Compact：参数和局部变量存放在 256byte 的分页片外存储区，使用寄存器间接寻址，存储类型为 PDATA，堆栈空间在片内存储区，优点是空间较 Small 慢，较 Large 要快，是一种中间状态。

（3）Large：参数和局部变量可放在多达 64KB 的外部 RAM 区，使用 DPTR 数据指针间接寻址，存储类型为 XDATA，优点是空间大，可存变量多，缺点是速度较慢。

📖 （1）变量的存储类型与存储器模式是完全无关的。

（2）存储模式只是对未特别声明的变量进行存储范围的自动分配，也就是说，无论在什么存储模式下，都能通过具体的声明改变变量的存储范围。

（3）把最常用的命令如循环计数器和队列索引放在内部数据区能显著提高系统性能。

【例 3-5】 定义存储在 data 数据区的动态 unsigned char 变量。

```
Unsigned char data sec=0,minu=0,hour=0;  //定义秒、分、时，并且赋初值为 0
```

4. 特殊功能寄存器

MCS-51 系列单片机片内有 21 个特殊功能寄存器（SFR），对 SFR 只能用直接寻址方式。

（1）使用 sfr、sfr16 定义寄存器

C51 编译器可以利用扩充关键字 sfr 和 sfr16 直接访问 51 系列单片机内部的特殊功能寄存器，定义寄存器的格式如下。

```
sfr   特殊功能寄存器名=特殊功能寄存器地址常数据；
sfr16 特殊功能寄存器名=特殊功能寄存器地址常数据；
```

📖 （1）等号后面必须是常数，不允许有带运算符的表达式，而且该常数必须在特殊功能寄存器的地址范围之内（80H~FFH）。

（2）如果被定义的特殊功能寄存器是 16 位寄存器，用 sfr16 定义 16 位特殊功能寄存器时，等号后面是它的低位地址，高位地址一定要位于物理低位地址之上，注意不能用于定时器 0 和 1 的定义。

【例 3-6】 P1 口的地址是 90H，定义单片机的 P1 口。

```
sfr P1=0x90;          //定义 P1 口地址为 90H
```

（2）使用 sbit 定义位变量

C51 编译器可以利用扩充关键字 sbit 对寄存器或变量中的位进行定义，常用的定义方式有如下 3 种。

① 方式 1

```
sbit 位变量名=位地址；
```

这种方法将位的绝对地址赋给位变量，位地址必须位于 80H～0FFH。例如：

```
sbit EA=0x91;     //指定 0x91 位是 EA，即中断允许位
```

② 方式 2

```
sbit 位变量名=特殊功能寄存器名^位位置;
```

当可寻址位位于特殊功能寄存器中时可采用这种方法，"位位置"是一个 0～7 的常数，先定义一个特殊功能寄存器名，再指定位变量名所在的位置，例如：

```
sfr P1=0x90;          //指定 P1 口地址为 0x90
sbit P1_1=P1^1;       //指定 P1_1 为 P1 口的第 2 个引脚
```

③ 方式 3

```
sbit 位变量名=字节地址^位位置;
```

这种方法以一个常数（字节地址）作为基址，该常数必须位于 80H～0FFH，"位位置"是一个 0～7 的常数，例如：

```
sbit P1_1=0x90^1;     //*指定 P1_1 为起始地址为 0x90 的寄存器的第 2 位，即 P1_1 的第
                        2 个引脚
```

3.3　C51 的运算符与表达式

运算符是表示某种特定运算的符号，C51 语言的运算符按其在表达式中所起的作用，可分为算术运算符、赋值运算符、增量与减量运算符、关系运算符，还有些用于辅助完成复杂功能的特殊运算符，如","运算符、"?"运算符、地址操作运算符、联合操作运算符、"sizeof"运算符、类型转换运算符等。当运算符的运算对象只有一个时，称为单目运算符，当运算对象为两个时，则称为双目运算符，当运算对象为三个时，则称为三目运算符。

在 C51 语言中，需要进行运算的各个量（常量或变量）通过运算符连接起来便构成一个具有特定含义的表达式，由运算符或表达式可以形成构成程序的各种语句。下面分类介绍各种运算符，并结合实例介绍相应的表达式。

3.3.1　算术运算符与表达式

算术运算符是用来进行算术运算的操作符，C51 语言中算术运算符有如下几类。

1. 普通算术运算符

（1）+：加法或者取正运算符。
（2）－：减法或者取负运算符。
（3）*：乘法运算符。
（4）/：除法运算符。
（5）%：取余运算符。

算术运算符除了取正和取负运算符为单目运算符外，其余均为双目运算符，即要求有两个对象参加算数运算，注意运算的优先级问题，这部分内容参考本书的 3.3.11 小节。

用算术运算符将运算对象连接起来组成的式子就是算术表达式，其一般形式为：

表达式1　算术运算符　表达式2

注意数据类型定义对算数运算结果的影响，例如，定义 a,b,c,d,e,f 为整型数据，　g,h 为浮点型数据，令 a=1，b=2，c = 3，g=3.0；则

```
d = a+b-(-c)*5;        //算术表达式 a+b-(-c)*5 的值赋给 d，d 的值为 18
e = c/b;               //e 的值为 1
f = c%b;               //f 的值为 1
h = g/b;               //h 的值为 1.5
```

📖　（1）对于除法运算，如果是两个整数相除，其结果仍为整数，舍去小数部分；如果是两个浮点数相除，其结果仍是浮点数，如上例中的 e 和 h 的区别。

（2）取余运算符要求两个运算对象均为整型数据，得到的结果为两个参与运算的对象相除的余数。

2. 自增和自减运算

自增和自减运算运算符是 C 语言中特有的一种运算符，其作用是使运算对象自动加 1 或减 1，但只允许用于变量的运算中，不能用于常数或表达式。

（1）++：自增运算符。

（2）--：自减运算符。

注意增量运算符放在变量之前或之后，其含义不同，例如，定义 a，b，c，均为整型数据，令 a= 7；则

```
b = a++; //a 和 b 的结果为 8 和 7
c = ++a; //a 和 c 的结果为 9 和 9
```

📖　a++（或 a--）是先使用 a 的值，即先把 a 的值赋给变量 b，再执行 a+1（或 a-1），即执行 a=a+1（或 a=a-1）；++a（或--a）是先执行 a+1（或 a-1），即先执行 a=a+1（或 a=a-1），再使用 a 的值，把 a 的值赋给 c。

3.3.2　逻辑运算符与表达式

逻辑运算符是进行逻辑运算的操作符。C51 语言的逻辑运算符包括下面几种：

（1）!：逻辑非运算

（2）||：逻辑或运算

（3）&&：逻辑与运算

其中：运算符"||"与"&&"为双目运算符，由它们组成的逻辑表达式的形式为：

表达式1　算术运算符　表达式2

而"！"为单目运算符，其组成的逻辑表达式为：

算术运算符　表达式

逻辑运算符的真值表如表 3-4 所示。

表 3-4　逻辑运算真值表

逻辑运算符	表达式 1 的值	表达式 2 的值	逻辑运算结果
&&	假	假	假
	假	真	假
	真	假	假
	真	真	真
||	假	假	假
	假	真	真
	真	假	真
	真	真	真
!	/	假	真
	/	真	假

执行运算时，左右两侧的操作数均视为逻辑量，在 C51 语言中规定，在判断一个逻辑量是否为真时，非零的量都被视是真，为零的量都被视为假。

例如：a=-1，b=0，c=2；则

```
d = a&&b;        //d 的结果为 0
e = b||c;        //e 的结果为 1
f = !a;          //f 的结果为 0，由于 a 是 个非零值，逻辑运算认为它为"真"值，其非运
                   算为"假"，即值为 0
```

3.3.3　关系运算符与表达式

关系运算符主要用于比较操作数的大小关系，C51 提供的关系运算符的用法和一般的 C 语言相类似，常用的关系运算符如下所示。

（1）>：大于运算符。

（2）>=：大于等于运算符。

（3）<：小于运算符。

（4）<=：小于等于运算符。

（5）==：等于运算符。

（6）!=：不等于运算符。

关系运算符都为双目运算符，由其构成的关系表达式的形式为：

表达式 1　关系运算符　表达式 2

关系运算符的计算结果只有两种：真（true）或假（false）。如果表达式 1 与表达式 2 的关系符合给定的关系运算符代表的关系，则关系表达式的结果为"真"，反之为"假"，例如：令 a=-1；b=0；c=2；则

```
a>b;        //判断 a 是否大于 b，其结果为 0
!a==!c;    //判断非 a 和非 c 是否相等，因为相等所以结果为 1
a>b>c      //a>b 为假，则为 0，0 小于 2（c 的值），所以结果为 0
```

3.3.4 位运算符与表达式

位运算符是对字节或字中的二进制位进行逐位逻辑处理或移位的运算符。位运算的操作对象为整型和字符型数据的字节或字，不能用于 float、double、void 等类型，C51 语言中的位运算符如下。

1. 位逻辑运算符

（1）&：按位与运算符。

（2）|：按位或运算符。

（3）^：按位异或运算符。

（4）~：按位取反运算符。

位逻辑运算符除了按位取反运算符是单目运算符外，其他的运算符都是双目运算符。位运算的一般表达式为：

变量1 位运算符 变量2

其中的位逻辑运算与表 3-4 的逻辑运算真值表相同，比如两个变量有一个为假，则相"与"的结果为假。

例如，若 a=30H=00110000B，b=0FH=00001111B，则表达式 c=a|b=00111111B。

📖 位运算会是按位对变量进行运算，但并不改变参与运算的变量的值。

2. 移位运算符

（1）>>：位右移运算符。

（2）<<：位左移运算符。

其一般表达式为：

变量<<左移位数
变量>>右移位数

左移运算符用来将一个二进制数的各个位左移指定的位数，移到左端的高位被舍弃，右边的低位由 0 补足。例如：

a=30H=00110000B，则 a<<1 的值为 01100000B=60H

右移运算符用来将一个二进制数的各个位右移指定的位数，移到右边的低位被舍弃，对于无符号数或有符号数中的正数，左边高位由 0 补足，对于有符号数中的负数，左边的高位由 1 补足。例如：

a=30H=00110000B，则 a>>1 的值为 00011000B=18H

📖　左移 1 位相当于原数乘以 2，左移 n 位相当于原数乘以 2n，同理右移 1 位相当于原数除以 2，右移 n 位相当于原数除以 2n。

3.3.5 "，"运算符与表达式

"，"运算符是把几个表达式串在一起，并用括号括起来，按照顺序从左向右计算的运算符。"，"运算符左侧表达式的值不作为返回值，只有最右侧表达式的值作为整个表达式的返回值。

逗号表达式的形式为：

```
表达式 1,表达式 2,……,表达式 n
```

例如：

```
a = -1;   b = 2;
z = (a++, a=a+3, a+b);      //首先执行 a++，其结果为 0，然后执行 a=a+3，结果 a=3，最
                             后执行 a+b，其结果为 5，并将结果赋给变量 z
```

3.3.6 "？"运算符

"？"运算符（条件运算符）是三目运算符，它要求有三个运算对象，其作用是根据逻辑表达式的值选择使用表达式的值。

条件表达式的一般形式为：

```
逻辑表达式 1? 表达式 2：表达式 3
```

执行条件表达式时，先计算表达式 1 的值，如果表达式 1 的值为真，则计算表达式 2 的值，并将其结果作为整个表达式的结果；如果表达式 1 的值为假，则计算表达式 3 的值，并将结果作为整个表达式的结果。例如：a=-1；b=2；则

```
z = a>b?a:b;      //先判断 a 是否大于 b，其结果为假，执行表达式 3，即将 b 的结果赋给 z
```

3.3.7 "sizeof"运算符

"sizeof"运算符返回变量所占的字节或类型长度字节。它是单目操作符。当"sizeof"运算符计算字符串的长度时，其返回的长度包括字符串最后的空字符。

例如：

```
unsigned char s="hello!";
a =sizeof(s);         //a 的结果为 7
```

3.3.8 指针运算符

指针运算符用来对变量的地址进行操作。C51 语言中，指针运算符主要有两种："*"

和"&"。其中"*"运算符是单目运算符，其返回位于某个地址内存储的变量值；"&"运算符也是一个单目运算符，也叫取地址运算符，其返回操作数的地址。

它们的一般形式分别为：

变量=*指针变量; 指针变量=&目标变量;

例如：

```
a=2;  b=3;  c=4;
p=&a;
*p=5;
```

程序的运行结果为：

```
a=5,b=3,c=4
```

当程序执行赋值操作 p=&a 后，指针实实在在地指向了变量 a，这时引用指针*p 就表示变量 a，所以在执行*p=5 后，变量 a 的值被赋值为 5。

3.3.9　联合操作运算符

联合操作运算符主要用来简化一些特殊的赋值语句，这类赋值语句的一般形式如下。

<变量 1>=<变量 1><操作符><表达式>

利用联合操作运算符可以简化为如下形式。

<变量 1><操作符>=<表达式>

联合操作运算符适合于所有的双目操作符，+=、-=、*=、/=、%=、>>=、<<=、&=、^=、|=。联合操作运算符实际是对两侧的操作数先进行运算符指定的运算，再把结果赋值给左侧的变量。例如：a=112; b=6;

```
a+=b;              //相当于 a=a+b，其结果为 a=118
a&=b;              //相当于 a=a&b，其结果为 a=0
a|=b               //相当于 a=a|b，其结果为 a=118
```

3.3.10　类型转换运算符

类型转换运算符用于强制使某一表达式的结果变为特定数据类型。类型转换运算符的一般形式如下。

（类型）　表达式

其中，（类型）中的类型必须是 C51 中的一种数据类型。

例如：

```
int a,b,num,f2;  char t='0',th;  double f1,f3;      //定义各种变量类型
a=7;  b=111;
num=t/((float)a/b);
f1=(double)(b/a);
f2=b/a;
f3=(double)b/a;
```

程序的运行结果为：

```
num =761, f1 =15.000000, f2=15, f3=15.857143
```

在上例中：① 执行 num=t/((float)a/b)，a 被强制转换为 float 型，然后与 b 进行除法运算，除法运算的结果为 float 型，即 7.0/111=0.063063。按照低级别向高级别转换的原则，t 在参与运算时也被由字符型转换为 float 型，即 float('0')=48.0，所以等式右边的运算结果应为 761.142857。但是，因为 num 是 int 型变量，在执行等式赋值时，等式右边的结果被转换为 int 型并赋予 num，所以最终结果为 761。

② 执行 f1=(double)(b/a)，因为 a、b 都是 int 型，所以二者相除的结果只保留到个位，即结果为 15，但经过强制类型转换（double）后，数值 15 被转换为 double 型，即 15.000000。

③ 执行 f2=b/a，因为 a、b 都是 int 型，所以二者相除的结果只保留到个位，即结果为 15。

④ 执行 f3=(double)b/a，b 首先被转换为 double 型，然后与 a 相除，其结果为 double 型，又因 f3 也为 double 型，所以等式右边结果的小数点后的数位被保留，即为 15.857143。

3.3.11 运算符优先级和结合性

在 C51 语言中，当一个表达式中有多个运算符参与运算时，要按照运算符的优先级别进行运算，先执行优先级高的，即下表中从优先级 1 执行到优先级 15，在同一优先级中，要考虑它的结合性，例如：结合方向为从左到右，即表示从左向右进行运算，具体的优先级和结合方向如表 3-5 所示。

表 3-5 运算符优先级和结合方向

优先级	运算符	名称或含义	使用形式	结合方向	说明
1	[]	数组下标	数组名[常量表达式]	左到右	
	()	圆括号	(表达式)/函数名(形参表)		
	.	成员选择(对象)	对象.成员名		
	->	成员选择(指针)	对象指针->成员名		
2	−	负号运算符	−表达式	右到左	单目运算符
	(类型)	强制类型转换	(数据类型)表达式		
	++	自增运算符	++变量名/变量名++		单目运算符
	——	自减运算符	—变量名/变量名—		单目运算符
	*	取值运算符	*指针变量		单目运算符
	&	取地址运算符	&变量名		单目运算符
	!	逻辑非运算符	!表达式		单目运算符
	~	按位取反运算符	~表达式		单目运算符
	sizeof	长度运算符	sizeof(表达式)		
3	/	除	表达式/表达式	左到右	双目运算符
	*	乘	表达式*表达式		双目运算符
	%	余数（取模）	整型表达式%整型表达式		双目运算符
4	+	加	表达式+表达式	左到右	双目运算符
	−	减	表达式−表达式		双目运算符
5	<<	左移	变量<<表达式	左到右	双目运算符
	>>	右移	变量>>表达式		双目运算符

续表

优先级	运算符	名称或含义	使用形式	结合方向	说明
6	>	大于	表达式>表达式	左到右	双目运算符
	>=	大于等于	表达式>=表达式		双目运算符
	<	小于	表达式<表达式		双目运算符
	<=	小于等于	表达式<=表达式		双目运算符
7	==	等于	表达式==表达式	左到右	双目运算符
	!=	不等于	表达式!= 表达式		双目运算符
8	&	按位与	表达式&表达式	左到右	双目运算符
9	^	按位异或	表达式^表达式	左到右	双目运算符
10	|	按位或	表达式|表达式	左到右	双目运算符
11	&&	逻辑与	表达式&&表达式	左到右	双目运算符
12	||	逻辑或	表达式||表达式	左到右	双目运算符
13	?:	条件运算符	表达式 1?: 表达式 2: 表达式 3	右到左	三目运算符
14	=	赋值运算符	变量=表达式	右到左	
	/=	除后赋值	变量/=表达式		
	*=	乘后赋值	变量*=表达式		
	%=	取模后赋值	变量%=表达式		
	+=	加后赋值	变量+=表达式		
	-=	减后赋值	变量-=表达式		
	<<=	左移后赋值	变量<<=表达式		
	>>=	右移后赋值	变量>>=表达式		
	&=	按位与后赋值	变量&=表达式		
	^=	按位异或后赋值	变量^=表达式		
	|=	按位或后赋值	变量|=表达式		
15	,	逗号运算符	表达式，表达式，…	左到右	从左向右顺序运算

3.4 C51 构造数据类型

C51 提供了扩展的构造数据类型，又称为复合变量，包括数组、结构体、共用体和枚举，这些变量的特点是它们按照一定的规则构成，灵活运用它们对于程序开发来说是至关重要的。本节详细介绍各自的特点和彼此的不同点。

3.4.1 数组

数组是一组由若干相同类型变量组成的有序集合，并拥有共同的名字，数组的每个元素都有唯一的下标，通过数组名和下标可以访问数组的元素。通常情况下，数组被存放在内存中一块连续的存储空间，最低地址对应于数组的第一个元素，最高地址对应于最后一个元素，且每一个元素占有的存储单元是相同的。

数组有一维、二维、三维和多维数组之分，常用的是一维、二维和字符数组。

1. 一维数组

具有一个下标变量的数组称为一维数组。

（1）一维数组的一般形式

类型　数组名[长度]

类型是指每一个数组元素的数据类型，包括整型、浮点型、字符型、指针型及结构和联合。数组名的命名规则与变量的命名规则相同，长度是用于指定数组中的元素个数，且只能为正整数。

例如：

```
int a[10]            //定义一个含 10 个元素的整型数组
Unsigned int a[10]   //定义一个含 10 个元素的无符号整型数组
Char a[10]           //定义一个含 10 个元素的字符型数组
Struct a[10]         //定义一个含 10 个元素的结构型数组
```

📖　同一个数组，所有数据的类型是相同的，并且数组都是以 0 作为第一个元素的下标，上例中 int a[10]的整型数组，其 10 个元素应从 a[0]~a[9]，且每个元素为一个整型变量。

（2）数组的赋值和初始化

数组在定义之后可以被赋值，也可以单独为某个或整个数组在定义的同时被初始化。

例如：

```
a[6]=9               //把 9 赋给 a 的第 6 个元素
Int a[5]={5,3,2,1,0 } //定义数组 a 为含 10 个元素的整型数组，并赋以初值
Int i[]={1,2,3,4,5}  //定义数组 i 为整型数组并赋初值，但数组的个数由赋值的个数来
                       确定，在本例中数组大小为 5
```

📖　C51 对数组不作边界检查，如定义了两个数组：int a[5],int b[6];当输入 "1，2，3，4，5，8" 时，前 5 个数赋给数组 a，而第 6 个数字 8 则被赋给数组 b。

2. 二维数组

（1）二维数组的一般形式

C51 允许使用多维数组，最简单的多维数组是二维数组。实际上，二维数组是以一维数组为元素构成的数组，二维数组的一般说明格式如下。

类型　数组名[行长度][列长度]

二维数组以行—列矩阵的形式存储。第一个下标代表行，第二个下标代表列，这意味着按照在内存中的实际存储顺序访问数组元素时，右边的下标比左边的下标的变化快一些。

例如：

```
int n[3][2];         //定义一个整型的二维数组
```

它共有 6 个元素，顺序为：n[0][0],n[0][1],n[1][0],n[1][1],n[2][0],n[2][1]。

（2）数组的赋值和初始化

二维数组的赋值可以通过将数据分别放在不同的大括号内（每个大括号代表每行的元素）来实现，也可以通过将所有数据写在一个括号内，按数组的排列顺序对各元素赋初值。

例如：

```
int n[3][2]={{1,2},{3,4},{5,6}};
```

或

```
int n[3][2]={1,2,3,4,5,6};
```

上述两种方法在结果上是等价的，都把二维数组初始化为：

$$\begin{bmatrix} 1 & 2 \\ 3 & 4 \\ 5 & 6 \end{bmatrix}$$

3. 字符数组

字符数组是指用来存放字符类型的数组，字符数组中，每一个元素存放一个字符，可和字符数组存储长度不同的字符串。

（1）字符数组的一般形式

```
类型　数组名[长度]
```

例如：

```
char first[10]      //定义了一个共有 10 个字符的一维字符数组
char second[2][8]   //定义了一个二维字符数组，它可容纳 2 个字符串，每串最长 8 个字符
```

（2）字符数组的赋值和初始化
① 一维字符数组初始化

```
char first[]={'j','a','c','k', ' ','x','u'}; //定义字符数组 first 并以字符形式
                                               给每个元素赋初值
char second[]="jack xu";         //定义字符数组 second 并以字符串的形式赋初值
```

> 📖 类型说明时可以不指定数组的长度，而是由后面的字符或字符串来决定。用字符指定数组长度，数组的长度由字符个数确定，因此在上例中 first 数组长度为 7（包含一个空格字符）；用字符串指定数组长度，数组和长度由字符串加 1 确定，这是因此 C51 编译器会自动在字符串的末尾加上结束符转义序列'\0'，所以 second 的长度为 8。

② 二维字符数组的初始化
若干字符串可以装入一个二维字符数组中，这个二维字符数组的第 1 个下标是字符串的个数，第 2 个下标为每个字符串的长度，该长度应比该组字符串中最长的串多 1 个字符。
例如：

```
char third[][8]={{ "hello"}, { "jack xu"}};
```

二维字符数组中第 1 个下标可以不指定，它可由初始化数据自动得到，但第 2 个下标必须给定，在上例中，共有 2 个字符串，故第 1 个下标为 2。

3.4.2　指针

指针是 C51 语言中的一个重要概念，使用指针可以灵活、高效地进行程序设计，是 C51 语言的特色之一。

1. 指针的基本概念

为了理解指针的概念，需要先了解数据在内存中的存储和读取方法。假设先定义了一个变量，则程序在编译时会在内存中给这个变量分配相应的存储空间，如整型变量需要两个字节的内存单元，字符型的则需要一个字节，而浮点型变量则需要四个字节的内存单元等，内存区以字节组织，每个字节有一个编号即内存的地址，在地址所对应的单元存放的是数据。

假设程序中存在三个变量，分别为整型变量 I=10、j=20，浮点型变量 k=1.23，编译时分配的首地址为 1000，则按照之前的介绍，字节 1000 和 1001 分配给 I，字节 1002 和 1003 分配给 j，字节 1004 到 1007 分配给 k，变量与内存单元的对应关系中，变量的变量名（i、j、k）与内存单元的地址相对应，而变量的值与内存单元的内容对应，在内存中，变量名是不存在的，对变量的存取都是通过地址进行的。

数据在内存中的读取有两种方法。

（1）直接存取方法

例如：int a=i*2，这时读取变量的值是直接找变量 i 在内存中的地址 1000，然后从 1000 中找到变量的值 10，再乘以 2 的结果赋给 a，因此，a=20。

（2）间接存取方法

先将 i 的地址存到某一地址中，比如 1100 和 1101，此时存取变量 i，可以先从 1100 中读出 i 的地址 1000，再找到相应的内存中读取 i 的值。

> 　关于指针要区分下面两个概念。（1）变量的指针：就是变量的地址，如上例中变量 i，它的指针就是内存中的地址 1000；（2）指向变量的指针变量（简称指针变量）：它是一个专门存放另一个变量地址（指针）的变量，它的值是指针，上例中地址 1100 和 1101 两字节存放的变量就是一个指针变量，它的值就是变量 i 的地址 1000。

2. 指针变量的定义

若要使用指针变量，则必须要对它进行定义。指针定义的一般形式为：

类型　*变量名

在变量名前加*表示此变量为指针变量，而类型则表示该指针变量所指向的变量的类型。

例如：

```
int    *ip1;
float  *ip2;
```

上例中定义了 2 个指针变量，分别为整型和浮点型变量，即 ip1 和 ip2 分别存放整型和浮点型变量的地址。

指针变量在定义中允许带初始化项，如 int I,*ip1=&i；若不带初始化项，则指针变量被初始化为 NULL，即不指向任何有效数据。

3. 指针的引用

指针变量的引用是通过取地址运算符&来实现的，例如：

```
int i=10,j;        //定义了两个整型变量 i 和 j，其中可存入整数
int *ip;           //定义一个指向整型数的指针变量 ip，它只能存放整型变量的地址
ip=&i;             //把 i 的地址赋给 ip，以后可通过 ip 间接访问变量 i
```

现在可以通过指针变量来对内存进行间接访问了，这时要用到指针运算符*，其形式为：*指针变量

例如，要将变量 i 的值赋给 j，有两种方法。

```
j=i;
j=*ip;             //程序先从指针变量 ip 中读出变量 i 的指针，然后从此地址的内存中读出变量 i
                     的值再赋给 j
```

4. 指针的运算

指针可以进行下面几种运算。

（1）指针可以和整数进行加减运算。

（2）若两个指针指向同一数组，两个指针变量可以进行关系运算符和减法运算。例如：两个指针变量 i 和 j，若 i==j 为真，则表示 i、j 指向数组的同一元素；i-j 则表示 i 和 j 之间的数组元素个数。

5. 指针的类型

C51 编译器支持两种不同类型的指针：存储器指针和通用指针。

（1）通用指针。通用或未定型的指针的声明和标准 C 语言中一样。例如：

```
char * s;          //*字符指针*
int * numptr;      //*整型指针*
long * state;      //*长整型指针*
```

通用指针总是需要三个字节来存储：第一个字节表示存储器类型，第二个字节是指针的高字节，第三个字节是指针的低字节。通用指针可以用来访问所有类型的变量，而不管变量存储在哪个存储空间中。因而，许多库函数都使用通用指针。通过使用通用指针，一个函数可以访问数据，而不用考虑它存储在什么存储器中。

（2）存储器指针。存储器指针或类型确定的指针在定义时包括一个存储器类型说明，并且总是指向此说明的特定存储器空间。例如：

```
char data * str;          //*指向内 RAM 低 128B 的字符指针*
int xdata * numtab;       //*指向程序存储区的长整形指针*
```

正是由于存储器类型在编译时已经确定，通用指针中用来表示存储器类型的字节就不再需要了。指向 idata、data、bdata 和 pdata 的存储器指针用一个字节保存，指向 code 和 xdata 的存储器指针用两个字节保存。使用存储器指针比通用指针效率要高，速度要快。当然，存储器指针的使用不是很方便。在所指向目标的存储空间明确并不会变化的情况下，它们用得最多。

3.4.3　结构与联合

1. 结构

数组是同一类型的数据组合成一个有序的集合，而结构是把多个不同类型的数据组合在一起的集合，这些不同的数据表达了该结构的不同信息，这些数据可以是字符型、整型等基本数据类型，还可以是数组、指针、枚举等其他结构类型的变量，这些数据统称为结构体的成员（也称为结构元素）。

（1）结构说明和结构变量的说明

① 结构说明

在对结构使用之前，需要先对结构进行说明，说明的格式一般如下。

```
struct 结构名
{
  类型说明符    成员1;
  类型说明符    成员2;
  ……
};
```

其中，struct 是结构的关键字，结构名是结构的标识符，而不是变量，结构中的成员类型由类型说明符来定义。

例如：

```
struct person
{
    int age;
    char name;
    bit sex;
};
```

在上例中，定义了一个结构，其结构名为 person，它包含了三个成员，分别用来描述这个 person 的 age、name 和 sex，并且定义了这三个成员的数据类型，age 为整型数据等。

📖　结构成员之间是没有顺序的，对结构成员的访问是通过成员名来实现的；另外，注意"}"后面的";"是必须要存在的。

② 结构变量的说明

结构变量是使用结构体定义的结构体变量，定义结构变量通常有三种方法，分别如下。

第一种：定义结构体类型时，同时定义结构类型变量

```
struct 结构名
{
  类型说明符    成员1;
  类型说明符    成员2;
  ……
}结构变量1,结构变量2……;
```

例如：

```
struct person
```

```
{
    int age;
    char name;
    bit sex;
}Suning,Wanglin;
```

🔊注意：结构名和结构变量的关系，在上例中，定义一个结构名 person，定义两个结构变
量 Suning 和 Wanglin，这两个结构变量都是由 person 的三个成员构成的。

第二种：先定义结构体类型，再定义结构体类型变量

```
struct 结构名
{
  类型说明符    成员1;
  类型说明符    成员2;
  ......
};
结构名   结构变量1,结构变量2......;
```

第三种：直接定义结构体类型变量

```
struct
{
  类型说明符    成员1;
  类型说明符    成员2;
  ......
}结构变量1,结构变量2......;
```

📖 直接定义的结构变量省略了结构名，而直接说明结构变量，由于没有结构名加以区分，
有时会产生错误。

（2）结构变量的初始化和赋值

结构变量可以在定义变量的同时进行初始化，也可以在变量定义后，单独初始化。下
面分别介绍这两种情况所对应的程序。例如：

```
struct person
{
    int age;
    char name;
    bit sex;
}Suning={16, "suning", 1;};
```

或者也可以通过下例程序实现。

```
struct person
{
    int age;
    char name;
    bit sex;
}Suning;
Suning .age=16;
Suning.name="suning";
Suning.sex=1;
```

📖 在第一种初始化时，需要注意"="后面的花括号里的顺序需要与结构成员的顺序和
数据类型相一致；在 C51 中，不允许对结构体中的成员直接赋初值。

（3）结构变量的引用

结构体中能够被引用的是结构变量，它可以像其他类型的变量一样赋值和运算，也可以对结构变量的成员单独进行操作，其一般形式如下。

结构变量.成员名

如上例中的 Suning .age 等。

📖　对结构变量只能使用 "&" 取变量地址（这部分内容参考 4.3.8 小节），或对结构体变量的成员进行操作，对成员的操作和普通变量操作方法相同。

2. 联合体

联合体又称为共用体，与结构类似，也可以存放不同的数据类型，但它与结构的区别在于联合体所占用的空间并不是所有数据占用的空间的总和，而是由最大数据占用的空间决定，因为联合体中所有的数据只是在内存中占用同一空间，但是不同的时间保留不同的数据，每一时刻只有一个数据是有效的。

（1）联合体的说明和联合体变量的说明

联合体的说明和结构的说明是相似的，只是联合体的说明是 union 作为关键字的，对联合体变量的定义也有三种方式，分别为

第一种：定义联合体类型的同时定义联合体类型变量

```
union 联合名
{
   类型说明符    成员 1;
   类型说明符    成员 2;
   ……
}变量名 1,变量名 2……;
```

例如：

```
union persondata
{
int class;
char office[10];
} a, b;
```

在上例中，定义了一个联合，其联合名为 persondata，它包含了两个成员和对应的数据类型，并说明了两个联合变量 a 和 b，说明后的 a、b 变量均为 perdata 类型。

📖　a、b 变量的长度应等于 persondata 的成员中最长的长度，即等于 office 数组的长度，共 10 个字节。

第二种：先定义联合体类型，再定义联合体类型变量

```
union 联合名
{
   类型说明符       成员 1;
   类型说明符       成员 2;
   ……
}
联合名   变量名 1,变量名 2……;
```

第三种：直接定义联合体类型变量

```
union
{
  类型说明符    成员 1;
  类型说明符    成员 2;
  ......
}变量名 1,变量名 2......;
```

（2）联合体变量的使用

联合体变量的使用和结构体的使用类似，只能对其中的单个成员进行赋值和引用，其一般表示方法如下。

```
联合体变量名.成员名
```

📖 与结构变量不同的是，联合体变量在某一时刻，内存位置只保留某一数据类型和长度的变量，所以不能同时引用联合变量成员。

3.4.4　枚举

枚举数据类型同样是构造类型，是一个有名字的某些整型常量的集合，这些整型常量是该类型变量可取得的所有的合法值。

1. 枚举类型的定义和说明

枚举类型的关键字是 enum，它的定义一般格式为：

```
enum   枚举类型名   {枚举值 1,枚举值 2,......}
```

其中，"emun"是定义枚举类型的关键字，枚举类型名是自定义的数据类型的名字，枚举值是该数值类型的可能值。比如下面的例子：

```
enum  week {SUNDAY, MONDAY, TUESDAY, WEDNESDAY, THURSDAY, FRIDAY, SATERDAY }
```

该例子定义了一个新的数据类型 week，且 week 类型的数据只能有 7 种取值，它们是 SUNDAY，MONDAY，TUESDAY，WEDNESDAY，THURSDAY，FRIDAY，SATERDAY。

2. 枚举变量的取值

枚举列表中的每一项符号代表一个整数值，在默认的情况下，第 1 项符号取值为 0，第 2 项值为 1，第 3 项值为 2…，依次类推。此外，也可以通过初始化，指定某些项目的符号值，某项符号值初始化后，该项后续各项符号值随之依次递增，例如：

在上例中，SUNDAY=0，MONDAY=1 等，也就是说，第 1 个枚举值代表 0，第 2 个枚举值代表 1，这样依次递增 1。不过，也可以在定义时，直接指定某个或某些枚举值的数值。

比如上面的定义还可以定义为：

```
enum week {MONDAY=1, TUESDAY, WEDNESDAY, THURSDAY, FRIDAY, SATERDAY, SUNDAY }
```

这样的定义下，MONDAY 等于 1，TUESDAY 等于 2，以此类推 SUNDAY 等于 7。

📖 枚举值是常量，不是变量。它一经定义后，就不可再改变；枚举元素本身是由系统定义的一个表示序号的数值；只能把枚举值赋予枚举变量，不能把元素的数值直接赋予枚举变量。

3.5　C51 基本语句

3.5.1　赋值语句

赋值语句是 C51 中最典型的一种语句，而且也是程序设计中使用频率最高、最基本的语句，其一般形式为：

变量=表达式；

其功能是首先计算"="右边表达式的值，再将右边表达式值的类型转换成"="左边变量的数据类型并赋值给该变量。

3.5.2　变量声明语句

51 单片机是 8 位微控制器。用 8 位的字节操作比用整数或长整数类型的操作更有效。但 C 是高级语言，用其派生的 C51 语言对单片机进行编程时，数据类型的使用表面上看起来很灵活，实际上 C51 编译器要用一系列机器指令对其进行复杂的数据类型处理。特别是使用浮点变量时，将明显增加程序长度和运算时间。所以在定义变量时尽量详细指定变量的类型，除非程序必须保证运行精度，在编写 C 程序时，尽量避免使用大量的不必要的变量类型。另外，C51 编译器支持对变量存储位置的定义，定位变量的存储位置有利于提高变量访问速度和程序执行效率。如下面的例子：

（1）char data dat1

定义字符型变量 dat1，分配在内部 RAM 的低 128 字节，经编译后该变量可通过直接寻址方式访问。

（2）float idata x,y,z

定义浮点类型变量 x,y,z，分配到内部 RAM 中，可通过间接寻址方式访问。

（3）unsigned long xdata array[100]

定义无符号长整型数组 array[100]，将其分配到外 RAM 中，编译后，通过 MOVX A,@DPTR 访问。

（4）unsigned int pdata student_num

定义无符号整型变量 student_num，将其分配到外 RAM 中，编译后，通过 MOVX A,@Ri 指令采用分页的形式访问。

（5）char code text[ ] = "ENTER PARAMETER"

定义字符数组 text[ ]并赋初始值"ENTER PARAMETER"，将其分配到程序存储区。可通过 MOVC A,@A+DPTR 访问。

3.5.3 表达式语句

在表达式之后加上分号";"就构成了表达式语句,执行表达式语句就是计算表达式的值。这是 C51,也是 C 语言的一个特色。

其一般形式为

```
表达式;
```

例如:

```
x=1+2;     //赋值语句,把表达式 1+2 的值赋给 x
i++;       //自增 1 语句,i 值增 1
```

📖 表达式和表达式语句的区别就在有无分号,需要强调的是分号";"是在半角条件下输入的。

3.5.4 复合语句

用一对花括号{}括起来的多个语句便组成了一个复合语句,复合语句在程序中是作为一个整体执行的,在不发生跳转的前提下,只要执行该复合语句,位于该复合语句中的所有语句就会按顺序依次全部执行,其一般形式如下。

```
{语句 1;语句 2;...;语句 n;}
```

例如:

```
{
    int a,b,c;     //定义变量类型
    a = b+2;       //执行赋值语句,给 a 赋新值
    b = c+2;       //执行赋值语句,给 b 赋新值
}
```

📖 复合语句中的每个语句都需要用分号结束,每个语句即可以是简单语句,也可以是一个复合语句,即复合语句允许多个嵌套,注意"}"后面不允许有分号。

3.5.5 条件语句

条件语句是程序根据判断条件的状态进行跳转的基础,是模块化程序的重要组成部分。C51 中常用的条件语句有三种:if 语句、if-else 语句和 else if 语句。

1. if 语句

if 语句是条件语句的最简单的形式,它的一般形式为:

```
if  (条件表达式)
{
    语句;
}
```

它所实现的功能是当条件表达式为真时，执行语句，否则不执行该语句。

【例 3-7】 if 语句：实现当 a>b 条件成立时，将 a 的值赋给 c。

```
if(a>b)
{
    c=a;
}
```

2. if-else 语句

if-else 语句是条件语句的最基本形式，if 语句是 if-else 语句的简化形式。它的一般形式为：

```
if (条件表达式)
      {语句1;}
else
      {语句2;}
```

其实现功能是当条件表达式为真时，执行语句 1，否则执行语句 2。

【例 3-8】 if-else 语句：找到两个数 a,b 的最大值，并把它赋给 c，当 a>b 条件成立时，将 a 赋值给 c；否则，将 b 赋值给 c。

```
if(a>b)
{
    c=a;
}
else
{
    c=b;
}
```

3. else if 语句

else if 语句必须与 if 语句配合使用，共同形成串行多分支形式的选择结构（参见 3.6.2 小节），if-else 语句的一般形式为：

```
if(条件表达式1)       {语句1;}
else if(条件表达式2)  {语句2;}
else if(条件表达式3)  {语句3;}
…
else if(条件表达式m)  {语句m;}
else{语句n;}
```

它实现的功能是依次判断各个条件表达，如果其中一个表达式的值为 1，则执行相应的语句，若所有的条件表达式均为假，则执行语句 n。

【例 3-9】 else if 语句：当 a>b 条件成立时，将 a 赋值给 c；否则，如果 b>a，则将 b 赋值给 c；若两个条件 a>b 和 b>a 均不成立时，则将 c 清零。

```
if(a>b)
{
    c=a;
}
else if(b>a)
{
```

```
    c=b;
}
else
{
    c=0;
}
```

📖 if 语句和 if-else 语句都是两分支结构，利用 else if 语句可实现多分支结构。分支结构的介绍参见 3.6.2 小节。

3.5.6 循环语句

在许多实际问题中，需要进行具有规律性的重复操作，比如，用软件实现延时功能时。如果是在一个 12MB 的 51 芯片应用电路中要求实现 1 毫秒的延时，就要执行 1000 次空语句才能达到延时的目的（当然也可以采用定时器来做，在此不讨论），写 1000 条空语句非常麻烦，并且要占用很多的存储空间，因为我们知道这 1000 条空语句无非使一条空语句重复执行 1000 次，因此，可以选择用循环语句来写，这样不但使程序结构清晰明了，而且使编程及编译的效率大大提高。在 C51 语言中的循环语句有以下几种。

1. while语句

while 循环的一般形式为：

```
while(条件表达式)
{
    语句;
}
```

while 循环表示当条件为真时，便执行语句。直到条件为假才结束循环，并继续执行循环程序外的后续语句。

【例 3-10】 编程实现 1-100 的整数的累加和。

```
int i=1;
int sum=0;
while(i<=100)
{
    sum +=i;
    i++;
}
```

程序执行时，先判断 i 的值是否小于等于 100，然后令 sum 加 i，i 自增 1，直到 i 不满足条件时程序跳出，程序执行结果为 5050。

2. do-while语句

do-while 循环的一般格式为：

```
do {
语句;
}
while(条件表达式);
```

do-while 语句先执行一次 do 后面的语句，再判断条件是否为真，当条件为真时，便继续执行 do 后面的语句，直到条件为假才结束循环，并继续执行循环程序外的后续语句。

【例 3-11】　编程程序实现 1-100 的整数的累加计算。

```
int i=1;
int sum=0;
do
{
        sum +=i;
i++;
}
while(i<=100);
```

在本例中，先执行循环体中的语句，即先执行 sum 值加 i 的运算，再实现 i 加 1 的运算，再判断 i 是否小于等于 100，若条件为真，则继续执行循环体，直到条件满足为止，程序执行结果为 5050。

　　📖　do-while 循环与 while 循环的不同在于:它先执行循环中的语句，然后判断条件是否为真，如果为真则继续循环；如果为假，则终止循环。因此，do-while 循环至少要执行一次循环语句。

3. for 语句

for 循环的一般形式为：

```
for(<初始化>; <条件表达式>; <增量>)
{
    语句;
}
```

初始化总是一个赋值语句，它用来给循环控制变量赋初值；条件表达式是一个关系表达式，它决定什么时候退出循环；增量定义循环控制变量每循环一次后按什么方式变化，这三个部分之间用 ";" 分开。

【例 3-12】　编程实现 1-100 的整数的累加和。

```
for(i=1; i<=100; i++)
{
sum +=i;
    i++;
}
```

上例中先给 i 赋初值 1，判断 i 是否小于等于 100，若满足则执行语句，之后值增加 1。再重新判断，直到 i>100 时循环退出，其运行结果为 5050。

　　📖　for 循环中的"初始化"、"条件表达式"和"增量"都是选择项，即可以缺省，但 ";" 不能缺省。省略了初始化，表示不对循环控制变量赋初值。省略了条件表达式，则不做其他处理时便成为死循环。省略了增量，则不对循环控制变量进行操作，这时可在语句体中加入修改循环控制变量的语句。

3.5.7　程序跳转语句

程序跳转语句主要用于控制程序执行流程，跳转或转移程序的执行顺序。在 C51 语言中，主要包括三种跳转语句：goto 语句、break 语句和 continue 语句。下面将分别进行介绍。

1. goto语句

goto 语句是一种无条件转移语句，与 BASIC 中的 goto 语句相似。goto 语句的使用格式为：

```
goto    语句标号
```

其中标号是一个有效的标识符，这个标识符加上一个"："一起出现在函数内某处，执行 goto 语句后，程序将跳转到该标号处并执行其后的语句。另外，标号必须与 goto 语句同处于一个函数中，但可以不在一个循环层中。通常 goto 语句与 if 条件语句连用，当满足某一条件时，程序便跳到标号处运行。

一般来讲，并不提倡使用 goto 语句，主要因为它会使程序层次不清，可读性差，但在多层嵌套退出时，用 goto 语句比较合理。

【例 3-13】 用 goto 语句和 if 语句构成循环，实现 1～100 的整数相加。每加一个整数，便使用 goto 语句跳转到条件判断，如果已经完成 100 个整数的加法，则将结果打印输出。

```
main()
{
        int i,sum=0;
        i=1;
loop:   if(i<=100)
          {sum=sum+i;
           i++;
           goto loop;
}
        printf("%d\n",sum);
}
```

📖 （1）goto 语句后面语句标号的定义应遵循 C51 标识符定义原则，且不能使用 C51 的关键字；

（2）goto 语句可以从内层循环跳到外层循环，而不能从外层循环跳到内层循环中；

（3）goto 语句容易导致程序的逻辑混乱，需要谨慎使用。

2. break语句

break 语句通常用来跳出循环程序块，通常用在循环语句和开关语句中。
break 语句的一般形式如下所示：

```
break;
```

在 C51 程序中，break 语句通常用于以下两种情况。

（1）当 break 用于开关语句 switch 中时，可使程序跳出 switch，继而执行 switch 以后的语句；如果没有 break 语句，则将成为一个死循环而无法退出。

（2）当 break 语句用于 do-while、for、while 循环语句中时，可使程序终止循环而执行循环后面的语句，通常 break 语句总是与 if 语句联在一起，即满足条件时便跳出循环。例如下面的循环结构：

```
int i; int sum=0;
for(i=1; i<=10; i++)
```

```
{
if(i=5) break;
      sum = sum+i;
}
printf("sum=%d",sum);
```

分析：原本 for 循环的终止条件为 i<=10，但当 i=5 时，程序执行 break 语句跳出了 for 循环，直接执行 for 循环后面的 printf 语句，所以最终输出的结果为 sum=10。

    break 语句只适用于单分支 if 条件语句，对于多分支的 if-else 的条件语句不起作用；而且在多层循环中，一个 break 语句只向外跳一层。如果需要跳出多层循环，需要多次在每层循环中使用 break 语句。

3. continue语句

continue 语句的作用是跳过循环体中剩余的语句而强行执行下一次循环。
其一般形式为：

```
continue;
```

continue 语句只用在 for、while、do-while 等循环体中，常与 if 条件语句一起使用。例如下面的循环结构。

```
int I;int sum=0;
for(i=1; i<=10; i++)
{
if(i=5) continue;
      sum = sum+i;
}
printf("sum=%d",sum);
```

分析：当 i=5 时，执行 continue 语句后，程序忽略 sum=sum+5 操作，重新跳转到了 for 语句，执行 i=6 的循环，直到 i<=10 不成立，再执行 for 循环后面的 printf 语句，所以最终输出的结果为 sum=50。

初学者一般会混淆 continue 语句与 break 语句的用法，对于二者改变程序执行流程的区别，可对比图 3-1 所示。由图中可见，break 语句执行后，程序跳出循环体，直接执行循环体后面的语句；continue 语句执行后，程序只是跳出当前循环，跳转到循环体的开始位置执行下一次循环，并没有跳出循环体，直到循环体的判断条件不满足，才跳转到循环体后面的语句继续往下执行。

3.5.8　开关语句

开关语句由关键字 switch 和 case 来标识，主要用于多个分支语句处理的情况，开关语句的一般形式如下所示。

```
switch(表达式)
{
case 常量表达式 1:
      {分支语句 1;}
      Break;
```

```
case 常量表达式 2:
      { 分支语句 2;}
      break;
…
case 常量表达式 n:
      {分支语句 n;}
      Break;
default:
      {分支语句 n+1;}[break;]
}
```

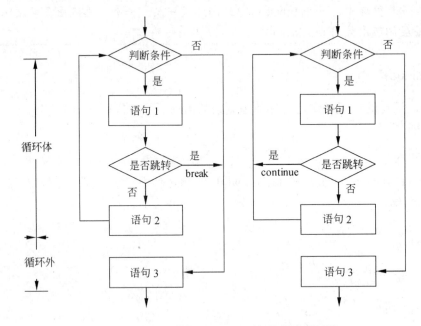

图 3-1　break 语句与 continue 语句执行流程对比

开关语句在执行时，首先计算 switch 后的表达式的值，然后与 case 后面的各分支常量表达式相比较，如果相等时则执行对应的分支语句，再执行 break 语句跳出 switch 语句。如果分支常量的值没有一个和条件相等，就执行关键字 default 后的语句，default 后面的 break 为可选项，因为执行到此处时，switch 语句中已没有其他语句，即使此处没有 break，程序也不会再执行其他 case 的分支语句。

【例 3-14】 switch 的开关语句的程序示例。

```
main()
{
      int test;
      for(test=0; test<=10; test++)
      {
          switch(test)                   /*以 test 作为开关依据*/
          {
              case 1:                    /*如果 test==1 成立*/
                  printf("test=%d\n", test);   /*输出当前的 test 数值*/
                  break;                 /*退出开关语句*/
              case 2:                    /*如果 test==2 成立*/
                  printf("test=%d\n", test);   /*输出当前的 test 数值*/
                  break;                 /*退出开关语句*/
```

```
default:                        /*缺省分支*/
    printf("error");            /*输出字符串 "error"*/
    break;
}
}
}
```

🐾分析：上面是由 for 语句与 switch-case 语句构成的程序。此处的 for 语句功能是实现将 0～10 的整数分别赋值给 test，随后，switch-case 语句根据 test 的数值，分别执行相应的分支语句。当 test=1 时，程序输出：test=1；当 test=2 时，程序输出：test=2；当 test 为其他数值时，一律输出字符串 "error"。

📖　每个分支语句后的 break 语句必须有，否则将不能跳出开关语句，而将继续执行其他分支；case 和 default 后的分支语句可以是多个语句构成的语句体，但不需要使用{}括起来；当要求没有符合的条件时，可以不执行任何语句，即可以省略 default 语句，而直接跳出该开关语句。

3.5.9　空语句

如果程序某行只有一个分号 "；" 作为语句的结束，就称之为空语句。空语句是什么也不执行的语句，在程序中空语句可实现延时功能，这部分内容在之前的循环语句中已经介绍过了。

例如：

```
while(getchar()!='\n');
```

这里的循环体为空语句。本语句的功能是，只要从键盘输入的字符不是回车则重新输入。实际上，上面的语句还可以写为：

```
while(getchar()!='\n')
{;}
```

也就是说，满足 while 条件后执行的语句是空的，程序指针只是空跳转了一次。另外，C51 还定义了一个空函数语句 nop()来代替{;}，可以增加程序的可读性。在使用该函数时需要包含头文件 intrins.h，然后在需要空语句的位置直接调用 nop 函数即可，现在用 nop 函数改写上面的例子：

```
#include <intrins.h>
int nop();
void main()
{
while(getchar()!='\n')
nop( );
}
```

3.6　C51 的流程控制基本结构

计算机程序是由若干语句构成的，从程序执行的整个过程看，程序是按照顺序从初始语句执行到结尾语句，但在程序内部，往往需要对某一段语句重复执行或者有选择地执行，以达到提高代码效率和代码可读性的目的。C51 语言继承了 C 语言的流程控制功能，提供了顺序、选择、循环三种流程控制结构，通过三者的嵌套组合可以让单片机实现更多更复杂的功能。下面分别介绍这三种流程结构。

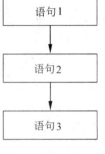

图 3-2　顺序结构

3.6.1　顺序结构

顺序结构是程序中普遍存在的流程控制方式。所谓的顺序，即编译后的程序在单片机程序空间中的存放顺序，而顺序结构就是指程序的执行按照程序空间的低位地址向高位地址的顺序而执行，如图 3-2 所示。

【例 3-15】 顺序结构举例：将 2000H 单元的内容拆开，高半字节存至 2001H 的低 4 位，低半字节存至 2002H 的低 4 位。

```
#include <reg51.h>
main()
{
  unsigned char xdata *p=0x2000;        /*指针指向 2000H 单元*/
  *(p+2)=(*p)&0x0f;         /* 2000H 单元的高 4 位清零，然后存至 2002H 单元*/
  *(p+1)=(*p)>>4;           /* 2000H 单元右移 4 位，然后存 2001H 单元*/
}
```

【例 3-16】 顺序结构举例：设计一个乘法程序，乘积放在外部 RAM 中的 0000H 单元。

```
void main()
{
    unsigned long xdata *p;             /*定义指向外部数据的指针*/
    unsigned long x=12345,y=76543,mum;  /*定义参与乘法运算的变量*/
    mum=x*y;                            /*执行乘法运算*/
    p=0;                                /*令指针 p 指向外部 RAM 区 0000H 单元*/
    *p=num;                             /*将乘积存入外部 RAM 区 0000H 单元*/
}
```

3.6.2　选择结构

当程序的执行取决于某个条件的状态时，通常需要利用选择结构对该状态进行判断并进行相应的操作。选择结构可以分为单分支结构和多分支结构，多分支结构又可以分为串行多分支结构和并行多分支结构。

图 3-3 所示给出了串行多分支结构的程序流程。串行多分支结构一般由 if…else…语句构成，通常以单分支结构作为分支判断依据，程序最终需要依次在多个单分支结构中选择若干代码执行，并从整个串行多分支结构的结尾处退出，请参见例 3-17 进行理解。

【例 3-17】 串行多分支结构举例：比较两个数的大小，将大数存储到片外 RAM 的 0000H 单元，将小数存到 0001H 单元。如果两个数相等，则将片外 RAM 的 0002H 单元清零。

```
void main()
{
    unsigned xdata *p;      /*定义指向外部数据的指针*/
    unsigned a=35,b=78;     /*定义参与运算的变量*/
if (a>b)                    /*判断 a 是否大于 b*/
```

```
{
p=0;    *p=a;                   /*将 a 存到外部 RAM 区的 0000H 单元*/
p++;    p=b;                    /*将 b 存到外部 RAM 区的 0001H 单元*/

}
else if (a<b)                   /*判断 b 是否大于 a*/
{
p=0;    *p=b;                   /*将 b 存到外部 RAM 区的 0000H 单元*/
p++;    p=a;                    /*将 a 存到外部 RAM 区的 0001H 单元*/
}
else if (a==b)                  /*判断 a 是否等于 b*/
{
p=2;    *p=0;                   /*将外部 RAM 区的 0002H 单元清零*/
}
}
```

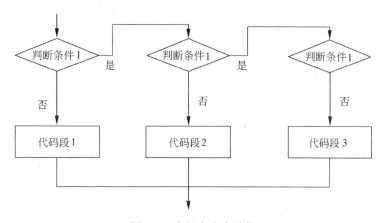

图 3-3　串行多分支结构

🖊分析：本例使用 if-else if 语句形成了一个串行分支结构。在判断是否 a>b 成立时，条件不成立。根据串行分支结构特点，程序继续向下执行，判断是否 a<b 成立，因为 35<78，所以该条件成立，程序将 78 存到外部 RAM 的 0000H 单元，将 35 存到 00001H 单元，根据图 3-3 所示的串行分支结构图可以看出，完成变量存储后，整个选择结构即结束退出，并不再执行是否 a==b 的判断。

并行分支结构使用一个条件作为判断依据，根据该条件的不同状态选择不同的代码执行，其结构如图 3-4 所示。并行分支结构一般由开关语句 swith-case 实现，程序举例可参见例 3-14。与串行分支结构不同，并行分支结构的各个分支之间是并行关系，而不是像串行结构各分支之间存在谁先谁后的判断顺序。

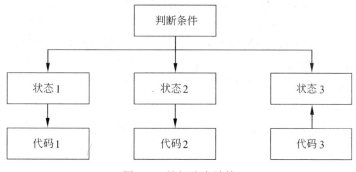

图 3-4　并行分支结构

3.6.3　循环结构

当给定的条件成立时，循环结构会重复执行某段程序，直到条件不成立时为止。给定的条件即称为循环条件，重复执行的程序段称为循环体。根据循环条件所处的位置，可以将循环结构分为执行前判断条件和执行后判断条件的循环，也可以分别称为当型循环和直到型循环。前者先判断循环条件是否满足，如满足，则执行循环体，否则跳转到当前代码块之后继续执行；后者先执行循环体，然后判断循环条件是否满足，如满足则重复执行循环体，否则退出循环。

当型循环和直到型循环的结构示意图如图 3-5 所示。直到型循环一般由 do-while 语句实现，程序例程可参见例 3-11。当型循环一般由 for 及 while 语句实现，在第 3 章，我们曾经用汇编语言实现了无符号整数排序的冒泡算法，现在再用当型循环结构实现同样的功能，供大家比较和理解，见例 3-18。

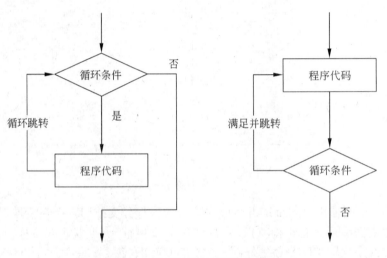

图 3-5　当型循环与直到型循环

【例 3-18】　无符号数排序。基于冒泡法，用循环结构，将 6 个无符号数按照从小到大的顺序排列。

　　分析：要实现 6 个数的冒泡排序法，可将数据存储于 1 个包含 6 个整数的数组，采用双重当型循环进行排序。在第一次外循环过程中，程序从前向后依次比较相邻的两个数，如果前数大于后数，交换两个变量的内容，否则不交换，经过 5 次比较后，从前到后完成一次冒泡，找到 6 个数中的最大数，并存入第 6 个字节中。第二次外循环过程与第一次完全相同，经过 6-2=4 次比较，将次最大数存于第 5 个字节中，依次类推，在执行完 5 次冒泡后，即可完成 6 个数从小到大的排列。另外，考虑到有可能出现没有执行完 5 次冒泡就已经完成所有排序的情况，可以设置一个标志位，如果在上一次的冒泡过程中没有出现前一个数比后一个数大，即所有数都是以前小后大的顺序排列，那么就置位该标志位，说明已经提前完成 6 个数的排序，可以提前结束并退出循环，这样可以提高冒泡排序的效率，程序如下。

```
#include <stdio.h>
```

```
#define N 6
void main()
{
    int data[N] = {5, 4, 2, 3, 1, 6};                /*定义用于比较的 6 个整数*/
    int i, j, temp;
    int flag_OK =0;                    /*定义标志位，用于判断是否已提前完成排序*/
    for (i = 0; i < N - 1 && flag == 0; i++)       /*设置外循环条件*/
    {
        flag = 1;                                    /*置位标志位*/
        for (j = 0; j < N - i - 1; j++)             /*设置内循环条件*/
        {
            if (a[j + 1] < a[j])                    /*判断相邻的两个数是否前大后小*/
            {
                temp = a[j + 1];
                a[j + 1] = a[j];
                a[j] = temp;                        /*交换相邻两个数的位置*/
                flag _OK= 0;                        /*清零标志位，说明未完成排序*/
            }
        }
    }
    for (i = 0; i < N; i++)
    {
        printf("%d ", a[i]);                        /*将排序好的 6 个数按整数格式输出*/
    }
}
```

3.7　C51 函数

　　函数是 C 程序的基本模块，C 程序通常由一个主函数和若干个函数组成，每一个函数可以用来实现特定的功能。一个 C 程序必须有，也只能有一个主函数。C51 的主函数名称为 main()函数，它是硬件初始化结束后，最先进入的用户定义的函数，它可以调用其他函数，而不允许被其他函数调用。因此，C51 程序由 main()函数开始，并由 main()函数结束。

　　C51 能够兼容标准 C 语言极为丰富的库函数，还允许用户建立自己定义的函数。用户可以按照模块化的结构，把具有相对独立功能的算法编成相应的函数，然后通过调用这些函数实现预期的功能。

3.7.1　函数的定义

　　从主调函数和被调函数之间数据传送的角度区分，C51 中的函数可分为无参函数和有参函数两种。

1. 无参函数

　　无参函数即函数定义、函数说明及函数调用中均没有参数传递，可以返回或不返回函数值，其定义形式为：

类型标识符　函数名()

```
{
声明部分
语句
}
```

类型标识符指明了本函数的类型，实际上是函数返回值的类型，如 int、char 类型等，如果没有返回值，则使用 void 标识符。函数名是由用户定义的标识符，函数名后有一个空括号，其中无参数，但括号不可少。在{}中的内容为函数体，其中声明部分是对函数休内部所用到变量的类型说明。

【例 3-19】 无参函数实例。

```
void Hello()
    {
        printf ("Hello,world \n");
}
```

2. 有参函数

有参函数，也称为带参函数，即在函数定义及函数声明时有参数，可以返回或不返回函数值，其定义形式为：

```
类型标识符    函数名（形式参数列表）
{
声明部分
语句
}
```

有参函数的特点是具有形式参数列表。形式参数在下一节中会具体介绍，它们是各种类型的变量，多个参数之间用逗号间隔。形式参数必须在形参列表中给出类型说明。

【例 3-20】 定义一个函数，用于求两个数的和，可写为

```
int sum_ab(int a, int b)
{
    int c;
    c = a+b;
    return c;
}
```

第一行说明 sum_ab 函数是一个整型函数，其返回的函数值是一个整数。形参为 a、b，均为整型变量。在函数体内，首先定义整形变量 c，用于存储 a 与 b 的和，最后 return 语句把 c 的值返回给主调函数。

📖 补充知识: 中断函数定义

C51 规定了中断函数的定义格式:

函数类型   函数名(参数) interrupt   中断号   [using 寄存器组号]

（1）函数类型为中断函数的返回类型，如 void，int 等;

（2）函数名由用户定义;

（3）参数是需要传递到中断函数中参与运算的变量;

（4）interrupt 0   指该函数响应外部中断 0;

interrupt 1   指该函数响应定时器中断 0;

---

interrupt 2　指该函数响应外部中断 1;

interrupt 3　指该函数响应定时器中断 1;

interrupt 4　指该函数响应串行口中断;

"using 寄存器组"告诉编译器在进入中断处理后切换寄存器的 bank 位置,寄存器组号=0~3 代表第 r 组寄存器。可忽略,这里不再详述,如感兴趣可翻阅 C51 编译器自带的使用说明。

3.7.2　函数的参数和函数的值

1. 形式参数和实际参数

在函数调用时也必须给出参数,称为实际参数(简称为实参)。进行函数调用时,主调函数将把实参的值传送给形参,供被调函数使用。函数的参数分为形参和实参两种,形参和实参的功能是在主调函数和被调函数直接作数据传送。形参出现在函数定义中,在整个函数体内都可以使用,函数借助形参完成函数对该参数的操作,形参离开该函数则不能使用。实参出现在主调函数中,发生函数调用时,主调函数把实参的值传送给被调函数的形参,从而实现主调函数向被调函数的数据传送,数据传入被调函数后,实参变量不参与被调函数的运算。

可以看出,函数的形参和实参具有以下特点。

(1)形参变量只有在被调用时才分配内存单元,在调用结束时,即刻释放所分配的内存单元。因此,形参只有在函数内部有效。函数调用结束返回主调函数后则不能再使用该形参变量。

(2)实参存储的是实际要传送给形参的数据,可以是常量、变量、表达式、函数等,无论实参是何种类型的量,在进行函数调用时,它们都必须具有确定的值,以便把这些值传送给形参。

(3)实参和形参在结构上,类型上,顺序上应严格一致,否则会发生类型不匹配的错误。

(4)函数调用中发生的数据传送是单向的,在函数调用过程中,形参的值会根据实参发生改变,而实参中的值不会因形参而变化,即只能把实参的值传送给形参,而不能把形参的值反向地传送给实参。

【例 3-21】　形参与实参参数传递实例:以例 3-20 中的 sum_ab()为被调函数,编写主程序 main()完成对 sum_ab()的调用并完成参数传递。

```
int sum_ab(int a, int b)
{
    int c;
    c = a+b;
    return c;
}
main()
{
    int sum_ab (int a,int b);
    int x,y,z;
    printf("input two numbers:\n");
```

```
    scanf("%d %d",&x,&y);
    z= sum_ab (x,y);
    printf("maxmum=%d",z);
}
```

sum_ab 函数的定义和功能参见例 3-20。进入主函数后，在调用 sum_ab 函数之前，先对 sum_ab 函数进行声明。可以看出函数说明与函数定义中的函数头部分相同，但是末尾要加分号。从键盘输入变量 x 和 y 的值，然后调用 sum_ab 函数，把 x, y 中的值传送给 sum_ab 的形参 a, b。sum_ab 函数执行后将"a"和"b"的和"c"返回给变量 z。最后由主函数输出 z 的值。

2. 函数的返回值

函数的值是指函数被调用之后，函数体中的程序返回给主调函数的值。对函数的返回值有以下说明。

（1）函数的值只能通过 return 语句返回主调函数。在函数中允许有多个 return 语句，但每次调用只能有一个 return 语句被执行，因此，只能返回一个函数值。

return 语句的一般形式为：

```
    return 表达式;
```

或者为：

```
    return (表达式);
```

（2）函数值的类型和函数定义中函数的类型应保持一致。如果两者不一致，则以函数类型为准，编译器会自动进行类型转换。

（3）函数返回值的默认类型为整型，所以如果函数值为整型，在函数定义时可以省去类型说明。

（4）不返回函数值的函数，可以明确定义为"空类型"，即"void"类型。一旦函数被定义为空类型后，就不能在主调函数中使用被调函数的函数值了。

【例 3-22】 下面例子对返回值类型及参数作用范围等使用事项做进一步说明。

```
main()
{
int adding(int n);
int n;
float f1;
    printf("input number\n");
    scanf("%d",&n);
f1=adding(n);
printf("f1=%f\n",f1);
    printf("n in main=%d\n",n);
}
int adding(int n)
{
    int i;
    for(i=n-1;i>=1;i--)
      n=n+i;
printf("n in adding=%d\n",n);
return n;
}
```

本程序中函数 adding 的功能是求整数 1～n 的加法和。在主函数 main 中，scanf 扫描键盘输入并存入 n 中，例如，用键盘输入 100，则 n=100。在调用 adding 函数时，整数 100

被传送给 adding 的形参。adding 函数求得 1～100 之间的整数的加法和 5050 后，将 5050 返回。程序运行后的输出信息为：

```
input number 100
n in adding= 5050
fl=5050.000000
n in main= 100
```

虽然本例的形参变量和实参变量的标识符都为 n，但这两个变量的作用范围完全不同。在主函数中用 printf 语句输出的 n 值是实参 n 的值。在函数 adding 中用 printf 语句输出了的 n 值是形参运算后最后取得的 n 值 5050。返回主函数后，因为变量 fl 的类型为浮点型，adding 的返回值被自动转换为浮点型，即 fl 为 5050.000000。如果 adding 的类型定义为 void，则在编译主程序中的语句 fl=adding(n)时会报错。

3.7.3　函数的调用

1. 函数调用的一般形式

C51 语言是通过对函数的调用来执行函数体的，其过程类似于子程序的调用。

函数调用的一般形式为：

函数名（实际参数列表）

对无参函数调用时，则没有上句形式中的实际参数列表，但括号不能省略。

对于有参型函数，其参数可以是常数、变量或其他构造类型数据及表达式，若参数存在多个，各实参之间用逗号分隔，其形参与实参的数量和类型应一致。

2. 函数调用的方式

在 C51 语言中，可以用以下三种方式调用函数。

（1）函数表达式：函数作为表达式中的一项出现在表达式中，以函数返回值参与表达式的运算，这种方式要求函数是有返回值的。例如，例 3-22 中的语句：

```
fl=adding(n);
```

（2）函数语句：函数调用的一般形式加上分号即构成函数语句，例如：

```
printf ("%d",a);
scanf ("%d",&b)
```

（3）函数实参：函数作为另一个函数调用的实际参数出现，这种情况是把该函数的返回值作为实参进行传送，是第一种调用方式的特例，因此也是要求该函数必须是有返回值的。例如下面调用函数 adding 的方法：

```
printf ("%d", adding(n));
```

即把 adding 的返回值又作为 printf 函数的实参来使用。

3. 被调用函数的声明和函数原型

在主调函数中调用某函数之前应对该被调函数进行说明（声明），这与使用变量之前要先进行变量说明是相同的。在主调函数中对被调函数作说明的目的是使编译系统知道被调函数返回值的类型，以便在主调函数中按此种类型对返回值作相应处理。

其一般形式为

类型说明符 被调函数名(类型 形参,类型 形参…);

或为

类型说明符 被调函数名(类型,类型…);

括号内给出了形参的类型和形参名，或只给出形参类型，便于编译系统进行检错，以防止可能出现的错误。

C 语言中又规定在以下几种情况时可以省去主调函数中对被调函数的函数说明。

（1）如果被调函数的返回值是整型或字符型时，可以不对被调函数作说明，系统将自动对被调函数返回值按整型处理。

（2）函数在被调用之前必须已经定义或声明过。当被调函数的函数定义出现在主调函数之前时，在主调函数中也可以不对被调函数再作说明而直接调用，例如，在例 3-21 中，可以省略语句

int sum_ab (int a,int b);

如在被调用之前没有被定义，但在函数外预先说明了各函数的类型，则在以后的各主调函数中，也可不再对被调函数作声明。例如，例 3-22 可以改写为：

```
int adding(int n);
main()
{
int n;
float fl;
    printf("input number\n");
    scanf("%d",&n);
fl=adding(n);
printf("fl=%f\n",fl);
    printf("n in main=%d\n",n);
}
int adding(int n)
{
    int i;
    for(i=n-1;i>=1;i--)
      n=n+i;
printf("n in adding=%d\n",n);
return n;
}
```

（3）如果使用库函数，必须把该函数的头文件在源文件头部用#include 命令包含到本文件中。

4. 函数的嵌套调用

C51 语言中的函数之间是平行的，不允许作嵌套的函数定义，因此，不存在上一级函数和下一级函数的问题。但是 C51 语言允许在一个函数的定义中出现对另一个函数的调用，即在被调函数中又调用其他函数，这样就形成了函数的嵌套调用。但是受制于单片机的硬件资源限制，有些 C51 编译器对嵌套的深度有一定限制，因为每次调用子程序都需要占用一定的 RAM 资源，所以 C51 无法进行多层次的嵌套调用。

5. 函数的递归调用

C51 语言优势之一是它允许函数的递归调用。一个函数在它的函数体内调用它自身称为递归调用，这种函数即称为递归函数。与嵌套调用不同的是，在递归调用中，主调函数又是被调函数。当问题可以通过重复使用一种方法而得以解决的时候，通常会对函数进行递归调用。

运行递归函数将无休止地调用其自身，这在程序结构设计上是不合适的。为了防止递归调用无终止地进行，必须在函数内有终止递归调用的手段，通常加上条件判断，当满足某种条件后就不再作递归调用，然后逐层返回。下面举例说明递归调用的执行过程。

【例 3-23】　用递归法计算 n 的阶乘。任何大于 0 的正整数 n 的阶乘可以用下面的递归形式表示：

```
n!=1        (n=0,1)
n×(n-1)!    (n>1)
```

说明一个正整数的阶乘是以比它小的整数的阶乘为基础，其可以理解为一种递归的形式，可编程如下：

```
#include "stdio.h"
long multi_call(int n) reentrant
{
    long result;
if(n<0)
printf("n<0,input error");
else
if(n==0||n==1) result =1;
else
result =multi_call(n-1)*n;
    return(result);
}
main()
{
    int i;
    long y;
    printf("\ninput a inteager number:\n");
    scanf("%d",&i);
    y= multi_call (i);
    printf("%d!=%ld",i,y);
}
```

程序中的函数 multi_call 是一个递归函数。主函数在从键盘输入正整数 n 后调用 multi_call。进入递归函数 multi_call 后，当 n<0，n=0 或 n=1 时都将快速返回计算结果，否则就递归调用函数自身。由于每次递归调用的实参为 n-1，最后当 n-1 的值为 1 时，multi_call 的计算结果为 1，便终止递归，并逐层退回。

3.8　应用举例——用 C51 实现快速傅里叶变换

音频处理是单片机应用的一个重要领域，其中音频信号的频域分析是音频处理的一种常见运算。下面的开源例子是 C 语言编写的通用快速傅里叶变换函数，该例程中，我们将基于本章学习的变量定义、流程控制及函数调用等知识，利用快速傅里叶变换方法对时域信号的频率成分进行分析，该例子可移植性强，不依赖于专门的硬件计算电路。

【例 3-24】 用 C51 实现快速傅里叶变换。

函数 FFT()是实现傅里叶变换的核心函数，此函数用结构体的形式存储一个复数，函数的输入为待变换信号的时间序列的复数形式，其中，复数的虚部初始化为 0；函数的输出是经过 FFT 变换后的时间序列的复数形式。使用此函数只需更改宏定义 FFT_N 的值即可实现点数的改变，FFT_N 的应该为 2 的 N 次方，不满足此条件时应在后面补 0。

```c
#include <reg52.h>
#include <stdio.h>
#include<math.h>
#define PI 3.14159265358979323846264338327950288841971  //用define定义圆周率
#define FFT_N 64                    //定义傅里叶变换的点数，受单片机存储空间的限制
struct compx {float real,imag;};    //定义复数结构
struct compx result[FFT_N];  //定义compx结构类型的变量result，用于存储FFT的
                             //输入和输出，根据待计算的数据长度自己定义

struct compx Multi(struct compx a,struct compx b) //定义函数，对两个复数进行
                                                  //乘法运算
{
 struct compx c;
 c.real=a.real*b.real-a.imag*b.imag;              //通过访问结构体c，实现复数乘法运算
 c.imag=a.real*b.imag+a.imag*b.real;
 return(c);
}

void FFT(struct compx *sig)    //函数定义，功能为对输入的复数组进行快速傅里叶变换
{
  int f,m,nm1,nv2,i,k,l,j=0;
  struct compx u,w,t;
  int sknot,knot,ip;

  nv2=FFT_N/2;                 //变址运算，即把自然顺序变成倒位序，采用雷德算法
  nm1=FFT_N-1;
  for(i=0;i<nm1;i++)           //for循环
  {
   if(i<j)                     //如果i<j，即进行变址
    {
     t=sig[j];
     sig[j]=sig[i];
     sig[i]=t;
    }
   k=nv2;                      //求j的下一个倒位序
   while(k<=j)                 //while循环，如果k<=j，表示j的最高位为1
    {
     j=j-k;                    //把最高位变成0
     k=k/2;                    //k/2，比较次高位，依次类推，逐个比较，直到某个位为0
    }
   j=j+k;
  }

  f=FFT_N;
  for(l=1;(f=f/2)!=1;l++)      //计算l的值，即计算蝶形级数，循环体为空语句
```

```
         ;                        //空语句，与上面的 for 语句构成空循环
  for(m=1;m<=l;m++)              //控制蝶形结级数。FFT 运算核，使用蝶形运算完成 FFT 运算
   {                             //m 表示第 m 级蝶形，l 为蝶形级总数 l=log（2）N
    sknot=2<<(m-1);              //sknot 蝶形结距离，即第 m 级蝶形的蝶形结相距 sknot 点
    knot=sknot/2;                //同一蝶形结中参加运算的两点的距离
    u.real=1.0;                  //u 为蝶形结运算系数，初始值为 1
    u.imag=0.0;
    w.real=cos(PI/knot);         //w 为系数商，即当前系数与前一个系数的商
    w.imag=-sin(PI/knot);
    for(j=0;j<=knot-1;j++)       //循环嵌套，外层循环用于控制计算不同种蝶形结，即
                                 //    计算系数不同的蝶形结
     {
      for(i=j;i<=FFT_N-1;i=i+sknot) //内层循环用于控制同一蝶形结运算，即计算系数
                                 //    相同蝶形结
       {
        ip=i+knot;               //i，ip 分别表示参加蝶形运算的两个节点
        t=Multi(sig[ip],u);      //调用函数 Multi()，执行蝶形运算
        sig[ip].real=sig[i].real-t.real;
        sig[ip].imag=sig[i].imag-t.imag;
        sig[i].real=sig[i].real+t.real;
        sig[i].imag=sig[i].imag+t.imag;
       }
      u=Multi(u,w);              //调用函数 Multi，改变运算系数，准备进行下一个蝶形运算
     }
   }
}

void main()     //主函数，用于测试 FFT 变换，演示函数使用方法
{
  int i;
  for(i=0;i<FFT_N;i++)                     //对正弦信号进行采样，并赋给结构体
  {
    result [i].real=1+2*sin(2*3.141592653589793*i/FFT_N); //实部为正弦波
                                                       FFT_N 点采样
    result [i].imag=0;                     //虚部为 0
  }

  FFT(result);                             //函数 FFT，对数组 result 进行快速傅里叶变换

  for(i=0;i<FFT_N;i++)                     //求变换后结果的模值，存入复数的实部部分
  result [i].real=sqrt(result [i].real* result [i].real+ result [i].imag*
result [i].imag);

  while(1);                                //原地跳转等待，该语句是 while 语句与空语句的缩写
}
```

主函数 main 首先对模拟信号进行采样，该信号为幅值为 1 的直流分量与幅值为 2 的正弦信号的叠加，如图 3-6（a）所示。在一个周期内对该信号采样 64 个点，并将采样点存入 result 结构体中。然后调用 FFT 函数，对采样数据进行快速傅里叶变换，将得到的变换结果存入 result 中，其中，变换结果的实部存入 real，虚部存入 imag，最后调用 sqrt 函数计算 result 的模，并将模值在图 3-6（b）中绘出。

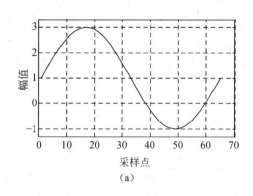 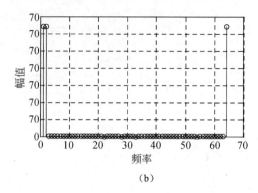

图 3-6　参与傅里叶变换的原始信号与计算结果

📖　图 3-6（b）中的横坐标并不是信号的实际频率，如果感兴趣，读者可查阅傅里叶变换
的相关文献理解该频率与实际频率之间的关系，以及幅值与实际信号幅值之间的关
系。因为本章主要介绍的是 C51 语言的使用方法，所以关于傅里叶变换的相关知识在
此不赘述。

3.9　思考与练习

1．C51 的数据类型有哪些？C51 存储类型有哪些？

2．C51 的 data，bdata，idata 有什么区别？

3．试说明 xdata 型的指针长度为何要用 2 个字节？

4．C51 中 bit 位与 sbit 位有什么区别？

5．若 a=3，b=4，求下列表达式的值。

```
!a&&b;
b<!(a>b);
a&b;
(a++,++b,a+b);
a>2?3:6;
```

6．指针变量和变量指针的区别是什么？

7．结构与联合的相同和不同之处在于什么？

8．把带有条件运算符的表达式 max=(a>b)?a:b，改用 if-else 语句来写。

9．break 和 continue 语句的区别是什么？

10．应用中常遇到求取一组数据的校验和的情况，试用三种循环结构编写程序，实现
计算 8 个无符号整型数据的加法校验和。

11．用分支结构编程实现下面功能：输入"1"时显示"A"，输入"2"时显示"B"，
输入"3"时显示"C"，输入"4"时显示"D"，输入"5"时结束。

12．输入 3 个无符号数据，要求按由大到小的顺序输出。

13．设单片机振荡频率为 12MHz，试用 C51 编写延时 1s 的延时子程序，至少写出两
种实现方法？

第4章 单片机并行 I/O 端口

MCS-51 单片机有 4 个双向的 8 位并行输入/输出端口，分别为 P0、P1、P2 和 P3 口。

每个端口均有 8 位，每位主要由锁存器、输出驱动器和输入缓冲器等组成，可以独立用作输入或输出，输出时数据可以锁存，输入时数据可以缓冲。每个 I/O 端口的 8 位数据锁存器是特殊功能寄存器，与端口名称 P0、P1、P2 和 P3 同名，用于存放输出数据；8 位数据缓冲器对端口引脚上的输入数据进行缓冲，但不能锁存，因此，各引脚上的输入数据必须一直保持到 CPU 把它读完为止。

当单片机执行输出操作时，CPU 通过内部数据总线把数据写入锁存器。当单片机执行输入操作时有两种情况：一种是读取锁存器的输出值；另一种情况是打开端口缓冲器读取引脚上的输入值，究竟是读取输出锁存器还是读取引脚，与具体指令有关。

P0～P3 的结构和功能基本相同，但又各具特点。

4.1 P0 口

P0 口既可作为通用 I/O 口，也可作为地址/数据分时复用总线。P0 口任一位的内部结构如图 4-1 所示，包括一个输出锁存器、两个三态缓冲器 1 和 2、一对场效应管 VT0 和 VT1 构成的输出驱动电路及由反向器、控制与门和转换开关 MUX 构成的输出控制电路。

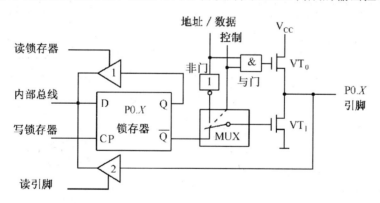

图 4-1 P0 口每位的内部结构示意图

1. 通用I/O

P0 口作为通用 I/O 使用，由内部硬件自动使控制线 C 为低电平，开关 MUX 切换至锁存器反向输出端，使锁存器的 $\overline{Q}$ 与 VT1 栅极相连，控制信号低电平封锁与门，VT0 截止。

（1）P0 口作为通用 I/O 输出

当 CPU 执行端口输出指令（如 MOV P0,#data），向端口输出数据时，对应的控制信号为低电平，开关 MUX 将输出级与锁存器的反相输出 $\overline{Q}$ 端相连。此时加在时钟端 CP 上的写锁存器脉冲有效，内部总线数据送入锁存器 D 端，经锁存器锁存，反相输出端 $\overline{Q}$ 输出，再经场效应管 VT1 反相，在 P0 引脚输出 CPU 内部总线的数据，实现了数据的输出。需要注意的是，P0 口作为通用 I/O 使用时 VT0 是截止的，因此，输出级漏极开路，从 P0 口输出时必须外接上拉电阻，一般为 10kΩ，才能输出高电平。输出 1 时，与内部总线相连的 D 端为 1。"写锁存器"信号将输入 1 锁存到输出端，锁存器 Q 端输出 1，锁存器 $\overline{Q}$ 端输出 0，输出级场效应管 VT1 截止，由外部上拉电阻将该引脚拉成高电平。输出 0 时，锁存器 $\overline{Q}$ 端输出"1"，VT1 导通，该引脚输出低电平。

（2）P0 口作为通用 I/O 输入

当 P0 用作通用 I/O 从 P0 口输入数据，此时上拉场效应管一直处于截止状态。当 CPU 执行端口入指令，从端口输入数据时，应先向端口写"1"（如指令 MOV P0,#FFH），此时两个场效应管均截止，P0 口处于悬浮高阻状态，然后执行 P0 口的输入操作（如指令 MOV A,P0），由 CPU 发出的"读引脚"信号打开三态缓冲器 2，引脚 P0.x(x=0～7)上的数据经三态门 2 送入内部总线。

从端口输入前必须先向端口输出"1"，使两个场效应管均截止，然后作为高阻抗输入的这种特性，称为准双向口。P0 口作为通用 I/O 口时是一个准双向口。如果输入前没有向对应端口写"1"，而之前的操作使此时锁存器反相输出端 $\overline{Q}$ 为"1"，则 VT1 导通，P0.x 引脚上的电位始终钳位在"0"电平，引脚的输入高电平无法正确读入内部总线。单片机复位后，P0 口各口线状态均为高电平，可直接用作输入。

P0 口作为通用 I/O 使用，在执行某些指令时，需要先读取锁存器的输出状态，经过某些操作后，再把结果输出到 P0 引脚，这样的操作称为"读-修改-写"操作。锁存器的输出 Q 端反馈到通往内部总线的三态输入缓冲器 1 的输入端，当"读锁存器"信号有效时，把锁存器状态送入内部总线。表 4-1 中给出了 P0～P3 口所有的"读-修改-写"指令。

表 4-1 P0～P3 口的"读-修改-写"指令

助记符	功　能	实　例
INC	加 1	INC P0
DEC	减 1	DEC P1
ANL	逻辑与	ANL P2,A
ORL	逻辑或	ORL P3,A
XRL	逻辑异或	XRL P1,A
DJNZ	减 1 不为零条件转移	DJNZ P2,LOOP
CPL	取反	CPL P3.0
JBC	位地址内容为 1 转移并清零	JBC P1.1,LOOP

例如，指令"INC P1"，先读入 P1 口的值，读入的是锁存器中的值，而不是引脚值，然后加上 1，结果从 P1 引脚输出。

2．地址/数据总线

单片机扩展有外部程序存储器或数据存储器，当 CPU 对片外存储器进行读/写时，由内部硬件自动使控制信号为高电平，P0 口作为地址/数据总线。此时，开关 MUX 拨向反相器的输出端，地址/数据总线经反相器与下拉场效应管 VT1 栅极相连，同时输出控制电路的与门打开。输出的地址/数据通过与门驱动上拉场效应管 VT0，通过反相器驱动下拉场效应管 VT1，上下两个场效应管处于相反的状态，即一个导通另一个截止，构成推拉式输出电路，地址/数据从引脚 P0.x 输出。推拉式输出电路大大增加了带负载能力，所以 P0 口的输出可以驱动 8 个 LS 型 TTL 负载。

若地址/数据输出为"1"，由于控制信号为高电平，所以与门输出高电平，上拉场效应管 VT0 导通，而反相器输出低电平，下拉场效应管 VT1 截止，P0.x 引脚输出高电平；反之，若地址/数据输出为"0"，VT0 截止而 VT1 导通，P0.x 引脚输出低电平。

P0 口作为地址/数据总线访问外部存储器输入数据时，这时，为了能正确读入引脚的状态，CPU 自动使地址/数据自动输出 1，VT1 截止，VT0 导通，然后进行总线输入操作，"读引脚"信号有效，引脚上的数据通过三态缓冲器 2 进入内部总线。因此对用户而言，P0 口作地址/数据总线时是一个真正的双向口。当 P0 口被地址/数据总线占用时，就无法作通用 I/O 使用了。

4.2 P1 口

P1 口只作为通用 I/O 口，所以没有转换开关 MUX，结构如图 4-2 所示。

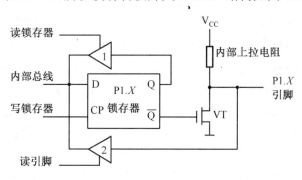

图 4-2 P1 口每位的内部结构示意图

P1 口的输出驱动与 P0 口不同，在输出场效应管的漏极上接有上拉电阻，其实这个上拉电阻由场效应管构成。作为输出口时，由于电路内部已经有上拉电阻，因此无需外接上拉电阻。当 P1 口输出高电平时，通过内部上拉电阻向外提供拉电流，能驱动 4 个 LS 型 TTL 负载。

P1 口用作通用 I/O 口时，也是一个准双向 I/O 口，即作输入时必须先向锁存器写"1"，使输出场效应管截止，引脚由内部上拉电阻拉成高电平。当外部输入"1"时，该引脚为高电平，输入"0"时，该引脚为低电平，而片内负载电阻较大，约 $20\text{k}\Omega \sim 40\text{k}\Omega$，所以不会对输入数据产生影响。

4.3 P2 口

P2 口既可作为通用 I/O 口，又可作为扩展系统的地址总线，输出高 8 位地址 A15～A8，其任一位内部结构如图 4-3 所示。

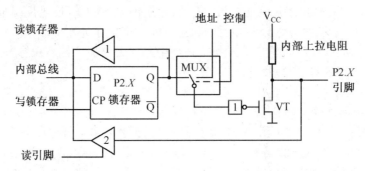

图 4-3　P2 口每位的内部结构示意图

1. 通用I/O

当 P2 口作为通用 I/O 口时，是准双向 I/O 口。为了使逻辑一致，锁存器的输出 Q 端经反相器与输出级场效应管的漏极相连，其功能与 P1 口相同，工作方式、负载能力也相同。

2. 地址总线

如果系统扩展有外部存储器，从外部 ROM 中取指令、执行访问外部 ROM(MOVC)或外部 RAM(MOVX)的指令进行总线操作时，在 CPU 控制下开关 MUX 拨至内部"地址"端，P2 输出高 8 位地址。在上述情况下，锁存器内容不受影响。总线操作结束后，开关 MUX 切换至锁存器 Q 端，锁存器内容通过输出驱动器输出，引脚上将恢复原来的数据。

系统扩展外部程序存储器时，由于 CPU 需要一直读取指令，P2 口不断地输出高 8 位地址，这种情况下 P2 口不能作为通用 I/O 使用。

系统只扩展容量较小的外部数据存储器，使用寄存器间接寻址方式的指令"MOVX A,@Ri"或"MOVX @Ri,A"访问外部存储器，如果片外 RAM 的寻址范围不超过 256B 时，此时，Ri 寄存器提供的是低 8 位地址，由 P0 口送出，不需要 P2 口，P2 口引脚原有的数据不受该指令影响，故 P2 口仍可用作通用 I/O 口。如果片外 RAM 的寻址范围大于 256B，而又小于 64KB，可以用软件方法利用 P0～P3 口中的某几根口线送高位地址，而保留 P2 口的部分或全部口线用作通用 I/O。

系统扩展外部数据存储器容量超过 256B，使用"MOVX @DPTR"指令访问外部存储器，寻址范围是 64KB，此时 P2 口输出高 8 位地址。在读/写周期内，P2 口锁存器仍保持原来的端口数据，在访问外部 RAM 周期结束后，开关 MUX 自动切换至锁存器输出 Q 端。由于 CPU 不经常访问外部 RAM，在这种情况下，P2 口在一定的限度内仍可用作通用 I/O。

4.4　P3 口

P3 口既可作为通用 I/O 口，又可作为第二功能使用，其结构特点是不设转换开关 MUX，而是增加了第二功能控制逻辑与非门和缓冲器 3，其任一位内部结构如图 4-4 所示。

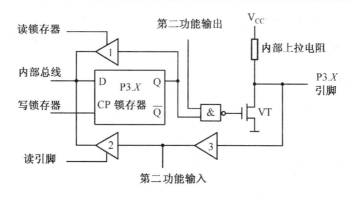

图 4-4　P3 口每位的内部结构示意图

1．通用I/O

当 P3 口作为通用 I/O 口时，是准双向 I/O 口。与非门的作用相当于一个开关，当 P3 口用作通用 I/O 时，"第二功能输出"信号为高电平，此时输出锁存器 Q 端的信号，P3 口的功能、工作方式和带负载能力与 P1 口相同。

2．第二功能

P3 口作为第二功能使用时，锁存器输出 Q 端的信号为高电平，此时，"第二功能输出"信号出现在引脚 P3.x 上。

当 P3 口的某位作为第二功能输入时，"第二功能输出"保持高电平，输出级场效应管截止，该位引脚为高阻状态，引脚 P3.x 的第二功能输入信号经缓冲器 4（常开）送给 CPU 处理。此时，端口不用作通用 I/O，因此，"读引脚"信号无效，三态缓冲器 2 不导通。

P3 口各引脚的第二功能如表 4-2 所示。

表 4-2　P3 口各引脚的第二功能定义

P3 口	名称	第 二 功 能
P3.0	RXD	串行口输入（数据接收）
P3.1	TXD	串行口输出（数据发送）
P3.2	$\overline{\text{INT0}}$	外部中断 0 中断请求输入
P3.3	$\overline{\text{INT1}}$	外部中断 1 中断请求输入
P3.4	T0	定时器/计数器 0 外部计数脉冲输入
P3.5	T1	定时器/计数器 1 外部计数脉冲输入
P3.6	$\overline{\text{WR}}$	外部数据存储器写选通信号输出
P3.7	$\overline{\text{RD}}$	外部数据存储器读选通信号输入

综上所述，P0 口的输出级与 P1～P3 口的输出级结构不同，因此，端口的负载能力和接口要求也各不相同。

P0 口用作地址/数据总线时，不必外接上拉电阻，每一位输出可以驱动 8 个 LS 型 TTL 负载，用作总线输入时，不必先向端口写 1，是一个双向口。

P0～P3 口用作通用 I/O 口时，都是准双向口，作为输入时，必须先向对应端口写 1。

P0 口用作通用 I/O 时，内部无上拉电阻，输出级漏极开路，因此作为通用 I/O 输出驱动 NMOS 电路时需外接上拉电阻，这时每一位输出可以驱动 4 个 LS 型 TTL 负载。

P1～P3 口的输出级内部接有上拉电阻，因此，不必外接上拉电阻，每一位输出可以驱动 4 个 LS 型 TTL 负载。作为通用 I/O 输入时，任何 TTL 或 NMOS 电路都能以正常方式驱动 89C51 系列单片机（CHMOS）的 P1～P3 口，也可以被集电极开路（OC 门）或漏极开路所驱动，而不必外接上拉电阻。

对于 89C51 系列单片机（CHMOS），端口只能提供几个毫安的输出电流，故用作输出驱动一个普通晶体管的基极（或 TTL 电路输入端）时，应在端口与基极之间串联一个电阻，以限制高电平时的输出电流。

4.5 应 用 实 例

通过以下几个实例说明单片机 I/O 口的具体应用。

【例 4-1】 如图 4-5 所示电路，P1.0 接一个 LED 管，编程控制灯亮。

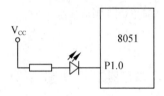

图 4-5 例 4-1 电路图

程序设计如下。

```
#include<reg51.h>    //包含 51 单片机寄存器定义的头文件
void main(void)
  {
    P1=0xfe;          //P1=1111 1110B，即 P1.0 输出低电平
  }
```

【例 4-2】 P3.7 引脚接有扬声器，编程交替输出两个不同频率的音频信号驱动扬声器作为报警信号。P1.7 接一开关进行控制，当开关闭合（高电平）时发出报警信号，当开关断开（低电平）时报警信号停止。

程序设计如下。

```
#include<reg51.h>    //包含单片机寄存器的头文件
sbit sound=P3^7 ;    //将 sound 位定义为 P3.7
sbit P17= P1^7 ;     //将 P17 位定义为 P1.7
void main(void)
{
    unsigned int i, n;
    while(1)
    {   P17 = 1;
        while(P17 = = 0)                    /*检测开关的状态，等待开关闭合*/
        {
          for(i=0; i<800; i++)
          {
              sound=~sound;                 /*改变 P3.7 的状态*/
```

```
        for(n=0; n<100; n++) ;   /*频率 1*/
    }
    for(i=0;i<200;i++)
    {
      sound=~sound ;
     for(n=0;n<200;n++) ;         /*频率 2*/
    }
  }
 }
}
```

4.6　思考与练习

1. MCS－51 有（　　）个并行 I/O 口。

　　A．1　　　　　　B．2　　　　　　C．3　　　　　　D．4

2. MCS-51 的 P0 口作为输出端口时，每位能驱动____个 SL 型 TTL 负载。

3. MCS-51 的并行 I/O 口读-修改-写操作，是针对该口的（　　）。

　　A．引脚　　　　B．片选信号　　　C．地址线　　　　D．内部锁存器

4. 判断对错

MCS-51 有 4 个并行 I/O 口，其中，P0～P3 是准双向口，所以由输出转输入时必须先写入"0"。（　　）

5. 写出 8051 单片机 P3 口作第二功能时每个引脚信号的名称？

6. 编程序，实现用 80C51 的 P1 口，监测某一按键开关。每按键一次，输出一个正脉冲（脉宽自定）。

第5章 单片机定时器/计数器

在单片机的应用系统中，经常会有定时控制的需求，如定时输出、定时检测、定时扫描等，也经常要对外部事件进行计数。

要实现定时功能，可以采用下面三种方法。

（1）软件定时：执行一段循环程序，以实现软件定时。软件定时不占用硬件资源，但占用了 CPU 时间，降低了 CPU 的利用率。

（2）硬件定时：采用时基电路，如 555 定时芯片，外接必要的元器件（电阻和电容），即可构成硬件定时电路，这种方法实现容易，改变电阻和电容值，在一定范围内可以改变定时时间。但在硬件连接好以后，定时值与定时范围不能由软件进行控制和修改，即不可编程。

（3）可编程定时器：可编程定时器集成在芯片中，定时值及定时范围很容易用软件来确定和修改，这种可编程定时器功能强、使用灵活。在单片机内部集成的可编程定时器/计数器不够用时，可以考虑进行外部扩展，典型的可编程定时芯片如 Intel 8253。

MCS-51 系列单片机片内集成有两个 16 位的可编程定时器/计数器 T0 和 T1，它们既可以工作于定时模式，也可以工作于计数模式。此外，T1 还可以作为串行接口的波特率发生器。

5.1 定时器/计数器的结构和原理

1. 定时器/计数器的结构

MCS-51 单片机定时器/计数器的内部原理结构如图 5-1 所示。

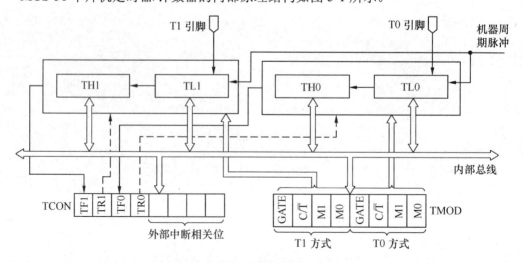

图 5-1 定时器/计数器的结构原理框图

定时器/计数器的实质是二进制加 1 计数器,定时器/计数器 T0 由特殊功能寄存器 TH0 和 TL0 组成,定时器/计数器 T1 由特殊功能寄存器 TH1 和 TL1 组成,其中 TLx 为低 8 位,THx 为高 8 位。TMOD 是定时器/计数器的工作方式寄存器,用于设置定时器/计数器的工作方式和功能;TCON 是定时器/计数器的控制寄存器,用于控制 T0、T1 的启动、停止及设置溢出标志等。

2. 定时器/计数器的工作原理

作为定时器/计数器的加 1 计数器,其输入的计数脉冲有两个来源:一个是由系统的时钟振荡器输出脉冲经 12 分频产生;另一个是 T0 和 T1 引脚输入的外部脉冲。每来一个脉冲,计数器加 1,当加到计数器为全 1 时,再输入一个脉冲,就使计数器回到全 0,计数器溢出,TCON 中溢出标志 TF0 或 TF1 置 1,向 CPU 发出中断请求。如果定时器/计数器工作于定时模式,则表示定时时间已到;如果工作于计数模式,则表示计数值已满。可见,由溢出时计数器的值减去计数初值才是加 1 计数器的计数值。

当工作在定时模式时,加 1 计数器是对内部机器周期产生的脉冲计数。每经过一个机器周期定时器计数值加 1,直至计数器满产生溢出。此时,计数值乘以机器周期就是定时时间。1 个机器周期等于 12 个振荡周期,即计数频率为晶振频率的 1/12。当单片机的晶振频率为 12MHz,则计数脉冲频率为 1MHz,每个机器周期为 1μs,每 1μs 计数值加 1,如果发生溢出时计数值为 20,则定时时间为 20μs。

当工作在计数模式时,通过 T0 的 P3.4 引脚或 T1 的 P3.5 引脚对外部事件产生的脉冲计数,下降沿触发。在每个机器周期的 S5P2 期间采样引脚输入电平。当第一个周期采样值为 1(高电平),而下一个机器周期采样值为 0(低电平),则计数器加 1,在紧跟着的再下一个机器周期 S3P1 期间,新的计数值装入计数器。如果两次检测的电平没有发生变化,计数器不计数。检测一个由 1 到 0 的负跳变需要两个机器周期,即 24 个振荡周期,因此,外部输入的计数脉冲最高频率为振荡频率的 1/24。当晶振频率为 12MHz 时,最高计数频率不超过 0.5MHz,计数脉冲的周期要大于 2μs。对外部输入信号的占空比没有什么限制,但为了确保某一给定的电平在变化之前至少被采样一次,则这一电平至少要维持一个机器周期。对输入信号的基本要求如图 5-2 所示。

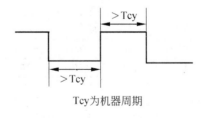

Tcy 为机器周期

图 5-2　输入信号的基本要求

5.2　定时器/计数器的控制寄存器

MCS-51 系列单片机有两个特殊功能寄存器用来控制定时器/计数器的工作。TMOD 用于设置其工作方式,TCON 用于控制其启动和中断申请。

1. 工作方式寄存器TMOD

工作方式寄存器 TMOD 用来设定定时器/计数器 T0 和 T1 的工作方式，高 4 位用于控制 T1，低 4 位用于控制 T0。TMOD 寄存器只能进行字节寻址，不能进行位寻址，其字节地址为 89H，格式如表 5-1 所示。

表 5-1　工作方式寄存器TMOD的格式

TMOD	D7	D6	D5	D4	D3	D2	D1	D0	位序号
89H	GATE	C/$\overline{\text{T}}$	M1	M0	GATE	C/$\overline{\text{T}}$	M1	M0	位符号

- ❑ GATE：门控位。GATE=0 时，定时器/计数器的启/停由 TR0 决定；GATE=1 时，定时器/计数器的启/停由 TRx 和 $\overline{\text{INTx}}$ 引脚（x 是 0 或 1）两个条件共同决定。
- ❑ C/$\overline{\text{T}}$：定时器/计数器模式选择位。C/$\overline{\text{T}}$=0 选择定时模式，计数器的输入是内部时钟脉冲，其周期是一个机器周期。C/$\overline{\text{T}}$=1 选择计数模式，计数器的输入来自 T0 或 T1 引脚的外部脉冲。
- ❑ M1、M0：工作方式选择位。定时器/计数器有 4 种工作方式，方式 0、方式 1、方式 2 和方式 3，如表 5-2 所示。

表 5-2　定时器/计数器的工作方式

M1M0	工 作 方 式	说　明
00	方式 0	13 位定时器/计数器
01	方式 1	16 位定时器/计数器
10	方式 2	8 位自动重装载定时器/计数器
11	方式 3	T0 分成两个独立的 8 位定时器/计数器；T1 此方式停止工作

2. 定时器/计数器控制寄存器TCON

定时器/计数器控制寄存器 TCON 的高 4 位用于定时器/计数器的控制，低 4 位用于外部中断控制。TCON 寄存器既可以进行字节寻址，又可以位寻址，其字节地址为 88H，格式如表 5-3 所示。

表 5-3　控制寄存器TCON的格式

TCON	位地址	97H	96H	95H	94H	93H	92H	91H	90H
88H	位符号	TF1	TR1	TF0	TR0	IE1	IT1	IE0	IT0

- ❑ TF1：定时器/计数器 T1 溢出中断标志位。当定时器/计数器 T1 计满溢出时，由硬件自动使 TF1 置位，并向 CPU 申请中断。对该标志位有两种处理方法，一种是使用中断方式，TF1 置位并申请中断，CPU 响应该溢出中断进入中断服务程序，并由硬件自动使 TF1 清 0；另一种使用查询方式，通过软件查询该位是否为 1 来判断是否溢出，用软件使 TF1 清 0。
- ❑ TR1：定时器/计数器 T1 运行控制位，该位由软件置位或清零。
  - ➢ GATE=0 时，TCON 中的 TR1=1，T1 立即开始计数，TR1=0，T1 停止计数。
  - ➢ GATE=1 时，TR1=1，且同时外部中断引脚 $\overline{\text{INT1}}$ 为高电平才能启动 T1 计数，$\overline{\text{INT1}}$ 引脚为低电平 T1 停止计数。TR1=0，始终停止计数。

- ❑ TF0：定时器/计数器 T0 溢出中断请标志位，其功能与 TF1 类似。
- ❑ TR0：定时器/计数器 T0 运行控制位，其功能与 TR1 类似。
- ❑ IE0 和 IE1、IT0 和 IT1：用于管理外部中断，将在第 8 章中断系统的有关章节介绍。

5.3　定时器/计数器的工作方式

MCS-51 系列单片机定时器/计数器 T0 有方式 0、方式 1、方式 2 和方式 3 共 4 种工作方式，定时器/计数器 T1 与 T0 工作原理相同，但不能工作在方式 3，设置为方式 3，T1 停止工作。下面以 T0 为例进行分析。

1. 工作方式0

在工作方式 0，T0 由 TH0 中的 8 位和 TL0 低 5 位组成 13 位定时器/计数器，TL0 的高 3 位不用，如图 5-3 所示。TL0 低 5 位计数满溢出时不向 TL0 的第 6 位进位，而是向 TH0 进位，全部 13 位计数器满溢出时，13 位计数器全为 0，溢出标志 TF0 置 1，向 CPU 发出中断请求。

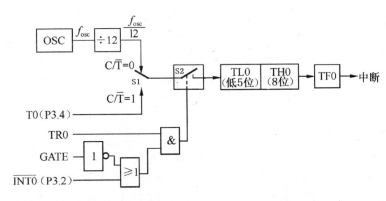

图 5-3　定时器/计数器 T0 工作方式 0

当 C/$\overline{\text{T}}$ =0 时，图中电子开关 S1 接通内部振荡器 12 分频后的内部时钟脉冲信号，此时计数器对机器周期计数，T0 工作于定时模式。当 C/$\overline{\text{T}}$ =1 时，图中电子开关 S1 接通外部引脚 $\overline{\text{INT0}}$，计数器对外部脉冲计数，T0 工作于计数模式。

图中电子开关 S2 控制计数器的启动或停止。当与门输出高电平时，开关闭合，计数脉冲送到计数器的输入端，启动计数。当与门输出低电平时，开关断开，计数器的输入端无计数脉冲，计数停止。

当 GATE=0 时，经反相器后封锁或门，或门输出始终为 1，$\overline{\text{INT0}}$ 引脚信号不起作用，与门的输出取决于 TR0。TR0=1 时，接通开关 S2，T0 立即开始计数；TR0=0，开关 S2 断开，T0 停止计数。例如，指令 SETB TR0 置位 TR0，启动定时器/计数器 T0，指令 CLR TR0 使 TR0 清零，关闭定时器/计数器 T0。

当 GATE=1 时，或门的输出仅取决于 $\overline{\text{INT0}}$，与门的输出由 $\overline{\text{INT0}}$ 和 TR0 共同决定。TR0=1 时，外部中断引脚 $\overline{\text{INT0}}$ 控制定时器/计数器的启动和停止，引脚 $\overline{\text{INT0}}$ 为高电平时，启动计数，引脚 $\overline{\text{INT0}}$ 为低电平时，停止计数，这种情况常用来测量在 $\overline{\text{INT0}}$ 引脚出现的正脉冲的宽度。TR0=0，T0 始终停止计数。

在工作方式 0，定时器/计数器的高 8 位和低 5 位构成的 13 位计数器的初值计算很麻烦，易出错，这种方式是为了与早期的产品兼容，在实际中应用很少，常由 16 位计数器的工作方式 1 取代。

2. 工作方式1

工作方式 1 与工作方式 0 工作情况基本相同，唯一不同的是工作方式 1 下 T0 由 8 位 TH0 和 8 位 TL0 组成 16 位定时器/计数器，如图 5-4 所示。TL0 用于存放计数初值的低 8 位，计数满到最大值 FFH 时，再来一个脉冲 TL0 溢出清零，并向 TH0 进位，TH0 存放计数初值的高 8 位，全部 16 位计数器溢出时，计数器清 0，溢出标志 TF0 置 1，向 CPU 发出溢出中断请求。

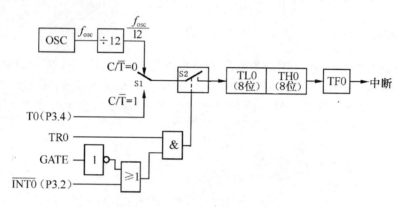

图 5-4　定时器/计数器 T0 工作方式 1

3. 工作方式2

在工作方式 2，T0 工作于初值可以自动重新装载的 8 位定时器/计数器，如图 5-5 所示，其中，TL0 作为 8 位加 1 计数器，TH0 作为 TL0 的 8 位初值预置寄存器，并始终保持为初值常值。当 TL0 计数溢出时，溢出标志 TF0 置位向 CPU 发出中断请求的同时，将 TH0 中初值自动重新装入 TL0，TL0 从装载的初值重新计数，TH0 不变。TH0 中的初值允许与 TL0 不同。工作方式 2 适合于循环定时或重复计数的场合，也可以作串行数据通信的波特率发生器。作串行口波特率发生器时，串行口工作在方式 1 和 3 时，其波特率与定时器的溢出率有关，它们之间的关系见第 6 章。

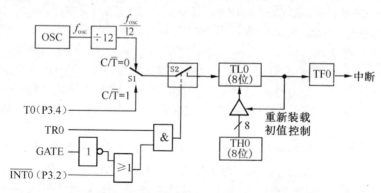

图 5-5　定时器/计数器 T0 工作方式 2

在方式 0、方式 1 时，定时器/计数器的初值不能自动恢复，计满后若要恢复原来的初值，必须在程序指令中重新给 TH0、TL0 赋值。方式 2 仅用 TL0 计数，最大计数值为 $2^8=256$。

4. 工作方式3

在工作方式 3，T0 被分成两个独立的 8 位计数器 TL0 和 TH0，如图 5-6 所示。其中，TL0 作为 8 位定时器/计数器，利用了 T0 的各控制位和引脚信号（TF0、TR0、GATE、C/$\overline{T}$、$\overline{INT0}$），既可以作为计数器使用，也可以作为定时器使用，其操作情况与方式 0、方式 1 相同。TH0 只能作为 8 位定时器使用，借用 T1 的控制位 TR1 和 TF1，TR1 控制 TH0 的启、停，置位 TF1 标志 TH0 的溢出，这时 TH0 占用了 T1 的中断。

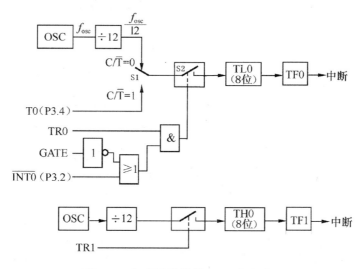

图 5-6　定时器/计数器 T0 工作方式 3

一般情况下，当 T1 用作串行通信的波特率发生器时，T0 才定义为工作方式 3，以增加一个 8 位的定时器。

T0 工作在方式 3 的情况下，T1 可以工作在方式 0、方式 1 或方式 2。此时由于 TR1 和 TF1 已被 T0 借用，T1 没有计数溢出标志可供使用，因此，T1 计数溢出直接送至串行口，用作串行口的波特率发生器。T0 工作在方式 3 时 T1 的工作逻辑结构如图 5-7 所示。作为波特率发生器使用时，初始化 TMOD 中 T1 的 C/$\overline{T}$、M1M0 后，T1 自动运行开始计数；若要停止工作，在工作方式寄存器 TMOD 中将 T1 设置为工作方式 3，T1 停止工作。因为初值可以自动重新装载，T1 在工作方式 2 下用作波特率发生器更为合适。

5.4　定时器/计数器初始化

1. 定时器/计数器最大工作范围

（1）计数范围

当计数初值为 0 时，计数到全 1（例如 16 位计数器为 0FFFFH），再来一个脉冲，计数器加 1 后回 0 产生溢出，这时计数值最大。

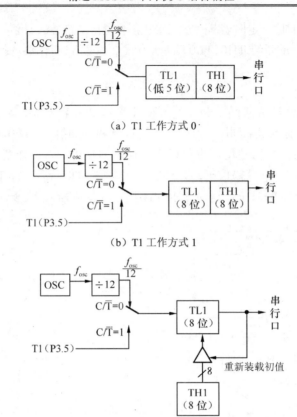

（a）T1 工作方式 0

（b）T1 工作方式 1

（c）T1 工作方式 2

图 5-7　T0 工作在方式 3 时 T1 的工作方式

工作方式 0：工作于 13 位计数器方式，最大计数值 $Count_{max}=2^{13}=8192$。

工作方式 1：工作于 16 位计数器方式，最大计数值 $Count_{max}=2^{16}=65536$。

工作方式 2 和工作方式 3：工作于 8 位计数器方式，最大计数值 $Count_{max}=2^8=256$。

（2）定时范围

当定时初值为 0 时，定时时间最大。

工作方式 0：工作于 13 位计数器方式，最大定时时间

$T_{max}=2^{13}\times T_{振荡周期}\times 12=8192\times T_{机器周期}$。

工作方式 1：工作于 16 位计数器方式，最大定时时间

$T_{max}=2^{16}\times T_{振荡周期}\times 12=65536\times T_{机器周期}$。

工作方式 2 和工作方式 3：工作于 8 位计数器方式，最大定时时间

$T_{max}=2^{8}\times T_{振荡周期}\times 12=256\times T_{机器周期}$。

若单片机主频 $f_{osc}=12\text{MHz}$，则定时器最大定时时间如下。

工作方式 0：

$T_{max}=2^{13}\times \dfrac{1}{f_{osc}}\times 12=8192\times 1\,\mu s=8.192\text{ms}$。

工作方式 1：

$T_{max}=2^{16}\times \dfrac{1}{f_{osc}}\times 12=65536\times 1\,\mu s=65.536\text{ms}$。

工作方式 2 和工作方式 3：

$$T_{max}=2^8 \times \frac{1}{f_{osc}} \times 12 = 256 \times 1\,\mu s = 0.256ms。$$

2．定时器/计数器初值计算

选择定时器/计数器的工作方式不同，计数初值也不同。

计数方式：$X = Count_{max} -$ 计数值；其中，X 为计数初值，$Count_{max}$ 为最大计数值。

定时方式：$t = (Count_{max} - X) \times T_{机器周期} = (Count_{max} - X) \times \frac{12}{f_{osc}}$；其中，t 为定时时间，$f_{osc}$ 为单片机主频。

所以，计数初值 $X = Count_{max} - \dfrac{t}{12/f_{osc}}$。

【例 5-1】　用定时器 T0 产生定时为 2ms，试分别确定工作方式 0 和工作方式 1 下 T0 初值，并计算工作方式 0 下最大定时时间 t，其晶振频率 f_{osc} 为 12MHz。

分析：工作方式 0 时，T0 为 13 位加 1 计数器。设 T0 的初值为 X，则

$$(2^{13} - X) \times \frac{1}{12 \times 10^6} \times 12 = 2 \times 10^{-3}s \Rightarrow X = 6192$$

转换为二进制数：$X = 1100000110000B$

T0 的低 5 位：10000B=10H，即 TL0=10H；T0 的高 8 位：11000001B=C1H，即 TH0=0C1H。

工作方式 1 时，T0 为 16 位加 1 计数器。设 T0 的初值为 X，则

$$(2^{16} - X) \times \frac{1}{12 \times 10^6} \times 12 = 2 \times 10^{-3}s \Rightarrow X = 63536$$

转换为二进制数：X=1111100000110000B

T0 的低 5 位：00110000B=30H，即 TL0=30H；T0 的高 8 位：11111000B=F8H，即 TH0=0F8H。

工作方式 0，T0 最大定时时间对应于 13 位计数器 T0 的各位全为 1，即 TH0=FFH，TL0=1FH。则最大定时时间为

$$t = 2^{13} \times \frac{12}{12 \times 10^6} = 8.192ms$$

3．初始化步骤

一般在使用定时器/计数器前都要对其进行初始化。所谓初始化，实际上就是确定相关寄存器的值。初始化步骤如下。

(1)确定工作方式。根据选择的工作方式设置 TMOD 中的相关位：GATE、C/$\overline{T}$、M1M0。

(2)预置定时器/计数器的计数初值。计算计数初值,并将计数初值送入 THx 和 TLx(x=0 或 1)寄存器。

(3)开放中断。若采用中断方式，需设置中断优先级寄存器 IP 中 ETx(x=0 或 1)和 EA，设置中断允许寄存器 IE 中 ETx(x=0 或 1)和 EA，开放定时器/计数器中断。

(4)启动定时器/计数器工作。置位 TCON 的 TRx(x=0 或 1)位启动定时器/计数器工作。可以采用位操作指令，如 SETB TR0。

5.5 应用举例

通过以下几个实例说明定时器/计数器的具体应用。

【例 5-2】 设单片机的振荡频率为 12MHz，用定时器/计数器 0 编程，工作方式 1，在 P1.0 引脚产生一个 50Hz 的方波。

分析：定时器的分析过程：需要产生周期信号时，选择定时方式。定时时间到了对输出端进行周期性的输出即可。周期为 50Hz 的方波要求定时器的定时时间为 10ms，每次溢出时，将 P1.0 引脚的输出取反，就可以在 P1.0 上产生所需要的方波。

定时器初值计算：

振荡频率为 12MHz，则机器周期为 1μs。设定时初值为 X，（65536–X）×1μs=10ms，则 X=55536=D8F0H

定时器的初值为 TH0=0D8H，TL0=0F0H

C 语言程序 1：中断处理方式

```
#include  <reg51.h>        //包含特殊功能寄存器库
sbit P1_0=P1^0;            //进行位定义
void main( )
{   TR0=0;
    TMOD=0x01;             //T0 做定时器，工作方式 1
    TL0=0xf0;
    TH0=0xd8;              //设置定时器的初值
    ET0=1;                 //允许 T0 中断
    EA=1;                  //允许 CPU 中断
    TR0=1;                 //启动定时器
    while(1);              //等待中断
}
void  time0_int(void)  interrupt  1
{//中断服务程序
    TL0=0xf0;
    TH0=0xd8;             //定时器重赋初值
    P1_0=~P1_0;          //P1.0 取反，输出方波
}
```

C 语言程序 2：查询方式

```
#include  <reg51.h>        //包含特殊功能寄存器库
sbit P1_0=P1^0;            //进行位定义
void main( )
{   TR0=0;
    TF0=0;                //软件清 TF0 标志
    TMOD=0x01;            //T0 做定时器，模式 1
    TL0=0xf0;
    TH0=0xd8;             //设置定时器的初值
    TR0=1;                //启动定时器
    while(1)
     {
       while(!TF0);
         TF0=0;
         TL0=0xf0;
```

```
        TH0=0xd8;              //定时器重赋初值
        P1_0=~P1_0;            //P1.0取反，输出方波
    }
}
```

【**例 5-3**】　测量 $\overline{\text{INT0}}$ 引脚正脉冲宽度。

分析：定时器/计数器 0 工作于定时模式，工作方式 1，且置位 GATE 位为 1。正脉冲如图 5-8 所示。

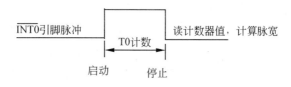

图 5-8　例 5-3 正脉冲图

C 语言程序 1：

```
#include<reg51.h>        //包含 51 单片机寄存器定义的头文件
sbit ui=P3^2;            //将 ui 位定义为 P3.0（INT0）引脚，表示输入电压
void main(void)
  {
        TMOD=0x09;       //TMOD=0000 1010B，使用定时器 T0 的模式 1，GATE 置 1
        EA=1;            //开总中断
        ET0=0;           //不使用定时器 T0 的中断
        TH0=0;           //计数器 T0 高 8 位赋初值
        TL0=0;           //计数器 T0 低 8 位赋初值
        while(ui);
        TR0=1;           //启动 T0
        while(!ui) ;     //INT0 为低电平，T0 不能启动
        TR0=0;
        while(ui) ;      //在 INT0 高电平期间，等待，计时
        P1=TH0;
        P2=TL0;
    }
```

汇编程序 2：

```
INT00: MOV TMOD,#09H
       MOV TL0,#00H
       MOV TH0,#00H
LOP1:  JB P3.2,LOP1
       SETB TR0
LOP2:  JB P3.2,LOP2
LOP3:  JB P3.2,LOP2
       CLR TR0
       MOV A,TL0
       MOV B,TH0
```

5.6　思考与练习

1. MCS-51 单片机定时器有哪几种工作方式?有何区别?

2．定时器/计数器用作定时器时，其定时时间与哪些因素有关？

3．定时器/计数器的门控信号 GATE 设置为 1 时，定时器如何启动？

4．一个定时器/计数器的定时时间有限，如何实现两个定时器的串行定时以满足较长定时时间的要求？

5．8051 单片机的定时器/计数器分别定时和计数时，其计数脉冲分别由谁提供？

6．单片机 8051 的时钟频率为 6MHz，若要求定时时间分别为 0.1ms、1ms、10ms，定时器 T0 工作在方式 0、方式 1 和方式 2 时，其定时器初值各应是多少？

7．单片机 8051 的时钟频率为 6MHz，请用 T0 和 P1.0 输出矩形波，矩形波高电平宽 50μs，低电平宽 300μs。

8．试编制一段程序，实现当 P1.2 引脚的电平上跳时，对 P1.1 的输入脉冲开始计数，当 P1.2 引脚的电平下跳时停止计数，并将计数值写入 R6、R7。

9．单片机 8051 的时钟频率为 $f_{osc}=12\text{MHz}$，试编制一段程序，实现定时器 T0 工作在方式 2，产生 200μs 定时，并用查询 T0 溢出标志的方法，控制 P1.0 输出周期为 2s 的方波。

10．单片机 8051 的时钟频率为 $f_{osc}=6\text{MHz}$，定时器/计数器 1 进行外部时间计数，每计数 1000 个脉冲后，定时器/计数器 1 转为定时工作方式，定时 10ms 后又转为计数方式，如此循环。

第6章 MCS-51单片机串行接口

随着计算机网络化和微机分级分布式应用系统的发展,通信的功能越来越重要。通信是指计算机与外界的信息传输,既包括单片机与单片机之间的传输,也包括单片机与外部设备,其中串行通信是嵌入式系统中应用最为广泛的通信方式。

本章讲述串行通信的基础知识和单片机内部的串行通信资源及其工作原理,最后结合几个应用实例说明串行通信的使用方法,通过本章的学习,能够对串行通信及其应用有全面了解。

6.1 串行通信概述

通信是指通讯主体与外界的信息交换,通信有两种常用的基本方式,即并行通信和串行通信,二者协作,发送和接收时还必须进行并/串或串/并转换。

并行通信是指构成数据的各位同时进行传送,其优点是传送速率快,缺点是所需传输线较多,通信线路的费用较高,而且在进行收发操作时还需要在通讯设备之间进行同步处理,因此一般用于需要高速数据交换的场合,比如,计算机与打印机之间的数据传送,以及单片机通过并行数据总线与其他芯片进行的数据交换,但因为并行总线抗干扰能力差,难于进行长距离传输,一般并行通信用于近距离的工作环境。

串行通信是指构成数据的各位按顺序一位一位地传送,其优点是传输线路少,通信线路的费用低,容易做成差动的信号传输方式,抗干扰能力强,适用于长距离的数据传送。由于是按位传输,所以其缺点是其传送速率较低,但随着工艺技术的发展,现在的部分串行通信标准的通信速度大幅提高,达到 G 波特率级别以上。

1. 串行通信的工作方式

串行通信是有方向性的,即互相通信的设备分为发送方和接收方,根据通信的方向性和时间特点,串行通信可以分为 3 种方式,即单工、半双工和全双工,如图 6-1 所示。

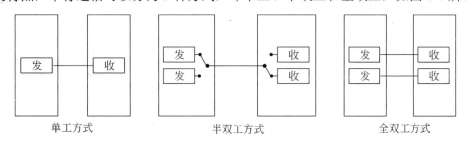

图 6-1 串行通信工作方式说明

单工方式：是一种单向通信方式，数据固定由一方发送到另一方，方向不可改变。

半双工方式：允许数据双向传送，但在某个时间段内只能单方向传送，即只能由一方发送，而由另一方接收。但发送方和接收方的角色可以转化，是一种可切换的单工通信方式。

全双工方式：是一种双向通信方式，允许数据在同一时间内进行双向传送，其通信设备具有完全独立的收发功能。

2. 同步通信和异步通信

在串行数据通信中，发送端发出的是一系列二进制脉冲，而接收端必须能够正确地识别出每个字符的起始位置及其字符内各位上的内容，即接收端必须知道每一位的开始和持续时间，所以通信双方必须有一个约定的协作方式。按数据传输时的编码格式不同，串行通信分为同步通信（Synchronous Communication）和异步通信（Asynchronous Communication）两种方式。

（1）异步通信方式

在异步通信中，数据是不连续传送的。数据或字符是以帧为单位进行传送的，各字符可以是连续传送，也可以是间断传送。每一个串行帧数据由 4 部分组成：起始位、数据位、校验位和停止位。

如图 6-2 所示，起始位占用一位，用低电平表示。数据位长度为 8 位，并且低位在前，高位在后。奇偶校验位占一位，为了确保传送的数据准确无误，在串行通信中，常在传送过程中进行相应的检测，奇偶校验是常用的检测方法。在发送数据时，把数据及校验位同时传送，接收到数据后，也对数据进行一次奇偶校验。如果校验的结果相符，就认为接收到的数据是正确的。反之，则收到的数据是错误的，该位可以省略。最后一位是停止位，表示一个被传送字符传送的结束，而且必须是高电平。接收端不断检测传输线的状态，若在检测到连续高电平后，下一位测到一个低电平，意味着收到了一个起始位置，标识发送端即将发送出一个新字符，应准备接收。由此可见，字符的起始位有同步的作用，保证后续的字符接收能正确进行。

（2）同步通信以特定的同步位标识数据传输的开始，如图 6-3 所示，通常为 1 到 2 个字符，一旦检测到同步位，双方就按照一定的同步时钟开始数据传输。数据的传输是连续的，一般以数据块为单位进行，数据与数据之间没有间隔空隙，直到数据传输完毕才停止。需要注意的是，一旦传输开始，如果发送端发现待发送的数据没有准备好，会使用同步字符临时填充，直到待发送数据准备好才继续发送数据。

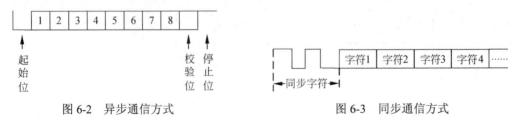

图 6-2　异步通信方式　　　　　　　　　　　图 6-3　同步通信方式

3. 串行通信的传输速度

波特率是串行通信的重要指标，用于表示数据传输的速度，波特率定义为每秒钟传送的二进制位的比特数，单位记作"秒/位"，或"波特"。波特率和系统的时钟频率有关，串行口的工作频率通常为时钟频率的 12 分频、16 分频或者 64 分频。国际上规定了一些标准波特率，其常见的有 110、600、1 200、1 800、2 400、4 800、9 600、19 200、38 400、57 600 和 115 200 等。

6.2 串行口功能结构

串行口电路也称为通用异步收发器（UART），其帧格式可有 8 位、10 位和 11 位。MCS-51 单片机的内部有一个可编程全双工串行通信接口，该接口不仅可以同时进行数据的接收和发送，也可以用做同步移位寄存器。从原理上说，一个 UART 应包括发送器电路、接收器电路和控制电路。80C51 的串行口通过引脚 RXD（P3.0，串行口数据接收端）和引脚 TXD（P3.1，串行口数据发送端）与外部设备进行串行通信。

如图 6-4 所示为 80C51 单片机内部串行口结构示意图，其中共有两个串行口缓冲寄存器（SBUF），一个是发送寄存器，一个是接收寄存器，两者共用一个地址 99H，以便 80C51 能以全双工方式进行通信。

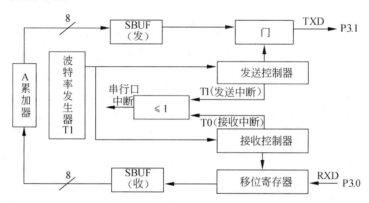

图 6-4 51 单片机内部串行口结构示意图

串行发送时，从片内总线向发送 SBUF 写入数据，串行数据通过引脚 TXD（P3.1）发出，为了保持最大的传输速率，一般不需要双缓冲，而且，因为发送时 CPU 是主动的，不会产生写重叠的问题。串行接收时，从接收 SBUF 向片内总线读出数据。串行数据通过引脚 RXD（P3.0）进入，由于在接收寄存器之前还有移位寄存器，从而构成了串行接收的双缓冲结构，以避免在接收下一帧数据之前，CPU 未能及时响应接收寄存器的中断，为将上一帧数据读走，而导致两帧数据重叠的问题。

串行接口控制寄存器是可编程的，对它初始化编程只需将两个控制字分别写入直接相关的串行接口控制寄存器 SCON 和电源控制寄存器 PCON 即可。

6.2.1 串行口控制寄存器 SCON

SCON 用于设定串行接口工作方式、接收发送控制及设置状态标志，其空间地址为 98H，可以按位寻址，位地址范围为 98H～9FH。SCON 的各位定义及地址如表 6-1 所示。

表 6-1　SCON定义及地址

SCON	位地址	9FH	9EH	9DH	9CH	9BH	9AH	99H	98H
98H	位符号	SM0	SM1	SM2	REN	TB8	RB8	TI	RI

SCON 中的各位含义如下：

❑ SM0、SM1：串行接口的工作方式选择位，其功能及编码如表 6-2 所示。

表 6-2　SM0/SM1 功能及说明

SM0	SM1	方式	说　　明	波　特　率
0	0	0	移位寄存器	$F_{osc}/12$
0	1	1	10 位 UART	可变
1	0	2	11 位 UART	$F_{osc}/64$ 或 $F_{osc}/32$
1	1	3	11 位 UART	可变

❑ SM2：为多机通信控制位。

在方式 0 中，SM2 必须为 0。

在方式 1 中，如果 SM2=1，则只有收到有效的停止位时才会激活 RI，若没有接收到有效的停止位，则 RI 被清 0。

在方式 2 或方式 3 中，如果 SM2=1，则允许多机通讯，接收到的第 9 位数据（D8）为 0 时不激活接收中断，接收到的数据丢失，只有当收到的第 9 位数据为 1 时才激活 RI，向 CPU 申请中断。如果 SM2=0，则不论收到的第 9 位数据为 1 还是为 0，都会将接收的数据装入 SBUF 中。

❑ REN：允许接收位，需要用软件置 1 或清 0，当 REN=0 时，禁止接收数据，当 REN=1 时，允许接收数据。

❑ TB8：发送数据的第 9 位。在方式 2 和方式 3 中，由软件置位或复位，可做奇偶校验位。在多机通信中，可作为区别地址帧或数据帧的标识位，一般来说地址帧时 TB8 为 1，数据帧时 TB8 为 0。

❑ RB8：接收数据位。在方式 2 和方式 3 时为接收到的第 9 位数据，在方式 1 时，如果 SM2=0，RB8 接收到的是停止位，在方式 0 时，不使用 RB8。RB8 和 SM2、TB8 一起，常用于通信控制。

❑ TI：发送中断标志。在方式 0 中，第 8 位发送结束时由硬件置位。在其他方式的发送停止位前，由硬件置位。因此，TI 置位意味着一帧信息发送结束，同时也是申请中断。可以用中断的方式来发送一个数据，在中断资源不允许或程序需要时，也可以用软件查询该位的方法获得数据已发送完毕的信息。TI 位必须用软件清 0。

❑ RI：接收中断标志位。在方式 0 时，接收完第 8 位数据后，该位由硬件置位，在其他方式下，在接收到停止位之前，该位由硬件置位。因此，RI=1 表示帧接收结束，其状态既可供软件查询使用，也可请求中断，同 TI 一样，RI 由软件清 0。

6.2.2　特殊功能寄存器 PCON

PCON 不可位寻址，字节地址为 87H，它主要是为 CHMOS 型 8051 单片机的电源控制而设置的专用寄存器。在 HMOS 型 8051 单片机中，PCON 除了最高位以外，其他位都是虚设的，其格式如表 6-3 所示。

表 6-3　PCON定义及地址

PCON	D7	D6	D5	D4	D3	D2	D1	D0	位序号
87H	SMOD	-	-	-	GF1	GF0	PD	IDL	位符号

PCON 寄存器中与串行通信有关的只有 SMOD 位，SMOD 为波特率选择位：在方式 1、2、3 时，串行通信的波特率与 SMOD 有关，当 SMOD=1 时，串行通信波特率乘 2，当 SMOD=0 时，串行通信波特率不变。

6.3　串行口工作方式

根据串行通信数据格式和波特率的不同，51 单片机的串行口有 4 种工作方式，即方式 0、方式 1、方式 2 和方式 3，通过设置 SCON 寄存器的 SM0 和 SM1 来选择，其说明和波特率如表 6-2 所示，下面将对这四种工作方式做详细介绍。

6.3.1　方式 0

方式 0 是同步移位寄存器输入/输出方式，常用做串行 I/O 扩展，同步发送或接收，串行数据由 TXD 提供移位脉冲，RXD 用做数据输入/输出通道，以 8 位数据为一帧进行传输，不设起始位和停止位，先发送或接收最低位，其一帧数据格式如下。

······ | D0 | D1 | D2 | D3 | D4 | D5 | D6 | D7 | ······

当数据被写入 SBUF 寄存器后，发送操作开始启动。TXD 输出移位脉冲，每个机器周期 TXD 发送一个，每发送一个移位脉冲，RXD 冲同步串行发送一位 SBUF 中的数据。发送完全部 8 位数据后自动置位 T1，并请求中断。

当 RI=0 时，在置位 REN 后，启动一帧数据的接收，由 TXD 输出移位脉冲，由 RXD 接收串行数据到 SBUF 中。每个机器周期 TXD 发送一个移位脉冲，同时 RXD 接收一位数据，接收整帧数据结束后自动置位 RI，并请求中断。在继续接收下一帧之前，要将收到的数据及时读走。

工作方式 0 时，移位操作的波特率是一定的，如图 6-5 所示。波特率固定为单片机晶振频率的1/12，也就是说，如果晶振频率以 f_{osc} 表示，则移位操作的波特率为 $f_{osc}/12$。按此波特率，即一个机器周期进行一次移位操作。例如，$f_{osc}=12\text{MHz}$，则波特率为 1M(b/s)，即 1μs 移位一次。

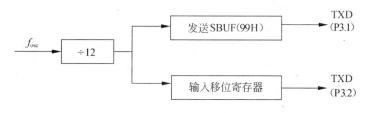

图 6-5　工作方式 0 波特率产生电路

6.3.2 方式 1

串行口的工作模式 1 是波特率可变的串行异步通信方式，是最常见的用于串行发送或接收的工作方式。在接收模式时，停止位被存入 SCON 的 RB8，此方式的传送波特串可调。工作方式 1 以 10 位数据为一帧进行传输，设有 1 个起始位（低电平）、8 个数据位、1 个停止位（高电平），其一帧数据格式如下。

起始	D0	D1	D2	D3	D4	D5	D6	D7	停止

工作方式 1 的波特率是可变的，其波特率产生电路如图 6-6 所示。方式 1 使用定时器 T1 为波特率发生器，其值由定时器 1 的计数溢出率来决定，其公式为：

$$波特率 = \frac{2^{SMOD}}{32} \times 定时器T1溢出率$$

其中，T1 溢出率为定时时间的倒数，即

$$定时器T1溢出率 = \frac{1}{(2^M - X) \times \dfrac{12}{f_{osc}}} = \frac{f_{osc}}{(2^M - X) \times 12}$$

上式中，X 为计数初值，M 由定时器 T1 的工作方式所决定。因为它具有自动加载功能，当定时器 1 作波特率发生器使用时，一般选用工作方式 2。因此，对于定时器 T1 的工作方式 2，定时器 T1 的溢出率可简化为：

$$定时器T1溢出率 = \frac{f_{osc}}{(256 - X) \times 12}$$

此时，波特率为：

$$波特率 = \frac{2^{SMOD}}{32} \times \frac{f_{osc}}{(256 - X) \times 12} = \frac{2^{SMOD} \times f_{osc}}{384 \times (256 - X)}$$

因此，计数初值 X 为：

$$X = 256 - \frac{2^{SMOD} \times f_{osc}}{384 \times 波特率}$$

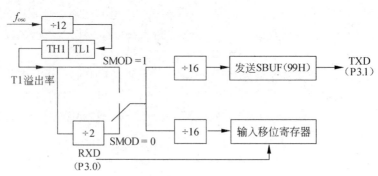

图 6-6   工作方式 1 的波特率产生电路

6.3.3 方式 2

工作方式 2 以 11 位为一帧的串行通信方式，设有 1 个起始位（0）、9 个数据位、1

个停止位（1），其一帧数据格式如下。

| 起始 | D0 | D1 | D2 | D3 | D4 | D5 | D6 | D7 | D8 | 停止 |

发送前，先由软件设置 TB8，然后将要发送的数据写入 SBUF，启动发送过程。串行口自动把 TR8 取出，并装入到第 9 位数据的位置，再逐一发送出去。发送完毕，置位 TI。接收数据时，使能 SCON 中的 REN，允许接收。当检测到 RXD(P3.0)引脚有高电平到低电平的跳变时，开始接收 9 位数据，并送入移位寄存器（9 位）。当满足 RI＝0 且 SM 2＝0 或接收到的第 9 位为 1 时，将前 8 位数据送入 SBUF，将第 9 位数据送入 SCON 中的 RB8，同时置 RI；否则，说明接收数据无效，也不置位 RI。

工作方式 2 的波特率是固定的，且只有两种，如图 6-7 所示。

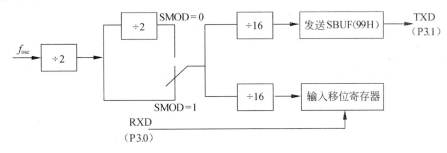

图 6-7　工作方式 2 的波特率产生电路

从图 6-7 可以看出，工作方式 2 的波特率与 PCON 寄存器中 SMOD 位的值有关，当 SMOD=0 时，波特率为 f_{osc} 的 1/64；当 SMOD=1 时，波特率等于 f_{osc} 的 1/32。

6.3.4　方式 3

与工作方式 2 完全相同，工作方式 3 是 11 位为一帧的串行通信方式，所不同的是波特率的设置。工作方式 2 的波特率只有固定的两种，而工作方式 3 的波特率则可由程序根据需要设定，其设定方法与工作方式 1 相同，此处不再赘述。

6.4　串行口应用实例

从前面的介绍可以看出，单片机的串行口有多种工作方式，而且每种工作方式都有自己鲜明的特点，有的波特率固定，有的波特率可调，数据帧的格式也有差别，这些特点决定了这些工作方式具有各自的应用场合。下面通过三个例程介绍串行口的工作方式及其特点，例程中的部分代码做了简化，读者需要理解为什么在下面的应用背景中选择这样的串行口工作方式。

6.4.1　扩展矩阵键盘接口电路

MCS-51 串行接口的方式 0 工作于同步移位寄存器模式，主要用于 I/O 扩展用途，下面通过实例介绍串口方式 0 的应用。

【例 6-1】 通过串行接口的方式 0 扩展矩阵键盘接口电路。

1．硬件设计

外接串入/并出转换的移位寄存器芯片 CD4094，如图 6-8 所示使用 CD4094 和 8051 扩展的通过串行接口实现的一种矩阵键盘接口电路。时钟频率为 $f_{osc}/12$，振荡频率为 12MHz。74LSl64 将来自 8051 串行口线 P3.0（TxD）的串行数据转换成 8 位并行数据，引脚 P3.4 和 P3.5 定义为输入线，从而可实现一个 2×8 矩阵的键盘接口。理论上讲，通过串联的方式可以扩展任意多个 8 位输出口，但在移位时钟频率一定的情况下，若输出位数增加，输出速度会变慢。

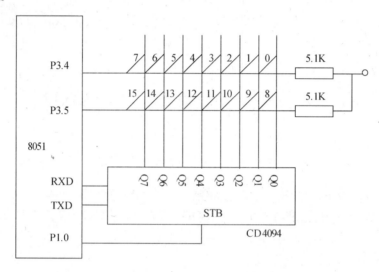

图 6-8　CD4094 实现键盘扩展

2．软件设计：键盘接口的C51驱动程序

程序由主函数 main()、读键盘函数 read_key()和延时函数 delay()组成。主函数将 51 串口初始化为工作方式 0，采用查询式输入输出，然后调用读键盘函数读入按键的编码值并存入以 keymem 为首地址的 32 个内部 RAM 单元中。读键盘函数 read_key()判断是否有键压下，有按键时进行键值分析并将按键的键值返回给主调用函数。延时函数 delay()的功能是提供一段延时时间以防止按键抖动对键值分析的影响，程序如下。

```
#include<reg51.h>
unsigned char read_key(void);
void delay(void);
main()
{
    unsigned char keymem[16],count;
count=0;
    SCON =0;              /*设置串口工作在方式 0*/
    ES=0;
    EA=0;
    while(count<32)
keymem[count++]=read_key();
```

```
}
unsigned char read_key(void)
{
    unsigned char key_code, column=0, mask=0x00;
/*从串口向 CD4094 移位输出 8 个 0*/
TI=0;
SBUF=mask;
while(TI==0);

while(1)
{
        while((P3.4&P3.5)!=0);   /*检测 P3.4 和 P3.5 的状态，确定是否有按键按下*/
        delay();                 /*检测到按键按下，延时 10ms，消除按键抖动*/
        if((P3.4&P3.5)!=0)
continue;                        /*如为按键抖动，继续检测*/
        else
            break;               /*如确实为按键被按下，继续下面的分析*/
    }
    mask=0xfe;
    whil(1)                      /*循环查询被按下的键所在列号*/
    {
        TI=0;
        SBUF=mask;
        while(TI==0);
        if((P3.4&P3.5)!=0)
        {
            mask=_crol_(mask,1);
            column++;
            if(column>=8) column=0;
            continue;
        }
        else break;
    }

    if(P3.4==0) key_code=column;
    else key_code=8+column;
    return(key_code);
}
void delay(void)
{
    unsigned int i=10;
    while(i--); /*以跳转形式延时约 10ms*/
}
```

6.4.2　串行 RS232 协议与以太网通讯协议的转换

方式 1 通常用于标准的串行通信，下面通过实例介绍串口方式 1 的应用。

【例 6-2】　利用串口方式 1 实现串行 RS232 协议与以太网通讯协议的转换。

1．硬件设计

使用 8051 外扩以太网芯片 RTL8019，实现串行 RS232 协议与以太网通讯协议的转换，如图 6-9 所示该扩展应用的示意图，晶振频率为 22.1184Mhz。程序的功能主要实现将串口接收的数据从 RTL8019 发出，同时将 RTL8019 接收的数据从串口发出，实现两个协议的转换。因为本章主要介绍串口的使用，所以程序中关于以太网芯片的功能和工作介绍略写，感兴趣的读者可以参考以太网芯片 RTL8019 的芯片资料和相关驱动程序。

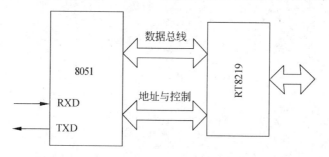

图 6-9 51 实现 RS232 及以太网协议转换示意图

2. 软件设计

主函数将 51 的串口初始化为工作方式 1，将 RTL8019 芯片初始化后，主程序进入循环结构，重复监听以太网的工作状态，进行 Arp、Udp 及 Ping 相关的操作。同时串口工作在中断模式，根据中断标志位完成接收和发送操作，程序如下。

```
#include<reg51.h>
#include<......>      /*其他头文件略*/

main()
{

/*变量定义略*/
......
......
//RTL8019 芯片初始化
My_Ip_Address.dwords = IP_SETTING;                /*IP 地址定义*/
Gateway_Ip_Address.dwords = GATEWAY_SETTING;      /*网关设定*/
Mask_Ip_Address.dwords=IP_MARK_SETTING;           /*掩码设定*/

Serial_Init();          //串口初始化，在 global.c 中定义
Interrupt_Init();       //中断初始化，在 global.c 中定义

while(1)
{
if(Tcp_Timeout)
Process_Tcp_Timeout(); //处理 TCP 超时，Tcp_Timeout 标志在中断中置位
Gateway_Arp_Request(); //对网关的 IP 进行解析
......
for(i=0;i<5;i++)
{
if(Rec_NewPacket())                                 //检查是否有新的数据包收到
{
if(RxdNetBuff.EtherFrame.NextProtocal==0x0806) //表示收到 arp 请求包
{
if(RxdNetBuff.ArpFrame.Operation==0x0001)           //表示收到 ARP 请求报文
{
Arp_Answer();                                       //对 ARP 请求报文进行回答
```

```
}
else if( RxdNetBuff.ArpFrame.Operation==0x0002)          //收到 ARP 回答报文
{
Arp_Process();                                           //对 ARP 回答报文进行处理
}
}
else if(RxdNetBuff.EtherFrame.NextProtocal==0x0800)      //表示收到 IP 数据报
if((RxdNetBuff.IpFrame.VerandIphLen&0xf0)==0x40)         //表示收到 IPv4 数据
if(VerifyIpHeadCrc())                                    //IP 首部校验和正确
{
switch(RxdNetBuff.IpFrame.NextProtocal)
{
case 1://表示收到的 IP 数据报为 ICMP 查询报文
if(RxdNetBuff.IcmpFrame.type==8)                         //表示收到 ping 包
{
Ping_Answer();//PING 回答
}
break;
case 6: //表示收到 TCP 报文
Process_Tcp(); break;
case 0x11:表示收到 UDP 报文
Process_Udp(); break;
default:;
}
}
}
}
}
}
}

void Serial_Init()
{
tmod = tmod & 0x0f;
tmod = tmod | 0x20;                     /*设置波特率*/
th1  = 0xfa;
//th1 = 0xfd;
tr1  = 1;
pcon = pcon | 0x00;
sm0 = 0;
sm1 = 1;                                /*运行在工作方式 1*/
sm2 = 0;
tr1 = 1;
ren = 1;                                /*允许接收*/
ti  = 1;
}
void Interrupt_Init(void)               /*初始化中断*/
{
//定时器 0 允许中断
et0 = 1;
ea = 1;
et1 = 0;        //禁止定时器 1 中断
ps = 1;         //设置串行口高优先级
es = 1;
ea = 1;                         /*允许串口中断, 回调 void serial(void) interrupt 4
```

```
}
void serial(void) interrupt 4
{
    unsigned char temp;
    if(ti)
    {   //串口发送中断处理
        ti=0;
          if(ComTxdRead!=ComTxdWrite)              /*发送缓冲区有数据，继续发送数据*/
          {
              ResetFlag=0;
              sbuf=ComTxdBuf[ComTxdRead];
                  ComTxdRead++;
              if(ComTxdRead==COM_TXD_BUFF_SIZE)
              ComTxdRead=0;
              ComTxdBufempty=0;
              }
          else ComTxdBufempty=1;
    }

    if (ri)
    {                                              /*串口接收中断处理*/
        ri=0;
        temp=sbuf;
          ComRxdBuf[ComRxdWrite]=temp;
          ComRxdWrite++;
          if(ComRxdWrite==COM_TXD_BUFF_SIZE)       /*接收缓冲区已满*/
          ComRxdWrite=0;
          ResetFlag=0;                             /*看门狗清 0*/
    }
}
```

6.4.3　主从结构的单片机通信系统收发程序的设计

前面介绍过，方式 2 和 3 是 9 位 UART 方式，第 9 位可以用作校验位或地址位。在实现同型号单片机之间的常见速率的串口通讯时，因为方式 2 和方式 3 除了波特率发生器不同，发送接收部分的结构、过程完全相同，所以如果振荡频率相同，选择方式 2 可以用相同的配置更简单地实现串口通讯，而且可以节省计数器资源。

在实际应用中，这两种方式与方式 0 和方式 1 使用主要的区别集中在第 9 位的操作上。如果作为校验位，那么在准备发送数据时，先计算发送数据的校验位，填入 TB8 中，然后，将待发数据写入 SBUF，启动发送过程。接收时，要先计算接收到的 8 位数据的校验位，然后与 RB8 中的第 9 位比较是否相同，如果相同，则认为接收的数据正确，将 8 位数据保存在接收缓冲区中，否则可以根据需要，由程序控制向主程序报告错误或将数据舍弃。下面通过实例介绍串行口方式 2 和 3 的应用。

【例 6-3】　主从结构的单片机通信系统收发程序的设计。

下面的例子分别运行于两个单片机中，主机先向从机发送一帧信息，从机接收主机发来的地址，并与本机的地址相比较，若不相同则仍保持 SM2＝1 不变并将其抛弃。若标志位相同，则使 SM2＝0，准备接收主机发来的数据信息。通信双方的晶振均为 11.0592MHz，程序如下。

```
#include<reg51.h>
……
unsigned char rbuffer;
int index;
main()
{
    index=0xf5;                  /*待发数据内容*/
    SCON=0xc0;                   /*工作方式 3*/
    TMOD=0x20;
    TH1=0xfd;                    /*设置波特率为 9600*/
    TR1=1;
    ET1=0;
    ES=1;
    EA=1;
    TB8=1;
    SBUF=index;                  /*写入 SBUF，启动发送*/
}
void send(void) interrupt 4     /*发送中断响应函数*/
{
    TI=0;
    TB8=0;                       /*设置数据帧标志*/
}
void receive(void) interrupt 4
{
    RI=0;
    if(RB8==1)                   /*如果标志位正确，设置 SM2 并接收数据*/
    {
        if(SBUF==0xf5) SM2=0;
        return;
    }
    rbuffer=SBUF;
    SM2=1;                       /*设置 SM2，准备下一次通信*/
}
```

6.5　思考与练习

1．并行通信与串行通信各有什么特点？分别适用于什么样的应用场合？

2．在串行数据通信中，同步通信和异步通信的数据格式是怎样的？两种通信方式的主要优缺点是什么？

3．假定串行口串行发送的字符格式为 1 个起始位，8 个数据位，1 个奇校验位，1 个停止位，请画出传送字符“A”的帧格式。

4．单片机的串行口由哪些基本功能部件组成？

5．MCS-51 单片机的串行口有几种工作方式？如何设定？说明每种工作方式的特点。

6．何谓波特率？综述 MC-51 单片机有哪些功能部件可作为波特率发生器？

7．串行口控制寄存器 SCON 中的 SM2、TB8、RB8 的作用是什么？

8．串行口四种工作方式的波特率如何确定？为什么定时器/计数器 T1 用做串行口波特率发生器时，常采用方式 2？

9．判断下列说法是否正确。

a．串行口通讯的第 9 位数据位的功能可由用户定义。

b．发送数据的第 9 位数据位的内容在 SCON 寄存器的 TB8 位中预先准备好的。

c．串行通讯发送时，指令把 TB8 位的状态送入发送 SBUF 中。

d．串行通讯接收到的第 9 位数据送到 SCON 寄存器的 RB8 中保存。

e．串行口方式 1 的波特率是可变的，通过定时器/计数器 T1 的溢出率设定。

10．若晶体振荡器为 11.0592MHz，串行口工作于方式 1，波特率为 4800b/s，写出用 T1 作为波特率发生器的方式控制字和计数初值。

11．已知定时器 T1 工作在方式 2，系统时钟频率为 24MHz，用 T1 作波特率发生器时，求可能产生的最高和最低的波特率是多少。

12．若 8051 的串行口工作在方式 3，系统晶振频率为 11.0592MHz，采用 T1 的工作方式 2 作为波特率发生器，已知波特率为 9600 波特，求 T1 的初值。

第7章　单片机中断系统

"中断"顾名思义，就是某一工作进程中暂停，而去处理一些与当前工作无关或间接有关的事件，待处理后，继续执行原工作进程。在某些场合下，人们往往利用中断来提高效率；而在另外一些场合，中断并不是人为产生，而是客观需要。在计算机运行过程中，CPU 与外设交换信息时，存在一个快速的 CPU 与慢速的外设之间的矛盾。为解决这个问题，采用中断技术，以提高其效率或对一些紧急事件具有实时处理能力，从而扩大了计算机的应用范围。

7.1　中断系统概述

由于某个事件的发生，CPU 暂停当前正在执行的程序，转而执行处理该事件的一个程序，该程序执行完成后，CPU 继续执行被暂停的程序，这个过程称为中断（Interrupt）。中断是硬件和软件驱动事件。为实现中断功能而配置的硬件和编写的软件统称为中断系统。中断示意图如图 7-1 所示。

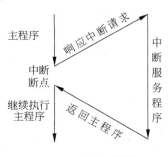

图 7-1　中断示意图

引起中断的那些事件称为中断事件或中断源。中断源可分为外设中断和指令中断。

外设中断：是指可以发中断请求信号的外设或过程，也称为硬中断，如打印机驱动器、故障源和 A/D 转换器等。

指令中断：是指为了方便用户使用系统资源或调试软件而设置的中断指令，也称为软中断。

中断源按照是否可以被软件（指令）屏蔽，又分为可屏蔽中断和不可屏蔽中断。

MCS-51 系列单片机具有 5 个中断源：以 $\overline{\text{INT0}}$（P3.2）、$\overline{\text{INT1}}$（P3.3）引脚输入的 2 个外设中断源，定时/计数器溢出中断源 T0（P3.4）、T1（P3.5）和串行口的发送/接收 3 个指令中断源。

（1）外部中断源

以 $\overline{\text{INT0}}$（P3.2）、$\overline{\text{INT1}}$（P3.3）引脚输入的 2 个外设中断源和它们的触发方式控制

位锁存在特殊寄存器 TCON 的低 4 位，字节地址 88H，位地址 8FH~88H，与中断请求相关位如表 7-1 所示。

表 7-1　TCON 与中断申请相关位

TCON	位地址	8FH		8DH		8BH	8AH	89H	88H
88H	位名称	TF1		TF0		IE1	IT1	IE0	IT0

- □ IT0（TCON.0），外部中断 0（$\overline{INT0}$）触发方式控制位。当 IT0=0 时，为电平触发方式；当 IT0=1 时，为边沿触发方式（下降沿有效）；
- □ IE0（TCON.1），外部中断 0（$\overline{INT0}$）中断请求标志位；
- □ IT1（TCON.2），外部中断 1（$\overline{INT1}$）触发方式控制位；
- □ IE1（TCON.3），外部中断 1（$\overline{INT1}$）中断请求标志位。

（2）指令中断源

定时/计数器溢出中断源 T0（P3.4）、T1（P3.5）和它们的触发方式控制位锁存在特殊标志位 TCON：

- □ TF0（TCON.5），定时/计数器 T0 溢出中断请求标志位；
- □ TF1（TCON.7），定时/计数器 T1 溢出中断请求标志位。

串行口的发送/接收中断标志锁存在串行中断请求控制寄存器 SCON 的低两位。串行中断请求由 TI、RI 的逻辑"或"得到，即不论是发送标志还是接收标志，都将发生串行中断请求。字节地址 98H，位地址 9FH~98H，与中断请求相关位如表 7-2 所示。

表 7-2　SCON 与中断申请相关位

SCON	位地址							99H	98H
98H	位名称							TI	RI

- □ RI（SCON.0），串行口接收中断请求标志位。当允许串行口接收数据时，每接收完一个串行帧，由硬件置位 RI，响应后必须由用户软件清 0。
- □ TI（SCON.1），串行口发送中断请求标志位 。当 CPU 将一个发送数据写入串行口发送缓冲器时，就启动了发送过程。每发送完一个串行帧，由硬件置位 TI，响应后必须由用户软件清 0。

RI、TI 的中断入口都是 0023H，所以 CPU 响应后转入 0023H 开始执行服务程序，首先必须判断是 RI 中断还是 TI 中断，然后进行响应服务。在返回主程序之前必须用软件将 RI 或 TI 清除，否则会出现一次请求多次响应的错误。

中断技术具有以下优点。

（1）实时处理功能

在实时控制过程中，现场可能出现许多随机的参数和信息，这些外界变量可随时向 CPU 发出中断申请，请求 CPU 及时处理中断请求。如果中断条件满足，CPU 马上对变化的现场信息进行响应，进行相应的处理，从而实现实时处理。

（2）故障处理功能

针对难以预料的情况或故障（如掉电、存储出错、运算溢出等），可通过中断系统由故障源向 CPU 发出中断请求，再由 CPU 转到相应的故障处理程序进行处理，从而不必进行人工干预或停机，提高了系统的稳定性和可靠性。

（3）实现分时操作

中断可以解决快速的 CPU 与慢速的外设之间的矛盾，使 CPU 和外设同时工作。CPU 在启动外设工作后继续执行主程序，同时外设也在工作。每当外设做完一件事就发出中断申请，请求 CPU 中断它正在执行的程序，转去执行中断服务程序（一般情况是处理输入/输出数据），中断处理完之后，CPU 恢复执行主程序，外设也继续工作。这样，CPU 可启动多个外设同时工作，大大地提高了 CPU 的效率。

中断过程是在硬件基础上，再配以相应的软件来实现的，对于不同的计算机，其硬件结构和软件指令不完全相同，因此，其中断系统也不相同。MCS-51 中断系统结构示意图如图 7-2 所示。

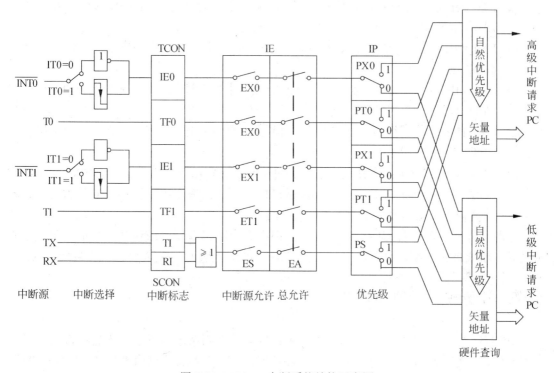

图 7-2　MCS-51 中断系统结构示意图

7.2　中　断　控　制

单片机通过四个特殊功能寄存器实施中断控制：定时/计数器及外部中断控制寄存器 TCON、串口控制寄存器 SCON、中断允许寄存器 IE、中断优先级寄存器 IP。

定时/计数器及外部中断控制寄存器 TCON 和串口控制寄存器 SCON 已经在上一节进行了介绍，下面介绍中断允许寄存器 IE 和中断优先级寄存器 IP。

7.2.1　中断允许寄存器 IE

MCS51 单片机中断分二级允许控制。以 EA 位作为总控，以各中断源的允许位作为分控。中断允许控制由 SFR 寄存器 IE 设置，控制单片机是否接受中断申请，以及接受哪一种中断申请。其字节地址 A8H，位地址 AFH～A8H，与中断允许相关的各位如表 7-3 所示。

表 7-3　IE 与中断申请相关各位

IE	位地址	AFH			ACH	ABH	AAH	A9H	A8H
A8H	位名称	EA			ES	ET1	EX1	ET0	EX0

IE 中的各位功能如下。

❑ EX0（IE.0），外部中断 0 允许位。EX0=0，禁止外部中断 0 中断；EX0=1，允许外部中断 0 中断。

❑ ET0（IE.1），定时/计数器 0（T0）的溢出中断允许位。ET0=0，禁止 T0 中断；ET0=1，允许 T0 中断。

❑ EX1（IE.2），外部中断 1 允许位。EX1=0，禁止外部中断 1 中断；EX1=1，允许外部中断 1 中断。

❑ ET1（IE.3），定时/计数器 1（T1）的溢出中断允许位。ET1=0，禁止 T1 中断；ET1=1，允许 T1 中断。

❑ ES（IE.4），串行口中断允许位。ES=0，允许串行口中断；ES=1，禁止串行口中断。

❑ EA（IE.7），CPU 中断允许（总允许）位。EA=0，CPU 禁止所有中断，即 CPU 屏蔽所有的中断请求；EA=1，CPU 开放中断。但每个中断源的中断请求时允许还是被禁止，还需要由各自的允许位确定。

中断允许寄存器中各相应位的状态，可根据要求用指令置位或清 0，从而实现该中断源允许中断或禁止中断，单片机复位后，（IE）=00H，因此，整个中断系统为禁止状态。

7.2.2　中断优先级寄存器 IP

MCS-51 中断系统提供两个中断优先级，每一个中断请求源都可以设置为高优先级中断源或低优先级中断源，以便实现二级中断嵌套。中断优先级控制由 SFR 寄存器 IP 设置，相应位置"1"，为高优先级。相应位置"0"，为低优先级。中断优先级寄存器 IP，字节地址 B8H，位地址 BFH～B8H，与中断允许相关的各位如表 7-4 所示。

表 7-4　IP 与中断申请相关各位

IP	位地址				BCH	BBH	BAH	B9H	B8H
B8H	位名称				PS	PT1	PX1	PT0	PX0

IP 中的各位功能如下。

❑ PX0（IP.0），外部中断 0 中断优先级设定位；PX0=0，外部中断 0 定义为低优先级中断源；PX0=1，外部中断 0 定义为高优先级中断源。

❑ PT0（IP.1），定时/计数器 T0 中断优先级设定位；PT0=0，定时/计数器 T0 定义为低优先级中断源；PT0=1，定时/计数器 T0 定义为高优先级中断源。

❑ PX1（IP.2），外部中断 1 中断优先级设定位；PX1=0，外部中断 1 定义为低优先级中断源；PX1=1，外部中断 1 定义为高优先级中断源。

- PT1（IP.3），定时/计数器 T1 中断优先级控制位。PT1=0，定时/计数器 T1 定义为低优先级中断源；PT1=1，定时/计数器 T1 定义为高优先级中断源。
- PS（IP.4），串行口中断优先级控制位。PS=0，串行口定义为低优先级中断源，PS=1，串行口定义为高优先级中断源。

中断优先级控制寄存器 IP 中的各个控制位都可由编程来置位或复位（用位操作指令或字节操作指令），单片机复位后 IP 中各位均为 0，各中断源均为低优先级中断源。

如果系统中有多个设备同时提出中断请求，CPU 会在收到多个外设的请求后，按不同中断的“轻重缓急”事先进行安排，对紧急中断请求进行及时处理，否则可能造成系统功能无法实现甚至系统故障，这就需要对中断进行优先级排序。中断优先级有两个——高优先级、低优先级，可通过中断优先级寄存器 IP 设置。同一优先级中的中断申请不止一个时，则存在中断优先权排队问题。同一优先级的中断优先权排队顺序，由中断系统硬件确定的自然优先级控制，其排列如表 7-5 所示。

表 7-5　中断入口地址及自然优先级

中　断　源	中断入口地址	同级自然优先级
外部中断 0 $\overline{INT0}$	0003H	最高
定时/计数器 T0	000BH	
外部中断 1 $\overline{INT1}$	0013H	
定时/计数器 T1	001BH	↓
串行口中断	0023H	最低

中断优先原则。
- CPU 同时接收到几个中断请求时，首先响应优先级别最高的中断请求；
- 正在进行的中断过程不能被新的同级或低优先级的中断请求所中断；
- 正在进行的低优先级中断过程，可以被高优先级中断请求所中断；
- 同级、同时中断时，首先响应自然优先级别高的中断请求。

为了实现上述原则，中断系统内部包含两个不可寻址的优先级状态触发器。其中一个用来指示某个高优先级的中断源正在得到服务，并阻止所有其他中断的响应；另一个触发器则指出某低优先级的中断源正得到的服务，所有同级的中断源都被阻止，但不阻止高优先级中断源。

🔔提醒：5 个中断允许位全部置“1”时，和全部清 0 效果一样，为同优先级中断，按自然优先级处理，即为 $\overline{INT0}$→T0→ $\overline{INT1}$ →T1→串行口，优先级依次从高到低。

在实际应用系统中，当 CPU 正在处理某个中断源，即正在执行中断服务程序时，会出现优先级更高的中断源申请中断。为了使级别高的中断源及时得到服务，需要暂时中断（挂起）当前正在执行的级别较低的中断服务程序，待处理完以后再返回到被中断了的中断服务程序继续执行（但级别相同或级别低的中断源不能中断级别高的中断服务），这就是中断嵌套。MCS-51 系列单片机能实现二级中断嵌套。二级中断嵌套的执行过程如图 7-3 所示。

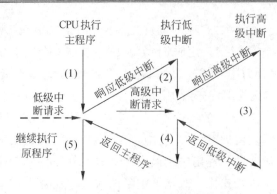

图 7-3　二级中断嵌套的执行过程

7.3　中断响应过程

一个完整的中断处理过程包含：中断请求、中断响应、中断处理、中断返回四个阶段。

（1）中断请求：中断源向处理器发出的请求信号称为中断请求。中断源将相应请求中断的标志位置 "1"，表示发出请求，并由 CPU 查询。

（2）中断响应：处理器暂停当前程序转而处理中断过程称为中断响应。在一条指令的最后一个周期按优先级顺序查询中断标志，为 "1" 并满足响应条件时转到执行相应的中断服务程序。发生中断时正在执行的程序的暂停点叫做中断断点。

CPU 响应中断的基本条件有三条：

❑ 中断源提出中断请求；

❑ 中断总允许位 EA=1，即 CPU 开中断；

❑ 申请中断的中断源的中断允许位为 1，即没有被屏蔽。

以上三条同时满足时，CPU 才有可能响应中断。MCS-51 的 CPU 在每个机器周期的 S5P2 期间，顺序采样各中断请求标志位，而在下一个机器周期对采样到的中断进行查询。如果在前一个机器周期的 S5P2 有中断标志，则在查询周期内便会查询到该中断请求，并按优先级高低进行中断处理，中断系统将控制程序转入相应的中断服务程序。下列三个条件中任何一个都能封锁 CPU 对中断的响应。

❑ CPU 正在处理同级或高级优先级的中断服务程序。

❑ 当前的机器周期不是所执行指令的最后一个机器周期。

❑ 当前正在执行的指令是 RETI 或访问 IE、IP 指令。

上述三个条件中，第二条是保证把当前指令执行完，第三条是保证如果在当前执行的是 RETI 指令或对 IE、IP 进行访问指令时，必须至少需要再执行一条其他指令后才会响应中断请求。

中断查询在每个机器周期中重复执行，所查询到的状态为前一个机器周期的 S5P2 时采样到中断标志。这里需要注意的是，如果中断标志被置位，但因上述条件之一的原因而未被响应，或上述封锁条件已撤销，但中断标志位已不存在（已不是置位状态）时，被拖延的中断就不再被响应，CPU 将丢弃中断查询的结果。也就是说，CPU 对中断标志置位，但未及时响应而转入中断服务程序的中断标志不做记忆。

　　CPU 响应中断时，先置相应的优先级激活触发器，封锁同级和低级的中断，然后根据中断源的类别，在硬件的控制下，程序转向相应的向量入口单元，执行中断服务程序。

　　响应操作：断点压栈→撤除中断标志→关闭低同级中断允许→中断入口地址送 PC。

🔔**提醒**：实际上响应中断的主要操作是由硬件自动产生一条长调用指令 LCALL。

　　（3）中断处理：根据入口地址转中断处理程序，保护现场、执行中断主体、恢复现场。

　　硬件调用中断处理程序时，把程序计数器 PC 的内容压入堆栈（但不能自动保存程序状态字 PSW 的内容），同时把被响应的中断服务程序的入口地址装入 PC 中。通常，在中断入口地址处安排一条跳转指令，以跳转到用户的服务程序入口。

　　（4）中断返回：中断处理结束之后恢复原来程序的执行称为中断返回。

　　中断返回：断点出栈→开放中断允许→返回原程序。

🔔**提醒**：中断服务程序的最后一条指令必须是中断返回指令 RETI，CPU 执行完这条指令后把响应中断时所置位的优先级激活触发器清 0，然后从堆栈中弹出两个字节内容（断点地址）装入程序计数器 PC 中，CPU 就从原来被中断处重新执行被中断的程序。

　　中断响应过程如图 7-4 所示。

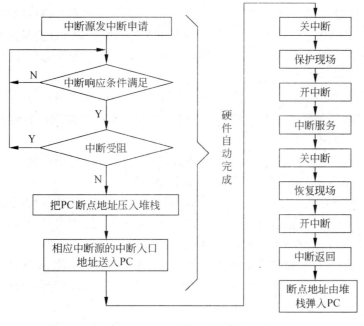

图 7-4　中断响应过程流程图

7.4　中断响应时间

　　从中断请求到中断响应需要一定的时间，以外部中断过程来说，外部中断 $\overline{\text{INT0}}$ 和 $\overline{\text{INT1}}$ 的电平在每个机器周期的 S5P2 时被采样并锁存到 IE0 和 IE1 中，这个置入到 IE0 和 IE1

的状态在下一个机器周期才被其内部的查询电路查询，如果产生了一个中断请求，而且满足响应的条件，CPU 响应中断，有硬件生成一条长调用指令转到响应的服务程序入口。这条指令是双机器周期指令。因此，从中断请求有效到执行中断服务程序的第一条指令的时间间隔至少需要 3 个完整的机器周期。

如果中断请求被前面所述的三个条件之一所封锁，将需要更长的响应时间。若一个同级的或高优先级的中断已经在进行，则延长的等待时间显然取决于正在处理的中断服务程序的长度，如果正在执行的一条指令还没有进行到最后一个周期，则所延长的等待时间不会超过 3 个机器周期。这是因为 MCS-51 指令系统中最长的指令（MUL 和 DIV）也只有 4 个机器周期，假若正在执行的是 RETI 指令或是访问 IE 或 IP 指令，则延长的等待时间不会超过 5 个机器周期（为完成正在执行的指令还需要 1 个周期，加上为完成下一条指令所需要的最长时间——4 个周期，如 MUL 和 DIV 指令）。

因此，在系统中只有一个中断源的情况下，中断响应时间总是在 3～8 个机器周期之间。

7.5　中断请求的撤销

在中断请求被响应前，中断源发出的中断请求是由 CPU 锁存在特殊功能寄存器 TCON 和 SCON 的相应中断标志位中的。一旦某个中断请求得到响应，CPU 必须及时清除 TCON、SCON 中已响应的中断请求标志。否则，MCS-51 就会因为中断标志位未能得到及时撤销而引起同一中断的重复查询和响应，这是绝对不允许的。

MCS-51 系列单片机具有 5 个中断源，可归纳为三种中断类型，分别是外部中断、定时/计数器溢出中断和串行口中断。对于这三种中断类型的中断请求，其撤销方法不同。

（1）外部中断请求的撤销

外部中断请求有两种触发方式：电平触发和负边沿触发。对于这两种不同的中断触发方式，MCS-51 撤销它们的中断请求的方法是不相同的。

对于负边沿触发方式，外部中断标志 IE0 或 IE1 是依靠 CPU 两次检测 $\overline{INT0}$ 或 $\overline{INT1}$ 上触发电平状态而置位的。因此，由于触发信号过后就消失，撤销自然也就是自动的，即响应中断时，IE0 或 IE1 自动清 0，无需用户干预。

对于电平触发方式，外部中断标志 IE0 或 IE1 是依靠 CPU 检测 $\overline{INT0}$ 或 $\overline{INT1}$ 上低电平而置位的。尽管 CPU 响应中断时相应的中断标志 IE0 或 IE1 能自动复位成"0"状态，但若外部中断源不能及时撤销它在 $\overline{INT0}$ 或 $\overline{INT1}$ 上的低电平，就会再次使已经变成"0"的中断标志 IE0 或 IE1 置位，这是绝对不能允许的。因此，电平触发型外部请求的撤销必须使 $\overline{INT0}$ 或 $\overline{INT1}$ 上低电平随着其中断被 CPU 响应而变成高电平。一种可供采用的电平型外部中断的撤销电路如图 7-5 所示。

由图 7-5 可见，当外部中断源产生中断请求时，Q 触发器复位成"0"状态，Q 端的低电平被送到 $\overline{INT0}$ 端，该低电平被 8051 检测到后就使中断标志 IE0 置 1。8051 响应 $\overline{INT0}$ 上中断请求便可转入 $\overline{INT0}$ 中断服务程序执行，故我们可以在中断服务程序开头安排如下程序来撤销 $\overline{INT0}$ 上的低电平。

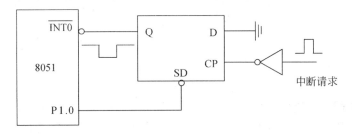

图 7-5 电平外部中断的撤销电路

汇编程序如下。

```
INSVR:  ANL   P1,   #0FEH
        ORL   P1,   #01H
              CLR   IE0
        ⋮
```

C 语言程序如下。

```
P1 &=0xFE;
P1 |=0xFE;
IE0=0x0;
```

8051 单片机执行上述程序就可在 P1.0 上产生一个宽度为 2 个机器周期的负脉冲。在该负脉冲作用下，Q 触发器被置位成"1"状态，$\overline{INT0}$ 上电平也因此而变高，从而撤销了其上的中断请求。

（2）定时器/计数器溢出中断请求的撤销

TF0 和 TF1 是定时/计数器溢出中断标志位，它们因定时/计数器溢出中断源的中断请求的输入而置位，因定时/计数器溢出中断得到响应而自动复位成"0"状态，定时/计数器溢出中断源的中断请求是自动撤销的，用户根本不必专门进行撤销。

（3）串行口中断请求的撤销

TI 和 RI 是串行口中断的标志位，中断系统更不能自动将它们撤销，这是因为 MCS-51进入串行口中断服务程序后需要对它们进行检测，以测定串行口发生了接收中断还是发送中断。为防止 CPU 再次响应这类中断，用户应在中断服务程序的适当位置处通过如下指令将它们撤销。

```
CLR   TI              ;撤销发送中断
CLR   RI              ;撤销接收中断
```

C 语言程序如下。

```
TI=0x0; //撤销发送中断
RI=0x0; //撤销接收中断
```

若采用字节型指令，则也可采用如下指令。

```
ANL   SCON,#0FCH   ;撤销发送和接收中断
```

C 语言程序如下。

```
SCON &=0xFC; //撤销发送和接收中断
```

7.6　应　用　举　例

中断系统的程序编制包括主程序和中断服务程序。中断管理和控制程序一般包含在主程序中，中断服务程序是一种具有特定功能的独立的程序段，可以根据中断源的具体要求进行服务。程序编制的关键点在于，要对程序执行过程进行精确分析，明确哪些环节应该安排在主程序中，哪些环节应该安排在中断服务程序中，再分别编制主程序和中断服务程序。

7.6.1　主程序初始化

在使用 MCS-51 单片机内部的中断系统时，需要对其初始化。所谓程序中断系统初始化，是指用户设置堆栈位置，定义触发方式（低电平触发或脉冲下降沿触发），对 IE 和 IP 赋值等。步骤如下。

（1）开中断：置位相应中断的中断允许标志及 EA；

（2）确定优先级：设定所用中断源的中断优先级；

（3）确定触发方式：对外部中断应设定中断请求信号形式（电平触发/边沿触发）。对于定时器/计数器中断应设置工作方式（定时/计数）。

【例 7-1】　外部中断 0 中断系统初始化，外部中断 0 设置为下降沿有效。

分析：采用汇编语言代码完成对外部中断 0 中断系统的初始化，外部中断 0 设置为下降沿有效。

汇编程序设计如下。

```
MOV  SP,#60H      ;5 个中断源优先级都设置为 0
MOV  IE,#81H      ;允许外部中断 0 中断请求，并开总中断
SETB ITO          ;外部中断 0 设置为下降沿有效
```

C 语言程序如下。

```
SP=0x60; //5 个中断源优先级都设置为 0
IE=0x81; //允许外部中断 0 中断请求，并开总中断
ITO=0x1; //外部中断 0 设置为下降沿有效
```

【例 7-2】　定时器 T0 中断系统初始化，定时器 T0 每 5 毫秒产生一次中断。

分析：采用 C 语言代码完成对定时器 T0 中断系统的初始化，定时器 T0 每 5 毫秒产生一次中断。程序设计如下。

```
void init()
{
TMOD = 0X01;                //设置定时器 0　工作方式 0
TH0 = (65536 - 5000) / 256;  //载入高 8 位初值
TL0 = (65536 - 5000) % 256;  //载入低 8 位初值
TR0 = 1;                     //启动定时器
EA = 1;                      //开总中断
ET0 = 1;                     //开定时器中断。若为 0 则表示关闭
}
```

7.6.2　中断服务程序设计

中断服务程序的设计主要包括以下两个步骤。

（1）选择中断服务程序的入口地址，即明确中断服务程序的起始位置；

（2）编制中断服务程序。

🔔**注意：**（1）一般要保护断点，即保护进入中断时累加器 A，进/借位标志 CY 和 SFR 的状态，并且在退出中断之前将其恢复。（2）必须在中断服务程序中设定是否允许再次中断，（即中断嵌套），由用户对 EX0（或 EX1）位置位或清 0 决定。

一般在中断服务程序中涉及关键数据的设置时应关中断，即禁止嵌套。

中断服务子程序内容要求。

（1）在中断服务入口地址设置一条跳转指令，转移到中断服务程序的实际入口处。

（2）根据需要保护现场。

（3）执行中断源请求的操作。

（4）恢复现场。与保护现场相对应，遵循先进后出、后进先出操作原则。

（5）中断返回，最后一条指令必须是 RETI。

中断服务程序与子程序的格式相近，且执行的过程大体相同。但是，中断申请往往是随机发生的，中断服务程序的发生可能是在开中断后的任意时刻，也可能不发生。子程序的执行时刻是确定的，CPU 只要执行 LCALL、ACALL 等调用指令就会转去执行子程序。

【例 7-3】　外部中断 0 中断服务函数汇编语言代码实例。

```
        ORG    0003H      ;外部中断 0 入口
        AJMP   INTT0      ;转向中断服务程序入口
        ⋮
INTT0: PUSH   PSW        ;程序状态字 PSW 内容压入堆栈保存
        PUSH   ACC        ;累加器 A 内容压入堆栈保存
        ⋮
        POP    ACC        ;压入堆栈的内容送回到 ACC
        POP    PSW        ;恢复程序状态字 PSW 的内容
        RETI              ;中断返回
```

【例 7-4】　用定时器 T0 的中断控制 1 位 LED 闪烁。

C 语言程序如下。

```
#include<reg51.h>             //包含 51 单片机寄存器定义的头文件
sbit D1=P1^0;                 //将 D1 位定义为 P2.0 引脚

void main(void)
{
    EA=1;                     //开总中断
    ET0=1;                    //定时器 T0 中断允许
    TMOD=0x01;                //使用定时器 T0 的模式 2
    TH0=(65536-46083)/256;    //定时器 T0 的高 8 位赋初值
    TL0=(65536-46083)%256;    //定时器 T0 的高 8 位赋初值
    TR0=1;                    //启动定时器 T0
```

```
        while(1)                       //无限循环等待中断
            ;
}

void Time0(void) interrupt 1 using 0  //"interrupt"声明函数为中断服务函数
    //其后的 1 为定时器 T0 的中断编号；0 表示使用第 0 组工作寄存器
{
    D1=~D1;                            //按位取反操作，将 P2.0 引脚输出电平取反
    TH0=(65536-46083)/256;            //定时器 T0 的高 8 位重新赋初值
    TL0=(65536-46083)%256;            //定时器 T0 的高 8 位重新赋初值
}
```

【例 7-5】 用定时器 T1 中断控制两个 LED 以不同周期闪烁。

程序如下。

```
#include<reg51.h>                      //包含 51 单片机寄存器定义的头文件

sbit D1=P2^0;                          //将 D1 位定义为 P2.0 引脚
sbit D2=P2^1;                          //将 D2 位定义为 P2.1 引脚

unsigned char Countor1;                //设置全局变量，储存定时器 T1 中断次数
unsigned char Countor2;                //设置全局变量，储存定时器 T1 中断次数

void main(void)
{
EA=1;                                  //开总中断
    ET1=1;                             //定时器 T1 中断允许
    TMOD=0x10;                         //使用定时器 T1 的模式 1
    TH1=(65536-46083)/256;            //定时器 T1 的高 8 位赋初值
    TL1=(65536-46083)%256;            //定时器 T1 的高 8 位赋初值
    TR1=1;                             //启动定时器 T1
    Countor1=0;                        //从 0 开始累计中断次数
    Countor2=0;                        //从 0 开始累计中断次数
    while(1)                           //无限循环等待中断
        ;
}

void Time1(void) interrupt 3 using 0  //"interrupt"声明函数为中断服务函数
    //其后的 3 为定时器 T1 的中断编号；0 表示使用第 0 组工作寄存器
{
    Countor1++;                        //Countor1 自加 1
    Countor2++;                        //Countor2 自加 1
    if(Countor1==2)                    //若累计满 2 次，即计时满 100ms
    {
        D1=~D1;                        //按位取反操作，将 P2.0 引脚输出电平取反
        Countor1=0;                    //将 Countor1 清 0，重新从 0 开始计数
    }
    if(Countor2==8)                    //若累计满 8 次，即计时满 400ms
    {
        D2=~D2;                        //按位取反操作，将 P2.1 引脚输出电平取反
        Countor2=0;                    //将 Countor1 清 0，重新从 0 开始计数
    }
    TH1=(65536-46083)/256;            //定时器 T1 的高 8 位重新赋初值
    TL1=(65536-46083)%256;            //定时器 T1 的高 8 位重新赋初值
}
```

7.7　MCS-51 对外部中断源的扩展

MCS-51 有两个外部中断源 $\overline{\text{INT0}}$ 和 $\overline{\text{INT1}}$，但在实际的应用系统中，外部中断请求源往往比较多，下面讨论几种多中断源系统的设计方法。

7.7.1　定时器/计数器扩展为外部中断源

把 MCS-51 的两个定时/计数器（T0 和 T1）选择为计数器方式，每当 P3.4（T0）和 P3.5（T1）引脚上发生负跳变时，T0 和 T1 的计数器加 1。利用这个特性，可以把 P3.4 和 P3.5 引脚作为外部中断请求输入线，而定时器的溢出中断作为外部中断请求标志。

【例 7-6】　将定时器 T0 扩展为外部中断源。

分析：设 T0 为方式 2（自动重装载），计数器模式，计数初值为 FFH，允许定时器 0 中断，并且 CPU 开总中断。

汇编初始化程序为：

```
MOV TMOD, #06H        ;00000110B 送方式寄存器 TMOD。T0 为方式 2，计数器方式工作
MOV TL0,#0FFH         ;时间初值 0FFH 送 T0 的低 8 位 TL0 和高 8 位 TH0 寄存器
MOV TH0,#0FFH
SETB TR0              ;置 TR0 为 1，启动 T0
MOV IE,#82H           ;置中断允许，即置中断允许寄存器 IE 中的 EA 位、ET0 位为 1
     …
```

C 语言初始化程序如下。

```
void init()
{
TMOD=0x06;
TL0=0xFF;
TH0=0xFF;
TR0=1;
EA=1;
ET0=1;
    …
}
```

当接在 P3.4 引脚上的外部中断请求输入线发生负跳变时，TL0 加 1 溢出，TF0 被置 1，向 CPU 发出中断请求。同时 TH0 的内容自动送入 TL0，使 TL0 恢复初始值 0FFH。这样，每当 P3.4 引脚上有一次负跳变时都置 TF0 为 "1"，向 CPU 发出中断请求，P3.4 引脚就相当于边沿触发的外部中断请求源输入线。同理，也可以把 P3.5 引脚作为类似的处理。

7.7.2　中断和查询结合扩展中断源

中断和查询结合扩展中断源的方法是把系统中多个外部中断源经过与门连接到一个外部中断输入端（如 $\overline{\text{INT1}}$），并同时接到一个 I/O 口，如图 7-6 所示接到 P1 口。中断请求由硬件电路产生，而中断源的识别由程序查询来处理，查询顺序决定了中断源的优先级。

如图 7-6 所示为四个外部中断源的连接电路。

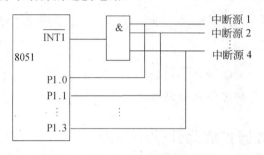

图 7-6　四个外部中断源系统设计

四个外部中断源连接到 P1.0～P1.3，均采用脉冲触发方式。单片机外部中断 1 的中断服务程序如下。

```
           ORG 0013H        ;外部中断 1 入口
           AJMP INTR        ;转向中断服务程序入口
           ⋮
INTR:  PUSH PSW             ;程序状态字 PSW 内容压入堆栈保存
           PUSH ACC         ;累加器 A 内容压入堆栈保存
           JNB P1.0,DVT1     ;P1.0 引脚为 0，转至设备 1 中断服务程序
           JNB P1.1,DVT2     ;P1.1 引脚为 0，转至设备 2 中断服务程序
           JNB P1.2,DVT3     ;P1.2 引脚为 0，转至设备 3 中断服务程序
           JNB P1.3,DVT4     ;P1.3 引脚为 0，转至设备 4 中断服务程序
INTR1:  POP ACC             ;压入堆栈的内容送回到 ACC
           POP PSW          ;恢复程序状态字 PSW 的内容
           RETI             ;中断返回
DVT1:      ⋮                ;设备 1 中断服务程序入口
           AJMP INTR1       ;跳转到 INTR1 所指示的指令
DVT2:      ⋮                ;设备 2 中断服务程序入口
           AJMP INTR1       ;跳转到 INTR1 所指示的指令
DVT3:      ⋮                ;设备 3 中断服务程序入口
           AJMP INTR1       ;跳转到 INTR1 所指示的指令
DVT4:      ⋮                ;设备 4 中断服务程序入口
           AJMP INTR1       ;跳转到 INTR1 所指示的指令
```

7.7.3　中断芯片 8259 扩展外部中断源

芯片 8259 是 Intel 公司为 8080/8085 和 8086/808 系列微型计算机开发的中断控制器，也可用于 MCS-51 系列单片机系统中。具有以下几方面的优点。

（1）一片 8259 可以扩展和管理 8 个中断源。

（2）能进行级联，最多可级联 9 片 8259，构成 64 个中断输入。

（3）在 CPU 发出中断应答信号后，8259 会将 8 位中断矢量送入 CPU 中，用来确定中断服务程序的入口地址。

（4）8259 对中断优先级有两种控制方式：固定优先级方式和循环优先级方式。

1．组成、引脚

8259 的控制及输入/输出信号包括：

数据线（D0～D7），用于同 CPU 传送命令字等数据；

中断请求输入（IR0～IR7），通过软件设置可设定输入的中断信号为电平信号还是脉冲信号；

中断请求输出（INT），只要有中断请求输入，就会向 CPU 产生中断输出；中断响应输入（$\overline{\text{INTA}}$），接收 CPU 发出的中断响应脉冲信号；读信号（$\overline{\text{RD}}$），与 CPU 的读控制信号相连；写信号（$\overline{\text{WR}}$），与 CPU 的写控制信号相连；片选信号（$\overline{\text{CS}}$），通过译码器的输出来控制等，连接示意图如图 7-7 所示。8259A 的初始化编程流程图如图 7-8 所示。

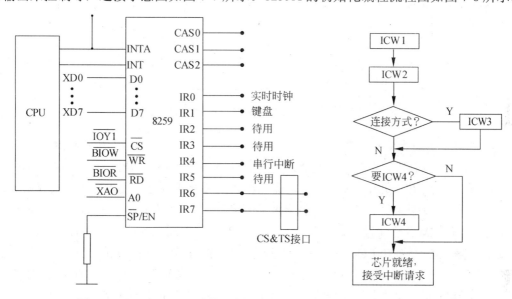

图 7-7　CPU 与 8259A 连接示意图　　　　　图 7-8　8259A 的初始化编程

2．命令控制字

8259 内部主要包括初始化命令字和操作命令字，共有 7 个寄存器，初始化命令字有 4 个：ICW1～ICW4；操作命令字有 3 个：OCW1～OCW3，共 7 个控制字。

在初始化命令字中只有 ICW1 和 ICW2 是必须设置的，用于设置中断服务程序的入口地址，ICW3 和 ICW4 只有级联多片 8259 时才需要设置，命令字 ICW1 和 ICW2 的格式如图 7-9 所示。

ICW1							
D_7	D_6	D_5	D_4	D_3	D_2	D_1	D_0
A_7	A_6	A_5	1	L	F	S	0

ICW2							
D_{15}	D_{14}	D_{13}	D_{12}	D_{11}	D_{10}	D_9	D_8
A_{15}	A_{14}	A_{13}	A_{12}	A_{11}	A_{10}	A_9	A_8

图 7-9　命令字 ICW1 和 ICW2 的格式

其中，ICW1 中：

D4 必须为 1，此位为该命令字的特征位；

D3 用来设置中断的触发方式：0 为边沿触发，1 为电平触发；

D2 用来设置 8 个中断入口地址的间隔：为 0 时地址间隔为 8，中断入口的低 8 位地址为 A7A6111000～A7A6000000（对应于 IR7～IR0），为 1 时地址间隔为 4，中断入口地址为 A7A6A511100～A7A6A500000；

D1 设置是单片工作还是级联工作：0 为级联，1 为单片；

D0 用于设置是否采用 ICW4，为 0 时不需要 ICW4，为 1 时需要 ICW4。ICW2 中的地址加上 ICW1 中的 A7A6A5 共同构成 16 位的中断入口地址。

操作命令字 OCW1 和 OCW2 的格式如图 7-10 所示。

OCW1

M7	M6	M5	M4	M3	M2	M1	M0

OCW2

R	SL	EOI	0	0	L2	L1	L0

图 7-10 命令字 OCW1 和 OCW2 的格式

其中 OCW1 用于屏蔽中断输入，当其中某一位为 1 时，则相应的中断被屏蔽。OCW2 用于控制 8259 的中断优先级和中断结束。其中 R 为 0 时，IR0～IR7 的优先级是固定的，依次为 IR7 最低，IR0 最高；R 为 1 时，优先级按循环方式进行改变，循环方式根据 SL 和 EOI 的不同可分为两种：自动循环方式和特殊循环方式。SL 为 0 和 EOI 为 0 时，为自动循环方式，即在响应一个中断后，优先级仅次于该中断的中断源的优先级称为最高，其他依次循环移动；SL 为 1 和 EOI 为 0 时，为特殊循环方式，可以指定谁的优先级最低，同时也确定了谁的优先级最高。当 SL 为 0 和 EOI 为 1 时，可以结束当前正在被 CPU 响应的中断。当 SL 为 1 和 EOI 为 1 时，可通过 L2L1L0 指定要结束的中断服务。

3．与单片机的接口

由于 8259 与 MCS-51 系列单片机的特性不完全兼容，因此在连接时需要作一些简单的处理，主要包括以下两个方面：

（1）8259 需要一个应答信号 $\overline{\text{INTA}}$，需要 CPU 连续送出 3 次低电平信号，需要用户自行产生。

（2）MCS-51 系列单片机不能直接使用 8259 送来的 CALL 指令，两者的 CALL 指令不兼容，可将先读入的 CALL 机器码忽略，将陆续收到的两个字节的中断入口地址存入 DPTR 寄存器。

芯片 8259 的大致工作过程：当 IR0～IR7 有中断申请时，中断等级寄存器（IRR）中的各对应位被置 1，通过优先级控制寄存器（PR）区分各中断源的优先级，然后将优先级最高的中断请求存放在中断服务寄存器（ISR）中，同时 8259 向 CPU 发出中断请求，CPU 在响应中断请求后，发出响应信号，在 8259 收到响应信号后，向 CPU 发出一条 CALL nn 指令，nn 为中断服务程序的 16 位入口地址，CPU 进入中断服务程序。

7.8　思考与练习

1．简述 51 单片机中断的概念。

2．51 单片机有哪些中断源，对其中断请求如何进行控制？

3．什么是保护现场，什么是恢复现场？

4．简述 51 单片机中断的自然优先级顺序，如何提高某一中断源的优先级别。

5．简述 51 系列单片机中断响应的条件。

6．在 51 系列单片机执行中断服务程序时，为什么一般都要在矢量地址开始的地方放一条跳转指令？

7．用一个定时/计数器加软件计数器的方式，实现 1 秒的时钟基准信号，试写出程序。（设晶振频率为 12MHz，由 P1.0 口输出秒信号。）

8．如何运用两个定时/计数器相串联产生一秒的时钟基准信号。试画出必要的电路部分，并写出程序。（设晶振频率为 12MHz，用 LED 显示秒信号。注：计数器输入端为 P3.4（T0）、P3.5（T1）。）

9．已知 89C51 的 f_{osc}=12MHz，用定时/计数器 T1 编程实现 P1.0 和 P1.1 引脚上分别输出周期为 2ms 和 500us 的方波。

第 8 章　存储器的扩展

存储器是单片机系统中使用最多的外扩芯片，MCS-51 单片机内部有 4KB 的程序存储器（8031 除外）和 128B 数据存储器。在实际应用中往往是不够的，因此，在进行单片机应用系统设计时，要根据实际要求，对单片机存储器进行扩展。而 8031 没有内部的程序存储器，因此也必须通过扩展才能使用。存储器的扩展又分为程序存储器的扩展及数据存储器的扩展。

8.1　MCS-51 单片机外部总线结构

单片机系统中，各部件之间传输信息的通路称为系统总线。系统总线为 CPU 与其他部件之间提供数据、地址及控制信息。单片机通常提供了可用于外部扩展的扩展总线。MCS-51 单片机在进行系统扩展时是采用片外引脚构成三总线结构（地址总线、数据总线和控制总线）。

（1）地址总线（Address Bus，简称 AB）（16 根）

地址总线用于传送单片机送出的地址信号，以便进行存储单元和 I/O 口的选择。并且地址总线的位数就决定了单片机可扩展存储量大小。容量（Q）与地址线数目（N）满足关系式：$Q=2^N$。由于地址信息总是由 CPU 发出的，因此，地址总线是单向的。

❑ P0 口传递低 8 位地址信息（A7～A0）；

❑ P2 口传递高 8 位地址信息（A15～A8）。

（2）数据总线（Data Bus，简称 DB）（8 根）

数据总线用于单片机与存储器之间或单片机与 I/O 口之间传输数据。数据总线的位数与单片机处理数据的字长是一致的。数据既可以从单片机传送到 I/O 口，也可以从 I/O 口传送到单片机，因此，数据总线是三态双向口。

❑ P0 口传递 8 位数据信息（分时传送）。

由于 P0 口既用作地址总线又用作数据总线，因此，需要加一个 8 位锁存器。在实际应用时，先把低 8 位地址送入锁存器暂存，再由地址锁存器提供给低 8 位，而把 P0 口作为数据线使用。

（3）控制总线（Control Bus，简称 CB）（5 根）

控制总线用于传输控制信号，包括读信号、写信号、中断响应信号等，以及外围单元发送给 CPU 的信号（如时钟信号、中断请求信号等），是双向口。

❑ 程序存储器读控制信号为 $\overline{\text{PSEN}}$；

❑ 数据存储器的读控制信号 $\overline{\text{RD}}$ 或写控制信号 $\overline{\text{WR}}$；

❑ 低 8 位地址锁存控制信号为 ALE；

❑ 片内/片外选择信号为 $\overline{EA}$ 。

存储器扩展的读写控制：RAM 芯片的读写控制引脚 $\overline{OE}$ 和 $\overline{WE}$ ，与 MCS-51 的 $\overline{RD}$ 和 $\overline{WR}$ 引脚相连。EPROM 芯片只有读出引脚 $\overline{OE}$ ，与 MCS-51 的 $\overline{PSEN}$ 引脚相连。

三总线的基本结构如图 8-1 所示。

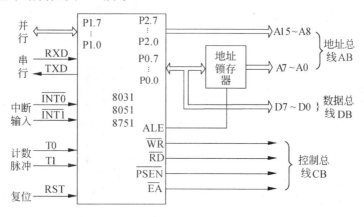

图 8-1　MCS-51 系列单片机外部总线结构

8.1.1　地址译码方法

总线扩展的主要问题是总线连接电路的设计、器件的选择及器件内部的寻址等。而总线连接方式的重点在于外围设备片选信号的产生。MCS-51 发出的地址用来选择某个存储单元进行读写，要完成这种功能必须进行"片选"和"单元选择"。总线连接方式的重点在于外围设备片选信号的产生，主要有两种方法：线性选择法（简称线选法）和地址译码法（简称译码法）。

线选法是用所需要的低位地址线进行片外存储单元 I/O 口寻址，剩余的高位地址线输出各芯片的片选信号，当芯片对应的片选地址线输出有效电平时，该芯片选通操作。其优点是不需另外增加硬件电路，成本低，体积小。缺点是外扩器件的数量有限，而且地址空间是不连续的，只适于外扩芯片不多，规模不大的单片机系统。本节主要介绍地址译码法。

地址译码法需要用到译码器，在采用译码法时，仍然有低位地址线用于片外寻址，高位地址线用于译码器的输入，译码器的输出信号作为各芯片的选通信号。

译码法又分为全译码法和部分译码法。

（1）全译码：全部高位地址线都参加译码。

采用全译码法，每个存储单元的地址都是唯一的，不存在地址重叠，但译码电路较复杂，连线也较多。全译码法可以提供对全部存储空间的寻址能力。当存储器容量小于可寻址的存储空间时，可从译码器输出线中选出连续的几根作为片选控制，多余的令其空闲，以便需要时扩充。

（2）部分译码：仅部分高位地址线参加译码。

该方法常用于不需要全部地址空间的寻址能力，但采用线选法地址线又不够用的情况。采用部分译码法时，由于未参加译码的高位地址与存储器地址无关，因此，存在地址重叠问题。当选用不同的高位地址线进行部分译码时，其译码对应的地址空间不同。

这两种译码方法在单片机扩展系统中都有应用。在扩展存储器（包括 I/O 口）容量不大的情况下，选择部分译码，译码电路简单，可降低成本。

常用译码器芯片如下。

（1）74LS138（3～8 译码器）

74LS138 为 3 线～8 线译码器，共有 54/74S138 和 54/74LS138 两种线路结构形式。74LS138 引脚及说明如图 8-2 所示。

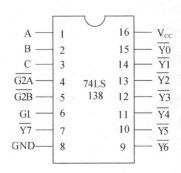

图 8-2　74LS138 引脚及说明

其中，G1、$\overline{G2A}$、$\overline{G2B}$ 为 3 个控制端，只有当 $G1$ 为"1"且 $\overline{G2A}$、$\overline{G2B}$ 均为"0"时，译码器才能进行译码输出；否则，没译码器的 8 个输出端全为高阻状态。74LS138 译码器真值表如表 8-1 所示。利用 G1、$\overline{G2A}$、$\overline{G2B}$ 可级联扩展成 24 线译码器；若外接一个反相器还可级联扩展成 32 线译码器。若将选通端中的一个作为数据输入端时，74LS138 还可作数据分配器。

表 8-1　74LS138 译码器真值表

输　　入						输　　出							
$G1$	$\overline{G2A}$	$\overline{G2B}$	C	B	A	$\overline{Y7}$	$\overline{Y6}$	$\overline{Y5}$	$\overline{Y4}$	$\overline{Y3}$	$\overline{Y2}$	$\overline{Y1}$	$\overline{Y0}$
1	0	0	0	0	0	1	1	1	1	1	1	1	0
1	0	0	0	0	1	1	1	1	1	1	1	0	1
1	0	0	0	1	0	1	1	1	1	1	0	1	1
1	0	0	0	1	1	1	1	1	1	0	1	1	1
1	0	0	1	0	0	1	1	1	0	1	1	1	1
1	0	0	1	0	1	1	1	0	1	1	1	1	1
1	0	0	1	1	0	1	0	1	1	1	1	1	1
1	0	0	1	1	1	0	1	1	1	1	1	1	1
其他状态			×	×	×	1	1	1	1	1	1	1	1

从上述功能表可以看到 74LS138 的八个输出引脚，任何时刻要么全为高电平 1—芯片处于不工作状态，要么只有一个为低电平 0，其余 7 个输出引脚全为高电平 1。如果出现两个输出引脚同时为 0 的情况，说明该芯片已经损坏。

（2）74LS139（双 2～4 译码器）

74LS139 为两个 2 线～4 线译码器，共有 54/74S139 和 54/74LS139 两种线路结构形式，当选通端（G1）为低电平，可将地址端（A、B）的二进制编码在一个对应的输出端以低电平译出。若将选通端（G1）作为数据输入端时，139 还可作数据分配器。74LS139 译码器引脚图如图 8-3 所示。

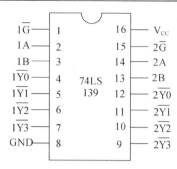

图 8-3　74LS139 译码器引脚图

　　A、B 是译码地址输入端；G1、G2 是选通端（低电平有效）；Y0～Y3 是译码输出端（低电平有效）。74LS139 译码器真值表如表 8-2 所示。

表 8-2　74LS139 译码器真值表

输　入　端			输　出　端			
使　　能	选　　　择		Y0	Y1	Y2	Y3
G	B	A				
1	×	×	1	1	1	1
0	0	0	0	1	1	1
0	0	1	1	0	1	1
0	1	0	1	1	0	1
0	1	1	1	1	1	0

（3）74LS154（4～16 译码器）

　　74LS154 是在单片机系统中常用的 4 线～16 线译码器。当选通端（G1、G2）均为低电平时，可将地址端（ABCD）的二进制编码在一个对应的输出端，以低电平译出。 如果将 G1 和 G2 中的一个作为数据输入端，由 ABCD 对输出寻址，74LS154 还可作 1 线-16 线数据分配器。74LS154 译码器引脚图如图 8-4 所示。其中，

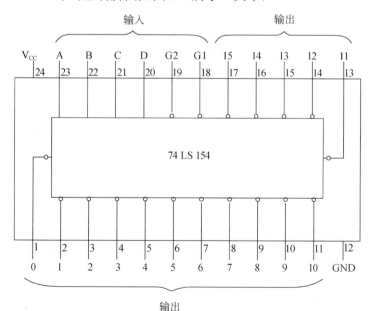

图 8-4　74LS154 译码器引脚图

A、B、C、D：译码地址输入端（低电平有效）；

G1、G2：选通端（低电平有效）；

0～15：输出端（低电平有效）。

8.1.2 外部地址锁存器

常用地址锁存器芯片分为 74LS373、8282、74LS573 几种类型。

（1）锁存器 74LS373

74LS373 是一个典型的 TTL 带三态输出的 8 位地址锁存器。其框图及每个锁存位的原理图如图 8-5 所示。

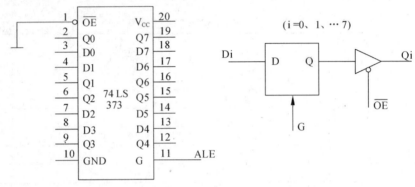

图 8-5 74LS373 框图及每个锁存位的原理图

74LS373 地址锁存器有 8 个输入端（D7～D0），8 个输出端（Q0～Q7），1 个输入选通端（G），1 个三态控制端（$\overline{OE}$），1 个接地端（GND），1 个电源端（V_{cc}）。

74LS373 的工作原理如下。

当输入选通信号 G=1 时，锁存器 Q 输出端随 D 输入端的变化而变化。（A7～A0 传送的地址信息可以通过锁存器到达扩展的 ROM）。

当输入选通信号 G=0（下降沿）时，锁存器被封锁，Q 输出端不再随 D 输入端的变化而变化，一直保持其封锁值不变。G 端的输入选通信号由单片机的 ALE 端提供。

（2）锁存器 8282

8282 功能及内部结构与 74LS373 完全一样，只是其引脚的排列与 74LS373 不同，锁存器 8282 引脚图如图 8-6 所示。

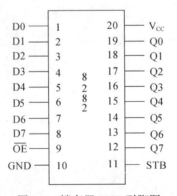

图 8-6 锁存器 8282 引脚图

（3）锁存器 74LS573

74LS573 输入的 D 端和输出的 Q 端也是依次排在芯片的两侧，与 8282 一样，为绘制印刷电路板时的布线提供方便。74LS573 与 74LS373 功能相同，只是引脚排列顺序不同。74LS573 与 74LS373 引脚图如图 8-7 所示。

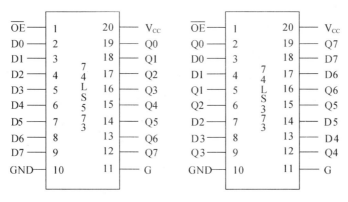

图 8-7　74LS573 与 74LS373 引脚图

8.2　程序存储器扩展

单片机应用系统由硬件和软件组成，软件的载体就是硬件中的程序存储器。对于 MCS-51 系列 8 位单片机，片内程序存储器的类型及容量如表 8-3 所示。

表 8-3　MCS-51 系列单片机片内程序存储器一览表

单片机型号	类　　型	片内程序存储器容量/B
8031	无	——
8051	ROM	4K
8751	EPROM	4K
8951	Flash	4K

对于没有内部 ROM 的单片机或者当程序较长、片内 ROM 容量不够时，用户必须在单片机外部扩展程序存储器。MCS-51 单片机片外有 16 条地址线，即 P0 口和 P2 口，因此，最大寻址范围为 64KB（0000H～FFFFH）。

这里要注意的是，MCS-51 单片机 EA 管脚，它跟程序存储器的扩展有关。如果接高电平，那么片内存储器地址范围是 0000H～0FFFH（4KB），片外程序存储器地址范围是 1000H～FFFFH（60KB）。如果接低电平，不使用片内程序存储器，片外程序存储器地址范围为 0000H～FFFFH（64KB）。

8031 单片机没有片内程序存储器，因此，管脚总是接低电平。

扩展程序存储器常用的芯片是 EPROM（Erasable Programmable Read Only Memory）型存储器，紫外线可擦除类型有 2716（2K×8）、2732（4K×8）、2764（8K×8）、27128（16K×8）、27256（32K×8）、27512（64K×8）等。另外，还有+5V 电可擦除 EEPROM，如 2816（2K×8）、2864（8K×8）等。如果程序总量不超过 4KB，一般选用具有内部 ROM

的单片机。8051 内部 ROM 只能由厂家将程序一次性固化，不适合小批量用户和程序调试时使用，因此，选用 8751、8951 的用户较多。

如果程序超过 4KB，用户一般不会选用 8751、8951，而是直接选用 8031，利用外部扩展存储器来存放程序。

8.2.1 EPROM 芯片介绍

EPROM 是以往单片机最常选用的程序存储器芯片，最经常使用的是 27C 系列的 EPROM，如 27C16（2K）、27C32（4K）、27C64（8K）、27C128（16K）、27C256（32K）。

1. 常用的EPROM芯片的引脚功能

常用的 EPROM 引脚如图 8-8 所示，除了 27C16 和 27C32 为 24 脚外，其余均为 28 脚。

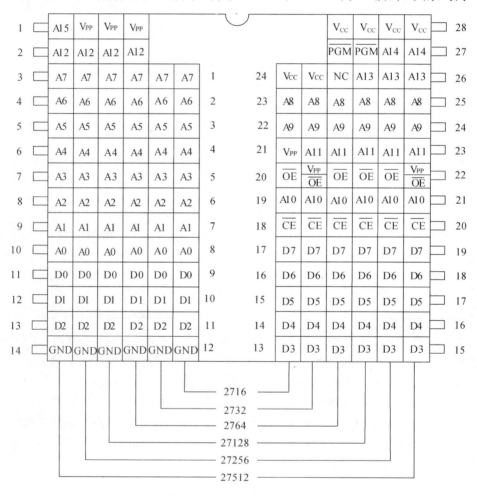

图 8-8　常用的 EPROM 引脚

引脚功能如下。

A0～A15：地址线引脚，数目决定存储容量。

D7～D0：数据线引脚。

・200・

$\overline{\text{CE}}$：片选输入端。

$\overline{\text{OE}}$：输出允许控制端。

$\overline{\text{PGM}}$：编程时，加编程脉冲的输入端。

V_{pp}：编程时，编程电压（+12V 或 25V）输入端。

V_{cc}：+5V，芯片的工作电压。

GND：数字地。

NC：无用端。

2．常用的EPROM芯片的工作方式

（1）读出方式：CPU 从 EPROM 中读出代码。片选控制线为低，输出允许为低，V_{pp} 为+5V，指定地址单元的内容从 D7～D0 上读出。

（2）未选中方式：片选控制线为高电平，数据端口呈高阻状态。

（3）编程方式：把程序代码固化到 EPROM 中。V_{pp} 端加规定高压，$\overline{\text{CE}}$ 和 $\overline{\text{OE}}$ 端加合适电平，就能将数据线上的数据写入到指定的地址单元。

（4）编程校验方式：读出 EPROM 中的内容，校验编程操作的正确性。

（5）编程禁止方式：用于多片 EPROM 的并行编程。输出呈高阻状态，不写入程序。

8.2.2　程序存储器的操作时序

MCS-51 单片机对外 ROM 的操作时序分两种，即执行非 MOVX 指令的时序和执行 MOVX 指令的时序，如图 8-9 所示。

其中图 8-9（a）所示是没有访问外部程序存储器，即没有执行 MOVX 类指令情况下的时序；图 8-9（b）所示是发生访问外部程序存储器操作时的时序。CPU 由外部程序存储器取指时，16 位地址的低 8 位 PCL 由 P0 输出，高 8 位 PCH 由 P2 输出，而指令由 P0 输入。

在不执行 MOVX 指令时，P2 口专用于输出 PCH，P2 有输出锁存功能，可直接接至外部存储器的地址端，无需再加锁存。P0 口则作为分时复用的双向总线，输出 PCL，输入指令。在这种情况下，每一个机器周期中，允许地址锁存信号 ALE 两次有效，在 ALE 由高变低时，有效地址 PCL 出现在 P0 总线上，低 8 位地址锁存器应在此时把地址锁存起来，同时 $\overline{\text{PSEN}}$ 也是每个机器周期两次有效，用于选通外部程序存储器，使指令送到 P0 总线上，由 CPU 取入，这种情况下的时序如图 8-9（a）所示。此时，每个机器周期内 ALE 两次有效，甚至在非取指操作周期中也是这样，因此 ALE 有效信号以 1/6 振荡器频率的恒定速率出现在引脚上，它可以被用来作为外部时序时钟或定时脉冲。

当系统中接有外部程序存储器，执行 MOVX 指令时，时序有些变化，如 8-9（b）所示。从外部程序存储器取入的指令是一条 MOVX 指令时，在同一周期的 S5 状态 ALE 由高变低时，P0 总线上出现的将不再是有效地 PCL 值（程序存储器的低 8 位地址），而是有效地数据存储器的地址。若执行的是 MOVX @DPTR 指令，则此地址就是 DPL 值（数据指针的低 8 位），同时，在 P2 口出现有效的 DPH 值（数据指针的高 8 位）。若执行的是 MOVX @Ri 指令，则此地址就是 Ri 的内容，同时在 P2 口线上出现的将是专用寄存器 P2（即口内锁存器）的内容。在同一机器周期的 S6 状态将不再出现 $\overline{\text{PSEN}}$ 有效信号，下一

个机器周期的第一个 ALE 有效信号也不再出现。而当 $\overline{RD}$（或 $\overline{WR}$）有效时，在 P0 总线上将出现有效输入数据（或输出数据）。

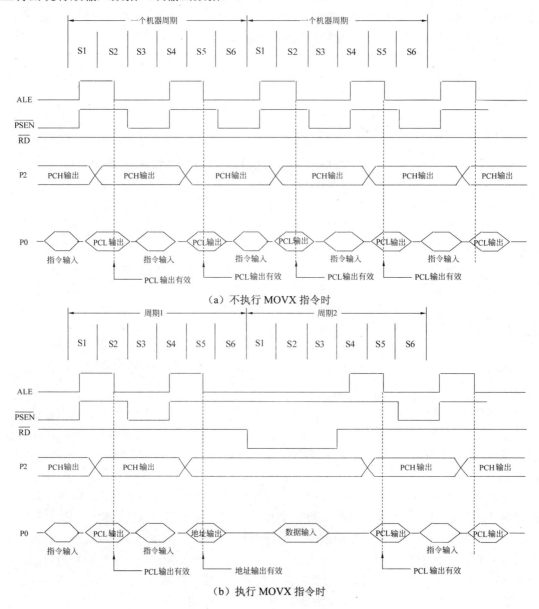

（a）不执行 MOVX 指令时

（b）执行 MOVX 指令时

图 8-9　外部程序存储器的操作时序

8.2.3　典型的 EPROM 接口电路

1. 使用单片 EPROM 的扩展电路

2716、2732 EPROM 价格贵，容量小，且难以买到。下面仅介绍 27128、27256 芯片与 MCS-51 单片机的接口电路。至于 2764、27512 与 MCS-51 单片机的连接，差别只是 MCS-51 与其连接的地址线数目不同。如图 8-10 所示为外扩 16K 字节的 EPROM 27128 的接口电路图。

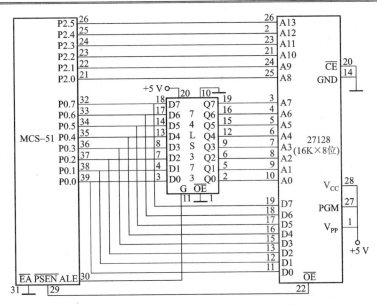

图 8-10　外扩 EPROM 27128 的接口电路图

连线说明如下。

地址线：27128 的 14 条地址线（A0～A13）中，低 8 位 A0～A7 通过锁存器 74LS373 与 P0 口连接，高 6 位 A8～A13 直接与 P2 口的 P2.0～P2.5 连接，P2 口本身有锁存功能，不需要再接锁存器。注意，锁存器的锁存使能端 G 必须和单片机的 ALE 管脚相连。

数据线：27128 的 8 位数据线直接与单片机的 P0 口相连。因此，P0 口是一个分时复用的地址/数据线。

控制线：CPU 对 27128 的读操作控制都是通过控制线实现的。27128 控制线的连接有以下两条：由于系统中只扩展了一个程序存储器芯片，因此，27128 的片选端 $\overline{CE}$ 直接接地，表示 27128 一直被选中；输出允许端 $\overline{OE}$：在访问片外程序存储器时，只要出现负脉冲，即可从 27128 中读出程序。

MCS-51 外扩单片 32K 字节的 EPROM 27256 的接口电路图如图 8-11 所示。

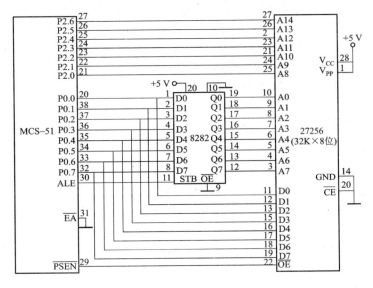

图 8-11　外扩 EPROM 27256 的接口电路图

2. 使用多片EPROM的扩展电路

MCS-51 扩展多片 EPROM 时，常采用地址译码法。其优点是多片 EPROM 地址编码唯一确定，采用全译码法不存在地址重叠。扩展 4 片 27128 的接口电路图如图 8-12 所示。

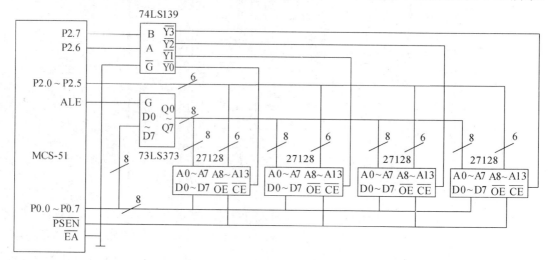

图 8-12　扩展 4 片 27128 的接口

其中，4 片 27128 自左向右各自所占的地址空间为 0000H～3FFFH、4000H～7FFFH、8000H～BFFFH 和 C000H～FFFFH。

8.3　数据存储器扩展

RAM 是用来存放各种数据的，MCS-51 系列 8 位单片机内部有 128BRAM 存储器，CPU 对内部 RAM 具有丰富的操作指令。但是，当单片机用于实时数据采集或处理大批量数据时，仅靠片内提供的 RAM 是远远不够的。此时，可以利用单片机的扩展功能，扩展外部数据存储器。

常用的外部数据存储器有静态 RAM（Static Random Access Memory，SRAM）和动态 RAM（Dynamic Random Access Memory，DRAM）两种。前者读/写速度高，一般都是 8 位宽度，易于扩展，且大多数与相同容量的 EPROM 引脚兼容，有利于印刷电路板设计，使用方便；缺点是集成度低，成本高，功耗大。后者集成度高，成本低，功耗相对较低；缺点是需要增加一个刷新电路，附加另外的成本。

MCS-51 单片机扩展片外数据存储器的地址线也是由 P0 口和 P2 口提供的，因此，最大寻址范围为 64KB（0000H～FFFFH）。

一般情况下，SRAM 用于仅需要小于 64KB 数据存储器的小系统，DRAM 经常用于需要大于 64KB 的大系统。

8.3.1　常用的静态 RAM（SRAM）芯片

典型 SRAM 型号有 6116、6264、62128、62256。+5V 电源供电，双列直插，6116 为

24 引脚封装，6264、62128、62256 为 28 引脚封装。6116 的操作方式如表 8-4 所示。

表 8-4　6116 的操作方式

$\overline{CE}$	$\overline{OE}$	$\overline{WE}$	方式	IO0～IO7
H	X	X	未选中	高阻
L	L	H	读	O0～O7
L	H	L	写	I0～I7
L	L	L	写	I0～I7

各引脚功能如下。

A0～A14：地址输入线。

D0～D7：　双向三态数据线。

$\overline{CE}$：片选信号输入。对于 6264 芯片，当 CS 为高电平，且 $\overline{CE}$ 为低电平时才选中该片。

$\overline{OE}$：读选通信号输入线。

$\overline{WE}$：写允许信号输入线，低电平有效。

V_{cc}：工作电源+5V。

GND：地。

SRAM 有读出、写入、维持三种工作方式，这些 RAM 芯片引脚如图 8-13 所示。

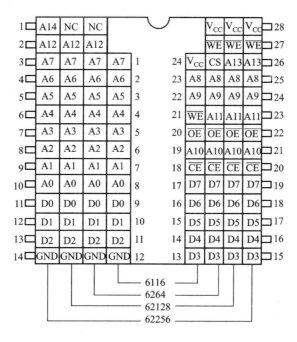

图 8-13　常用 RAM 芯片引脚图

8.3.2　外扩数据存储器的读写操作时序

1．外扩数据存储器读周期时序

外扩数据存储器的读操作时序图如图 8-14 所示。

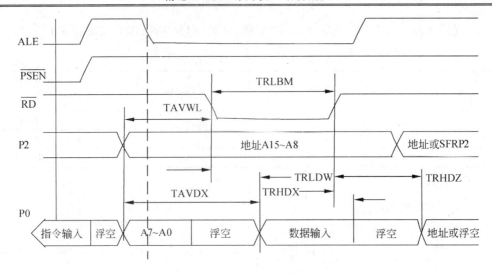

图 8-14 外扩数据存储器的读操作时序图

（1）在地址锁存信号 ALE 下降沿，P0 口输出的低 8 位地址 A7～A0 被锁存。
（2）P2 口此时也将高 8 位地址直接送出。
（3）读控制信号 $\overline{RD}$（低电平有效）到来，数据就从数据存储器中被读了出来。
（4）读出来的数据经过 P0 口输入到单片机中，完成了一次读操作工作。

2. 外扩数据存储器写周期时序

外扩数据存储器的写操作时序图如图 8-15 所示。

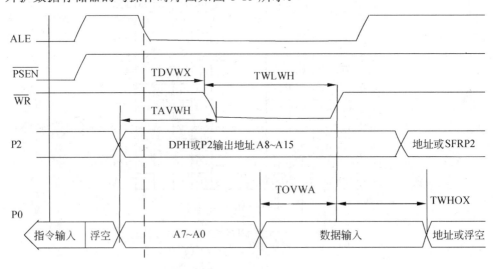

图 8-15 外扩数据存储器的写操作时序图

（1）在地址锁存信号 ALE 下降沿，P0 口输出的低 8 位地址 A7～A0 被锁存。
（2）P2 口此时也将高 8 位地址直接送出。
（3）写控制信号 $\overline{WR}$（低电平有效）到来，CPU 通过 P0 口输出数据。
（4）P0 口输出数据锁存到存储器中，完成了一次写操作工作。

8.3.3　典型的外扩数据存储器的接口电路

1．用线选法扩展8031外扩数据存储器

用线选法扩展 8031 外扩数据存储器的电路如图 8-16 所示。

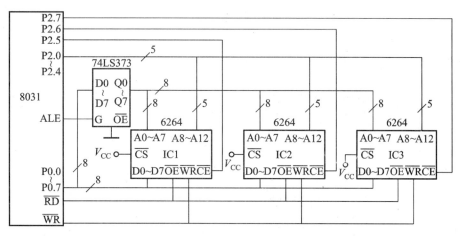

图 8-16　线选法扩展 8031 外扩数据存储器电路

地址线为 A0～A12，故剩余地址线为三根。用线选法可扩展 3 片 6264。3 片 6264 对应的地址空间如表 8-5 所示。

表 8-5　3 片 6264 对应地址表

P2.7	P2.6	P2.5	选中芯片	地 址 范 围	存 储 容 量
1	1	0	IC1	C000H～DFFFH	8k
1	0	1	IC2	A000H～BFFFH	8k
0	1	1	IC3	6000H～7FFFH	8k

2．译码选通法扩展8031外扩数据存储器

通过译码选通法扩展 8031 外扩数据存储器的电路如图 8-17 所示。

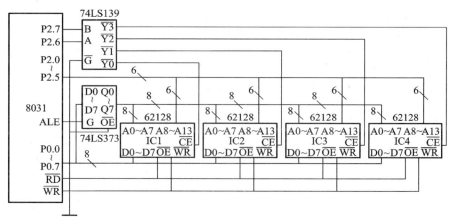

图 8-17　译码法扩展 8031 外扩数据存储器电路

各片 62128 地址分配如表 8-6 所示。

表 8-6   各片 62128 地址分配

P2.7	P2.6	译码输出	选中芯片	地址范围	存储容量
0	0	$\overline{Y0}$	IC1	0000H～3FFFH	16k
0	1	$\overline{Y1}$	IC2	4000H～7FFFH	16k
1	0	$\overline{Y2}$	IC3	8000H～BFFFH	16k
1	1	$\overline{Y3}$	IC4	C000H～FFFFH	16k

单片 62256 与 8031 的接口电路如图 8-18 所示，地址范围为 0000H～7FFFH。

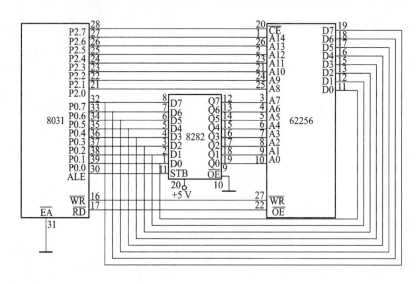

图 8-18   单片 62256 与 8031 的接口电路

【例 8-1】   编写程序将片外 RAM 中 5000H～50FFH 单元全部清零。

汇编程序如下：用 DPTR 作为数据区地址指针，同时使用字节计数器。

```
      MOV DPTR,#5000H        ;设置数据块指针的初值
      MOV R7,#00H            ;设置块长度计数器初值
          CLR    A
LOOP: MOVX @DPTR,A           ;把某一单元清零
      INC DPTR               ;地址指针加 1
      DJNZ R7,LOOP           ;数据块长度减 1，若不为 0 则继续清零
HERE: SJMP HERE              ;执行完毕，原地踏步
```

C 语言程序如下。

```
int i; 定义整形变量
char xdata *P;              //定义外部存储器指针
P=0x5000;                   //指针指向地址单元为 0x5000
for(i=0;i<256;i++)          //循环 32 次
{
*P=0;                       //把零写入外部存储单元
P++;                        //片外 RAM 地址加 1
}
```

8.4　EPROM 和 RAM 的综合扩展

在以往的实际应用中，当控制过程比较复杂时，对 EPROM 和 RAM 空间一般要求也比较大，经常需要同时扩展 EPROM 和 RAM，本节将通过一些典型例子介绍 EPROM 和 RAM 的综合扩展方法。

8.4.1　接口电路设计

【例 8-2】 采用线选法扩展 2 片 8KB 的 RAM 和 2 片 8KB 的 EPROM，RAM 选 6264，EPROM 选 2764。

线选法扩展接口电路如图 8-19 所示。

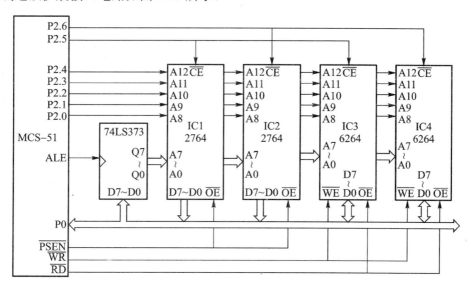

图 8-19　线选法扩展接口电路

其中，IC2 和 IC4 占用地址空间为 2000H～3FFFH 共 8KB。同理 IC1、IC3 地址范围 4000H～5FFFH（P2.6=1、P2.5=0、P2.7=0）。线选法地址不连续，地址空间利用不充分。

【例 8-3】 采用译码法扩展 2 片 8KB EPROM，2 片 8KB RAM。EPROM 选用 2764，RAM 选用 6264。共扩展 4 片芯片。

各芯片地址范围如表 8-7 所示。

表 8-7　各芯片地址范围

芯　　片	地　址　范　围
IC1	0000H～1FFFH
IC2	2000H～3FFFH
IC3	4000H～5FFFH
IC4	6000H～7FFFH

可见译码法进行地址分配,各芯片地址空间是连续的,译码法扩展电路如图 8-20 所示。

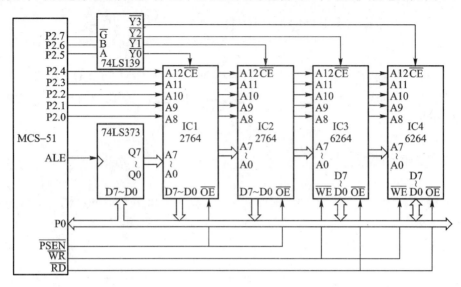

图 8-20　译码法扩展接口电路

8.4.2　工作原理

1. 单片机片外程序区读指令过程

当接通电源且单片机上电复位后,程序计数器 PC-0000H,CPU 就从 000H 地址开始取指令,执行程序。在取指令期间,PC 地址低 8 位送往 P0 口,经锁存器锁存作为低 8 位地址 A0~A7 输出。PC 高 8 位地址送往 P2 口,直接由 P2.0~P2.4 锁存到 A8~A12 地址线上,P2.5~P2.7 输入给 74LS139 进行译码输出片选。这样,根据 P2 口、P0 口状态则选中了第一个程序存储器芯片 IC1（2764）的第一单元地址 0000H。然后当 PSEN（的反）变为低电平时,把 0000H 中的指令代码经 P0 口读入内部 RAM 中进行译码,从而决定进行何种操作。取出一个指令字节后 PC 自动加 1,然后取第二个字节,依次类推。当 PC=1FFFH 时,从 IC1 最后一个单元取指令,然后 PC=2000H,CPU 向 P2 口、P0 口送出 2000H 地址时,则选中第二个程序存储器 IC2,IC2 的地址范围为 2000H~3FFFH,读指令过程同 IC1。

2. 单片机片外数据区读写数据过程

当程序运行中,执行"MOV"类指令时,表示与片内 RAM 交换数据;当遇到"MOVX"类指令时,表示对片外数据存储器区寻址。片外数据存储器区只能间接寻址。

【例 8-4】　把片外 RAM1000H 单元的数送到片内 RAM 50H 单元。

汇编程序如下。

```
MOV    DPTR,#1000H
MOVX   A,@DPTR
MOV    50H,A
```

C 语言程序如下。

```
char  data  *p;        //定义一个指向片内 RAM 地址的指针
char  xdata  *p1       //定义一个指向片外 RAM 地址的指针
p =0x50;               //片内 RAM 地址为 0x50
p1 =0x1000;            //片外 RAM 地址为 0x1000
*p=*p1;                //片外 RAM1000H 单元的数送到片内 RAM 50H 单元
```

【例 8-5】　把片内 50H 单元的数据送到片外 1000H 单元中。

汇编程序如下。

```
MOV   A,50H
MOV   DPTR,#1000H
MOVX  @DPTR,A
```

C 语言程序如下。

```
char  data  *p;        //定义一个指向片内 RAM 地址的指针
char  xdata  *p1       //定义一个指向片外 RAM 地址的指针
p =0x50;               //片内 RAM 地址为 0x50
p1 =0x1000;            //片外 RAM 地址为 0x1000
*p1=*p;                //片外片内 RAM 50H 单元的数送到 RAM1000H 单元
```

MCS-51 单片机读写片外数据存储器中的内容，除用 MOVX A,@DPTR 和 MOVX @DPTR,A 外，还可使用 MOVX A,@Ri 和 MOVX @Ri,A。这时通过 P0 口输出 Ri 中的内容（低 8 位地址），而把 P2 口原有的内容作为高 8 位地址输出。

【例 8-6】　将数据存储器中以 0x30 为首址的 32 个单元的内容依次传送到外部 RAM 以 7000H 为首地址的区域去。

分析：DPTR 指向标号 TAB 的首地址。R0 既指示外部 RAM 的地址，又表示数据标号 TAB 的位移量。本程序的循环次数为 32，R0 的值：0～31，R0 值达到 32 就结束循环。

汇编程序如下。

```
      MOV P2,#70H      ;
      MOV DPTR,#TAB    ;传送数据的首地址#TAB 送入数据指针 DPTR
      MOV R0,#0        ;R0 的初始值为 0
AGIN: MOV  A,R0
      MOVC A,@A+DPTR   ;把以 TAB 为首地址的 32 个单元的内容送入 A
      MOVX @R0,A       ;程序存储器中内容送入外部 RAM 单元
      INC  R0          ;循环次数加 1，也即外部 RAM 单元的地址指针加 1
      CJNE R0,#32,AGIN ;判断 32 个单元的数据是否已经传送完毕，未完则继续
HERE: SJMP   HERE      ;原地跳转
TAB:  DB ……,……        ;外部存储器中要写入的字节
```

C 语言程序如下。

```
char  data  *p;        //定义一个指向片内 RAM 地址的指针
char  xdata  *p1       //定义一个指向片外 RAM 地址的指针
p =0x30;               //片内 RAM 地址为 0x30
p1 =0x7000;            //片外 RAM 地址为 0x7000
int i;                 //定义一个计数变量
for（i=0;i<32;i++)     //循环 32 次
{
  *p1=*p;              //将片内 RAM 单元的值赋给片外 RAM 单元
```

```
P++;        //片内 RAM 地址加 1
P1++;       //片外 RAM 地址加 1
}
```

8.5　思考与练习

1. 请简单叙述 2764 芯片的功能、容量，在电路中起什么作用?
2. 请简单叙述 6264 芯片的功能、容量，在电路中起什么作用?
3. 请分析各片 2764、6264 所占用的单片机数据存储空间的地址范围是多少?
4. 片内数据存储器分为哪几个性质和用途不同的区域?
5. 试编写程序将片外 RAM20H-25H 单元清零。
6. 试编写程序将 ROM3000H 单元内容送入 R7。
7. 已知 MCS-51 单片机系统的片内 RAM 20H 单元存放了一个 8 位无符号数 7AH，片外扩展 RAM 的 8000H 存放了一个 8 位无符号数 86H，试编程完成以上两个单元中的无符号数相加，并将和值送往片外 RAM 的 01H、00H 单元中。

第9章　并行 I/O 接口的扩展

MCS-51 单片机共有 4 个 8 位并行 I/O 口，但是这些 I/O 并不能完全提供给用户使用。只有对于片内有 ROM/EPROM 的单片机 8051，在不使用外部扩展时，才允许这 4 个 I/O 口作为用户 I/O 使用。然而对于大多数 8051 需外部扩展时，MCS-51 单片机可提供给用户使用的 I/O 口只有 P1 口和部分 P3 口线。因此，在大多数 MCS-51 单片机应用系统设计中不可避免地要进行 I/O 口的扩展。

9.1　I/O 扩展概述

MCS-51 系列单片机内部有 4 个双向的并行 I/O 端口：P0～P3，共占 32 根引脚。P0 口的每一位可以驱动 8 个 TTL 负载，P1～P3 口的负载能力为三个 TTL 负载。

在无片外存储器扩展的系统中，这 4 个端口都可以作为准双向通用 I/O 口使用。在具有片外扩展存储器的系统中，P0 口分时地作为低 8 位地址线和数据线，P2 作为高 8 位地址线。这时，P0 口和部分或全部的 P2 口无法再作通用 I/O 口。P3 口具有第二功能，在应用系统中也常被使用。因此在大多数的应用系统中，真正能够提供给用户使用的只有 P1 和部分 P2、P3。因此，MCS-51 单片机的 I/O 端口通常需要扩充，以便和更多的外设（例如显示器、键盘）进行联系。

在 MCS-51 单片机中扩展的 I/O 口采用与片外数据存储器相同的寻址方法，所有扩展的 I/O 口，以及通过扩展 I/O 口连接的外设都与片外 RAM 统一编址。因此，对片外 I/O 口的输入/输出指令就是访问片外 RAM 的指令，即：

```
MOVX        @DPTR,A
MOVX        @Ri,A
MOVX        A,@DPTR
MOVX        A,@Ri
```

MCS-51 单片机应用系统中 I/O 口扩展芯片主要有三大类：简单的 I/O 口扩展（即 TTL、CMOS 锁存器、缓冲器电路芯片作为扩展芯片）、利用串行口进行 I/O 的扩展及采用可编程的并行 I/O 芯片扩展。

采用 TTL、CMOS 锁存器、缓冲器电路芯片是单片机应用系统中常用的方法，这些 I/O 口扩展代用芯片具有体积大、成本低、配置灵活的特点。在扩展单个 8 位输出或输入口时，十分方便。可作为 I/O 扩展芯片使用的 TTL 芯片有 74LS373、377、244、74LS273、367 等。在实际的电路中，应根据芯片特点及输入、输出量的特征来选择合适的扩展芯片。

在 MCS-51 单片机中，还可以利用串行口来扩展数量较多的并行输入或输出口。这种扩展方法所使用的移位寄存器芯片有扩展输出口的 74LS164 和扩展输入口的 74LS165。

根据扩展并行 I/O 口时数据线的连接方式，I/O 口扩展方式可分为总线扩展法和串行口扩展法。

1．总线扩展法

扩展的并行口 I/O 芯片，其并行数据输入线取自 MCS-51 单片机的 P0 口，这种扩展方法只分时占用 P0 口，并不影响 P0 口与其他扩展芯片的连接操作，不会造成单片机硬件的额外开支。因此，在 MCS-51 单片机应用系统的 I/O 口扩展中广泛采用这种方法。使用的扩展芯片主要是通过 I/O 扩展芯片和 TTL/CMOS 锁存器、三态门电路芯片。

2．串行口扩展方法

这是 MCS-51 单片机串行口工作方式状态下所提供的 I/O 口扩展功能。串行口方式为移位寄存器工作方式，因此，接上串入并出的移位寄存器 74LS164 时，可以扩展并行输出口，而接上并入串出移位寄存器 74LS165 时，则可扩展并行输入口。

这种扩展方法只占用串行口，而且通过移位寄存器的级联方法可以扩展多数量的并行 I/O。对于不使用串行口的应用系统，可以使用这种方法。但是，由于数据的输入输出采用串行移位方法，传输速度较慢。

9.1.1　I/O 接口的功能

I/O 接口指的是输入/输出接口电路，它分为并行接口和串行接口两种，是 CPU 和输入/输出（I/O）设备进行数据传输的通道。I/O 接口通常由大规模集成电路组成，可以和 CPU 集成在同一块芯片上，也可以是一块独立的芯片。

常用的输入设备有键盘、开关及各种传感器等，输出设备有 LED（或 LCD）显示器、微型打印机等。

MCS-51 单片机内部有 4 个并行 I/O 接口和 1 个串行 I/O 接口，对于简单的 I/O 设备可以直接连接。当连接的设备有特殊要求，或系统较为复杂，需要使用较多的 I/O 接口时，就必须通过外接 I/O 接口芯片来完成单片机与 I/O 设备的连接，如图 9-1 所示。

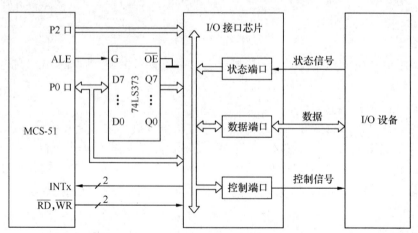

图 9-1　通过接口芯片扩展 I/O 口

I/O 接口的主要作用如下。

1．锁存数据

单片机对 I/O 设备的访问时间大大短于 I/O 设备对数据的处理时间。

CPU 通常是把输出数据快速写入 I/O 接口的数据端口，先将输出数据锁存下来，然后再交给外设处理。

外设输入数据时，通常也是先将数据锁存起来，再通知 CPU 读取。

2．隔离总线

单片机系统的数据总线为双向总线，供所有 I/O 设备分时复用。设备传送数据时占用总线，不传送数据时必须让总线呈高阻状态。利用 I/O 接口的三态缓冲功能，便可以实现 I/O 设备与数据总线的隔离，便于其他设备与总线挂接。

3．信号转换

当单片机和外部设备之间的数据传送方式不相同时，可以通过具有并/串变换或串/并变换的 I/O 接口来进行数据传送方式的转换。

通常 CPU 输入/输出的数据和控制信号是 TTL 电平（小于 0.6V 表示 0，大于 3.4V 表示 1），而外部设备的信号电平类型较多（如小于 5V 表示 0，大于 24V 表示 1），当出现这种情况时，可利用具有电平转换功能的 I/O 接口进行自动变换。

4．时序协调

单片机输入数据时，只有在确认输入设备已向 I/O 接口提供了有效的数据后，才能进行读操作；输出数据时，只有在确认输出设备已做好了接收数据的准备后，才能进行写操作。不同 I/O 设备的定时与控制逻辑不同，往往与 CPU 的时序不一致，这就需要 I/O 接口进行时序协调。

9.1.2　I/O 端口的编址

1．对 I/O 端口单独编址

I/O 端口单独编址是指对 I/O 端口和存储器存储单元分别编址，各自独立，这种编址方式的优点是不占用存储器地址，但需要使用专用的 I/O 指令，以区分 CPU 访问的地址究竟是存储器地址还是 I/O 端口的地址。由于 MCS-51 单片机指令集中没有专用的 I/O 指令，所以 MCS-51 单片机不采用这种编址方式。

2．I/O 端口和存储器统一编址

这种编址方式是把 I/O 端口当成存储器单元对待，让 I/O 端口地址占用存储器的部分单元地址。例如，将 0000H～FFFFH 范围的存储器地址中的 FF00H～FFFFH 作为 I/O 端口地址。这样，CPU 通过使用外部存储器的读/写指令就可以实现对 I/O 端口的输入/输出。MCS-51 单片机的 I/O 端口地址就是采用这种编址方式，利用 MOVX 类指令访问 I/O 端口。

I/O 端口和存储器统一编址的优点。

（1）CPU 访问外部存储器的一切指令均适用于对 I/O 端口的访问，这就大大增强了 CPU 对外设端口信息的处理能力。

（2）CPU 本身不需要专门为 I/O 端口设置 I/O 指令。

（3）能灵活安排 I/O 端口地址，I/O 端口数量不受限制。

9.1.3　I/O 数据的几种传送方式

I/O 数据传送方式主要有四种：无条件传送、条件传送、中断传送和 DMA（直接存储器存取）传送。

1．无条件传送

这种传送方式的特点是 CPU 不测试 I/O 设备的状态，数据是否进行传送只取决于程序的执行，而与外设的条件（即状态）无关。也就是说，在需要进行传送数据时，CPU 总是认为外设是处于"准备就绪"状态的，只要程序执行输入/输出指令，CPU 就立即与外设同步数据传送。

2．条件传送

条件传送也叫查询传送，采用这种传送方式时，单片机在执行输入/输出指令前，首先查询 I/O 接口的状态端口的状态。向外设输入数据时，需先查询外设是否已"准备就绪"。

向外设输出数据时，需先查询外设是否"空闲"，由此条件决定是否可以执行输入/输出操作，这种传送方式与无条件的同步传送不同，它是有条件的异步传送。

3．中断传送

采用中断传送方式时，每个 I/O 设备都具有请求中断的主动权。外设一旦需要传送数据服务时，就会主动向 CPU 发出中断请求，CPU 便可中止当前正在执行的程序，转去执行为该 I/O 设备服务的中断程序，进行一次数据传送。中断服务结束，再返回执行原来的程序。这样，在 I/O 设备处理数据期间，单片机不必浪费大量的时间去查询 I/O 设备的状态。

4．DMA传送

DMA（Direct Memory Access）方式是一种采用专用硬件电路执行输入/输出的传送方式，它使 I/O 设备可直接与内存进行高速数据传送，而不必经过 CPU 执行传送程序。这种传送方式必须依靠带有 DMA 功能的 CPU 和专用的 DMA 控制器来实现，由于 MCS-51 单片机不具备 DMA 功能，所以该系列单片机不能采用 DMA 方式传送数据。

9.2　8255 接口芯片

所谓可编程的接口芯片是指其功能可由微处理机的指令来加以改变的接口芯片，利用编程的方法，可以使一个接口芯片执行不同的接口功能。目前，各生产厂家已提供了很多系列的可编程接口，MCS-51 单片机常用的两种接口芯片是 8255 及 8155，本书主要介绍 8255 芯片在 MCS-51 单片机中的使用。8255 和 MCS-51 相连，可以为外设提供三个 8 位的 I/O 端口：A 口、B 口和 C 口，三个端口的功能完全由编程来决定。

9.2.1　8255A 芯片介绍

1．8255 的内部结构和引脚排列

8255 的内部逻辑结构图如图 9-2 所示。

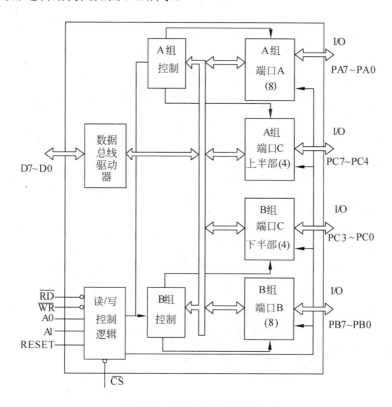

图 9-2　8255 的逻辑结构图

内部主要结构如下。

（1）数据总线驱动器。这是双向三态的 8 位驱动器，用于和单片机的数据总线相连，以实现单片机与 8255 芯片的数据传送。

（2）A 口。由一个 8 位的数据输出缓冲/锁存器和一个 8 位的数据输入缓冲/锁存器组成。

（3）B 口。由一个 8 位的数据输入/输出缓冲/锁存器和一个 8 位的数据输入缓冲器组成。

（4）C 口。由一个 8 位的数据输出缓冲/锁存器和一个 8 位的数据输入缓冲器组成。

（5）A、B 组控制电路。这是两组根据 CPU 的命令字控制 8255 工作方式的电路。A 组控制 A 口及 C 口的高 4 位，B 组控制 B 口及 C 口的低 4 位。

（6）数据缓冲器。这是一个双向三态 8 位的驱动口，用于和单片机的数据总线相连，

传送数据或控制信息。

（7）读/写控制逻辑。这部分电路接收 MCS-51 送来的读/写命令和选口地址，用于控制对 8255 的读/写。

其中，A 口、B 口和 C 口是 3 个 8 位并行 I/O 口，它们的功能完全由编程决定，但每个都有各自的特点。A 口是最具灵活性的输入输出寄存器，可编程为 8 位输入输出或双向寄存器；B 口可编程作为 8 位数据输入/输出寄存器，但不能双向输入输出；C 口除了作为输入、输出口使用外，还可以作为 A 口、B 口选通方式操作时的状态控制信号。

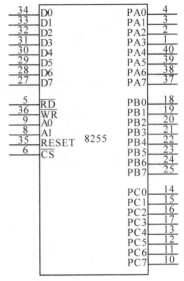

图 9-3　8255 芯片引脚图

8255 芯片引脚图如图 9-3 所示。

引脚功能如下。

① 数据线（8 条）。

D0～D7 为数据总线，用于传送 CPU 和 8255 之间的数据、命令和状态字。

② 控制线和寻址线（6 条）。

RESET：复位信号，输入高电平有效。一般和单片机的复位相连，复位后，8255 所有内部寄存器清零，所有 I/O 口都为输入方式。

A0、A1：地址输入线。当 A1=0，A0=0 时，PA 口被选择；当 A1=0，A0=1 时，PB 口被选择；当 A1=1，A0=0 时，PC 口被选择；当 A1=1，A0=1 时，控制寄存器被选择。

$\overline{CS}$：芯片选择信号线，当这个输入引脚为低电平时，即 $\overline{CS}$=0 时，表示芯片被选中，允许 8255 与 CPU 进行通讯；当 $\overline{CS}$=1 时，8255 无法与 CPU 做数据传输。

$\overline{RD}$：读信号线，当这个输入引脚为下降沿时，即 $\overline{RD}$ 产生一个低脉冲且 $\overline{CS}$=0 时，允许 8255 通过数据总线向 CPU 发送数据或状态信息，即 CPU 从 8255 读取信息或数据。

$\overline{WR}$：写入信号线，当这个输入引脚为下降沿时，即 $\overline{WR}$ 产生一个低脉冲且 $\overline{CS}$=0 时，允许 CPU 将数据或控制字写入 8255。

③ I/O 口线（24 条）。

PA0～PA7、PB0～PB7、PC0～PC7 为 24 条双向三态 I/O 总线，分别与 A、B、C 口相对应，用于 8255 和外设之间传送数据。

④ 电源线（2 条）。

V_{CC} 为+5V，GND 为地线。

2．8255 的控制字

8255 的三个端口具体工作在什么方式下，是通过 CPU 对控制口的写入控制字来决定的。

8255 有两个控制字：方式选择控制字（如图 9-4 所示）和 C 口置/复位控制字（如图 9-5 所示）。

用户通过程序把这两个控制字送到 8255 的控制寄存器（A0A1=11），这两个控制字以 D7 来作为标志。

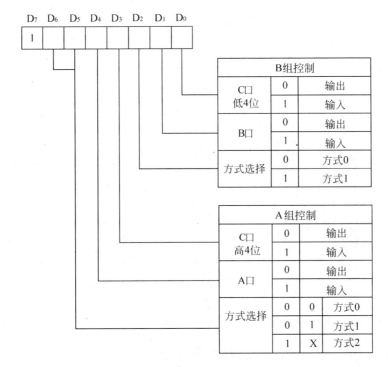

图 9-4　8255 工作方式控制字格式

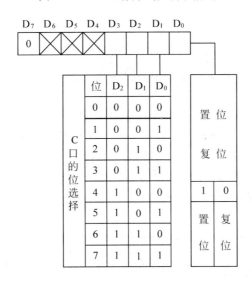

图 9-5　8255 C 口按位置位/复位控制字格式

3．8255的工作方式

8255 有三种工作方式：方式 0、方式 1、方式 2。方式的选择是通过上述写控制字的方法来完成的。

（1）方式 0（基本输入/输出方式）：A 口、B 口及 C 口高 4 位、低 4 位都可以设置输入或输出，不需要选通信号。单片机可以对 8255 进行 I/O 数据的无条件传送，外设的 I/O 数据在 8255 的各端口能得到锁存和缓冲。

（2）方式 1（选通输入/输出方式）：A 口和 B 口都可以独立的设置为方式 1，在这种方式下，8255 的 A 口和 B 口通常用于传送和它们相连外设的 I/O 数据，C 口作为 A 口和 B 口的握手联络线，以实现中断方式传送 I/O 数据。C 口作为联络线的各位分配是在设计 8255 时规定的，分配表如表 9-1 所示。

表 9-1　8255C 口联络信号分配表

C 口各位	方式 1		方式 2
	输入方式	输出方式	双向方式
PC0	INTRB	INTRB	由 B 口方式决定
PC1	IBFB	$\overline{OBF}_B$	由 B 口方式决定
PC2	SETB	SETB	由 B 口方式决定
PC3	INTRA	INTRB	INTRA
PC4	$\overline{ACK}_A$	I/O	$\overline{STB}_A$
PC5	IBFA	I/O	IBFA
PC6	I/O	$\overline{ACK}_A$	$\overline{ACK}_A$
PC7	I/O	$\overline{STB}_A$	$\overline{OBF}_B$

9.2.2　单片机和 8255A 的接口及程序设计

8255 和单片机的接口十分简单，只需要一个 8 位的地址锁存器即可。锁存器用来锁存 P0 口输出的低 8 位地址信息。如图 9-6 所示为 8255 扩展实例，连线说明如下。

数据线：8255 的 8 根数据线 D0～D7 直接和 P0 口一一对应相连就可以了。

控制线：8255 的复位线 RESET 与 8051 的复位端相连，都接到 8051 的复位电路上（在图 9-6 中未画出）。

寻址线：8255 的片选端和 A1、A0 分别由 P0.7 和 P0.1、P0.0 经地址锁存器 74LS373 后提供，当然片选端的接法不是唯一的。当系统要同时扩展外部 RAM 时，就要和 RAM 芯片的片选端一起经地址译码电路来获得，以免发生地址冲突。

I/O 口线：可以根据用户需要连接外部设备。图 9-6 中，A 口作输出，接 8 个发光二极管 LED；B 口作输入，接 8 个按键开关；C 口未用。

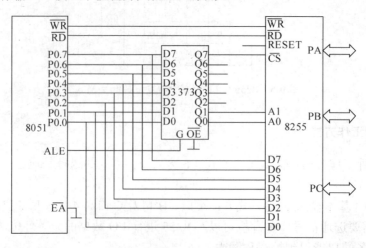

图 9-6　8051 和 8255 接口电路

【例 9-1】 如图 9-6 所示，如果在 8255 的 B 口接有 8 个按键，A 口接有 8 个发光二极管，则编写程序能够完成按下某一按键，相应的发光二极管发光的功能。

1. 地址确定

8051:

A15	A14	A13	A12	A11	A10	A9	A8	A7	A6	A5	A4	A3	A2	A1	A0
P2.7	P2.6	P2.5	P2.4	P2.3	P2.2	P2.1	P2.0	P0.7	P0.6	P0.5	P0.4	P0.3	P0.2	P0.1	P0.0

8255:

															A1	A0
A 口:	×	×	×	×	×	×	0	×	×	×	×	×	×	×	0	0
B 口:	×	×	×	×	×	×	0	×	×	×	×	×	×	×	0	1
C 口:	×	×	×	×	×	×	0	×	×	×	×	×	×	×	1	0
控制口:	×	×	×	×	×	×	0	×	×	×	×	×	×	×	1	1

根据上述接法，8255 的 A、B、C 以及控制口的地址分别为 0000H、0001H、0002H 和 0003H（假设无关位都取 0）。

2. 编程应用

汇编程序如下。

```
        MOV DPTR,#0003H        ;指向 8255 的控制口
        MOV A,#83H
        MOVX @DPTR,A           ;向控制口写控制字，A 口输出，B 口输入
        MOV DPTR,#0001H        ;指向 8255 的 B 口
LOOP:   MOVX A,@DPTR           ;检测按键，将按键状态读入 A 累加器
        MOV DPTR,#0000H        ;指向 8255 的 A 口
        MOVX @DPTR,A           ;驱动 LED 发光
        SJMP LOOP
```

C 程序如下。

```
#include<reg51.h>
#include<absacc.h>
#define PA XBYTE[0xFF00]        //定义 PA 口地址
#define PB XBYTE[0xFF01]        //定义 PB 口地址
#define PC XBYTE[0xFF02]        //定义 PC 口地址
#define CONTROL XBYTE[0xFF03]   //定义 8255 控制寄存器地址
main()
{
    char temp;                  //定义临时变量
    CONTROL=0x83;               //向控制寄存器写控制字，A 口输出，B 口输入
    while(1)
    {
        temp=PB;                //读取 PB 口的状态，并赋值给临时变量
        PA=temp;                //将临时变量赋值给 PA 口，驱动 LED 灯
    }
}
```

在程序中，用"＃include<absacc.h>"即可使用其中定义的宏来访问绝对地址，包括 CBYTE、XBYTE、PWORD、DBYTE、CWORD、XWORD、PBYTE、DWORD。用 XBYTE

定义的目的是将外部电路不同的功能变成不同的地址，这样就可以在程序里面通过直接对地址赋值，就能使外部电路实现需要的功能，这样做还有一个好处就是在编译时会产生 MOVX 指令，这样可以操作 WR 和 RD 引脚，以实现特定的功能，至于用 XBYTE 定义的地址是多少得根据实际的外围电路的连接确定，不可以随便写。

9.3　8155 接口芯片

Intel 公司研制的可编写的接口芯片 8155 不仅具有两个 8 位的 I/O 端口（A 口、B 口）和一个 6 位的 I/O 端口（C 口），而且还可以提供 256B 的静态 RAM 存储器和一个 14 位的定时/计数器。8155 和单片机的接口非常简单，目前被广泛应用。

9.3.1　8155H 芯片介绍

1．8155的结构和引脚

8155 有 40 个引脚，采用双列直插封装，其引脚图和组成框图如图 9-7 所示。

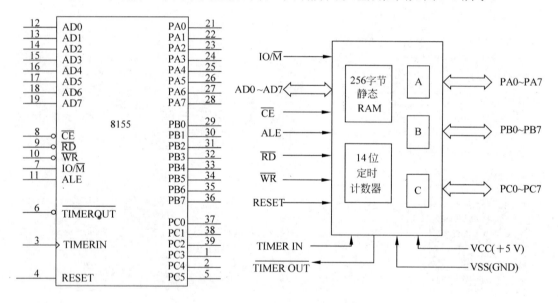

图 9-7　8155 的引脚图和结构框图

控制总线（8 条）；

$\overline{CE}$：片选线；

$\overline{RD}$、$\overline{WR}$：读、写控制；

RESET：复位线，通常与单片机的复位端相连，复位后，8155 的 3 个端口都为输入方式。

ALE：地址锁存线，高电平有效。它常和单片机的 ALE 端相连，在 ALE 的下降沿将单片机 P0 口输出的低 8 位地址信息锁存到 8155 内部的地址锁存器中。因此，单片机的 P0 口和 8155 连接时，无需外接锁存器。

IO/$\overline{\text{M}}$：RAM 或 I/O 口的选择线。当=0 时，选中 8155 的 256BRAM；当=1 时，选中 8155 片内 3 个 I/O 端口及命令/状态寄存器和定时/计数器。

TIMERIN：定时/计数器的脉冲输入、输出线。TIMERIN 是脉冲输入线，其输入脉冲对 8155 内部的 14 位定时/计数器减 1；为输出线，当计数器计满回 0 时，8155 从该线输出脉冲或方波，波形形状由计数器的工作方式决定。

TIMEROUT：定时器输出（输出所产生的方波脉冲）。

2. 作片外RAM使用

当 CE=0，IO/M=0 时，8155 只能做片外 RAM 使用，共 256B。其寻址范围由及 AD0～AD7 的接法决定，这和前面讲到的片外 RAM 扩展时讨论的完全相同。当系统同时扩展片外 RAM 芯片时，要注意二者的统一编址。对这 256BRAM 的操作使用片外 RAM 的读/写指令"MOVX"。

3. 作扩展I/O口使用

当 CE=0，IO/M=1 时，此时可以对 8155 片内 3 个 I/O 端口及命令/状态寄存器和定时/计数器进行操作。与 I/O 端口和计数器使用有关的内部寄存器共有 6 个，需要三位地址来区分，表 9-2 所示为地址分配情况。

表 9-2　内部寄存器的地址分配表

AD7～AD0								选中寄存器
A7	A6	A5	A4	A3	A2	A1	A0	
×	×	×	×	×	0	0	0	内部命令/状态寄存器
×	×	×	×	×	0	0	1	PA 口
×	×	×	×	×	0	1	0	PB 口
×	×	×	×	×	0	1	1	PC 口
×	×	×	×	×	1	0	0	定时器/计数器低 8 位寄存器
×	×	×	×	×	1	0	1	定时器/计数器高 8 位寄存器

1）命令/状态寄存器

和接口芯片 8255 一样，芯片 8155I/O 口的工作方式的确定也是通过对 8155 的命令寄存器写入控制字来实现的。8155 控制字的格式如图 9-8 所示。

命令寄存器只能写入不能读出，也就是说，控制字只能通过指令 MOVX @DPTR,A 或 MOVX @Ri,A 写入命令寄存器。

在本书中，扩展的 8155，用于连接 8 个 LED 显示和键盘，A、B 口为基本输出方式，C 口为基本输入方式，因此编写如下程序。

汇编程序如下。

```
MOV  DPTR,#CWR  ;设 CWR 为命令寄存器的地址
MOV  A,  #03H   ;A,B 口为基本输出方式，C 口为基本输入方式
MOVX @DPTR ,A
```

C 程序语句如下。

```
XBYTE[0xCWR]=0x03;
```

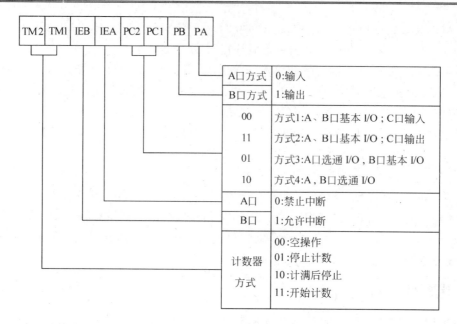

图 9-8 8155 的控制字

状态寄存器中存放有状态字，状态字反映了 8155 的工作情况，状态字的各位定义如图 9-9 所示。

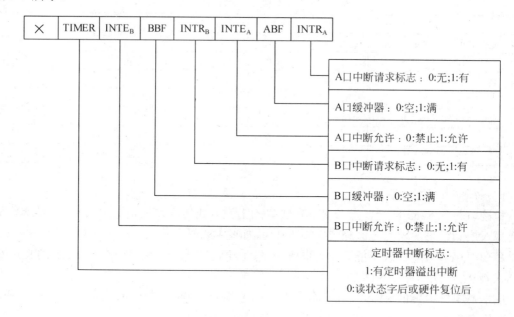

图 9-9 8155 的状态字

状态寄存器和命令寄存器是同一地址，状态寄存器只能读出不能写入，也就是说，状态字只能通过指令 MOVX A,@DPTR 或 MOVX A,@Ri 来读出，以此来了解 8155 的工作状态。

2）计数器高、低 8 位寄存器。

关于计数器高、低 8 位寄存器的使用，将在本节后面讲到定时器使用时再作介绍。

4．I/O 口的工作方式

当使用 8155 的三个 I/O 端口时，它们可以工作于不同的方式，工作方式的选择取决于写入的控制字（如图 9-8 所示）。其中，A、B 口可以工作于基本 I/O 方式或选通 I/O 方式，C 口可工作于基本 I/O 方式，也可以作为 A 口、B 口选通方式工作时的状态控制信号线。8155 选通输入/输出的逻辑结构如图 9-10 所示。

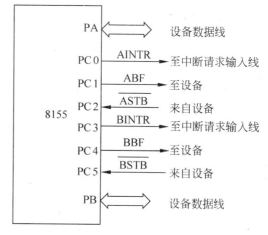

图 9-10　8155 选通输入/输出的逻辑结构

方式 1、2 时，A、B、C 口都工作于基本 I/O 方式，可以直接和外设相连，采用"MOVX"类的指令进行输入/输出操作。

方式 3 时，A 口为选通 I/O 方式，由 C 口的低三位作联络线，其余位作 I/O 线；B 口为基本 I/O 方式。

方式 4 时，A、B 口均为选通 I/O 方式，C 口作为 A 口、B 口选通方式工作时的状态控制信号线。C 口的工作方式和各位的关系如表 9-3 所示。

表 9-3　C 口的工作方式

引脚＼命令	ALT1(方式 1)	ALT2(方式 2)	ALT3(方式 3)	ALT4(方式 4)
PC0	输入线	输出线	A 口中断请求	A 口中断请求
PC1	输入线	输出线	A 口缓冲器满	A 口缓冲器满
PC2	输入线	输出线	A 口选通	A 口选通
PC3	输入线	输出线	输出	B 口中断请求
PC4	输入线	输出线	输出	B 口缓冲器满
PC5	输入线	输出线	输出	B 口选通

5．定时器/计数器使用

8155 的可编程定时器/计数器是一个 14 位的减法计数器，在 TIMERIN 端输入计数脉冲，计满时由输出脉冲或方波，输出方式由定时器高 8 位寄存器中的 M2、M1 两位来决定。当 TIMERIN 接外脉冲时为计数方式，接系统时钟时为定时方式，实际使用时一定要注意芯片允许的最高计数频率！

8155 的定时器/计数器与 MCS-51 单片机芯片内部的定时器/计数器，在功能上是完全相同的，同样具有定时和计数两种功能。但是在使用上却与 MCS-51 单片机的定时器/计数器有许多不同之处。具体表现如下。

（1）8155 的定时器/计数器是减法计数，而 MCS-51 单片机的定时器/计数器却是加法计数，因此，确定计数初值的方法是不同的。

（2）MCS-51 单片机的定时器/计数器有多种工作方式，而 8155 的定时器/计数器只有一种固定的工作方式，即 14 位计数，通过软件方法进行计数初加载。

（3）MCS-51 单片机的定时器/计数器有两种计数脉冲。定时功能时，以机器周期为计数脉冲；计数功能时，从芯片外部引入计数脉冲。但 8155 的定时器/计数器，不论是定时功能还是计数功能都是由外部提供计数脉冲，其信号引脚是 TIMERIN。

（4）MCS-51 单片机的定时器/计数器，计数溢出时，自动置位 TCON 寄存器的计数溢出标志位（TF），供用户查询或中断方式使用；但 8155 的定时器/计数器，计数溢出时向芯片外部输出一个信号（TIMEROUT），而且这一信号还有脉冲和方波两种形式，可由用户进行选择。

定时器/计数器的初始值和输出方式由高、低 8 位寄存器的内容决定，初始值 14 位，其余两位定义输出方式。

1）定时器/计数器的输出方式。

定时器的输出方式如表 9-4 所示。

表 9-4 定时器的输出方式

M2	M1	方 式	波 形
0	0	在一个计数周期输出单次方波	
0	1	连续方波	
1	0	在计满回 0 后输出的单个脉冲	
1	1	连续脉冲	

2）定时器/计数器的工作。

8155 对内部定时器的控制是由 8155 控制字的 D7、D6 位决定的，现总结如表 9-5 所示。

表 9-5 定时/计数器的工作情况

8155 的控制字		定时/计数器工作情况
D7	D6	
0	0	无操作，即不影响定时器的工作
0	1	立即停止定时器的计数
1	0	定时器计满回 0 后停止计数
1	1	若定时器不工作，则开始计数；若定时器正在计数，则计满回 0 后按新输入的长度值开始计数

3）定时器/计数器使用实例。

8155 使用时，通常是先送计数长度和输出方式的两个字节，然后送控制字到命令寄存器，控制计数器的启停。

【例 9-2】 编写 8155 定时器作 100 分频器的程序。设 8155 命令寄存器的地址为 0000H，定时器低字节寄存器的地址为 0004H，定时器高字节寄存器的地址为 0005H。

汇编程序如下。

```
ORG  1000H
MOV  DPTR,#0004H    ;指向定时器低字节寄存器地址
MOV  A,#64H
MOVX @DPTR,A        ;装入定时器初值低 8 位值
INC DPTR           ;指向定时器高字节寄存器地址
MOV  A,#40H
MOVX @DPTR,A        ;设定时器输出方式为连续方波
MOV DPTR,#0000H     ;指向命令寄存器地址
```

```
MOV A,#0C0H
MOVX @DPTR,A              ;装入命令字，开始计数
SJMP $
```

C 程序如下。

```
#include<reg51.h>
#include<absacc.h>
#define LREG XBYTE[0x0004]       //定义 8155 定时器低字节寄存器的地址
#define HREG XBYTE[0x0005]       //定义 8155 定时器高字节寄存器的地址
#define CONTROL XBYTE[0x0000]    //定义 8155 控制寄存器地址
main()
{
    LREG=0x64;                   //计数初值 100
    HREG=0x40;                   //设置为连续方波输出方式
    CONTROL=0xc0;                //设置 8155 控制字的 D7、D6 位为“11”开始计数
}
```

9.3.2 MCS-51 与 8155H 的接口及程序设计

MCS-51 和 8155 的接口非常简单，因为 8155 内部有一个 8 位地址锁存器，故无需外接锁存器。在二者的连接中，8155 的地址译码即片选端可以采用线选法、全译码等方法，这和 8255 类似。在整个单片机应用系统中要考虑与片外 RAM 及其他接口芯片的统一编址。如图 9-11 所示为一个连接实例。

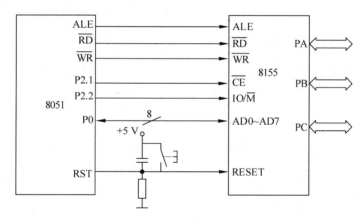

图 9-11 8155 和 8051 的接口电路

此时，8155 内部 RAM 的地址范围为 0000H～00FFH，8155 各端口的地址（设无关位为 0，这些地址都不是唯一的）为

❑ 命令/状态口 0400H
❑ A 口 0401H
❑ B 口 0402H
❑ C 口 0403H
❑ 定时器低字节 0404H
❑ 定时器高字节 0405H

基于图 9-11 所示的 8155 基本操作程序段。

（1）向 8155 RAM 中的 5FH 单元写入数据 32H

汇编程序如下。

```
MOV   DPTR , #005FH
MOV   A   , # 32H
MOVX @DPTR , A
```

C 程序语句如下。

```
XBYTE[0x005F]=0x32;
```

（2）从 8155 RAM 中的 98H 单元读取数据

汇编程序如下。

```
MOV   DPTR , #0098H
MOVX A , @DPTR
```

C 程序语句如下。

```
temp=XBYTE[0x0098];
```

设置 8155，使用 I/O 口和定时器：使 A 口位基本输入方式，B 口位基本输出方式，定时器作为方波发生器，对输入的脉冲进行 24 分频。

先对定时器赋初值和设定输出波形，设定 A，B 口的工作方式和传输方向，启动定时器工作。

（1）对定时器赋初值和设定输出波形

汇编程序如下。

```
MOV   DPTR , #0404H
MOV   A   , #24
MOVX @DPTR , A
INC   DPTR
MOV   A, #01000000B
MOVX @DPTR , A
```

C 程序如下。

```
XBYTE[0x0404]=24;
XBYTE[0x0405]=0x40;
```

（2）设定 A，B 口的工作方式并启动定时器工作。

汇编程序如下。

```
MOV   DPTR , #0400H
MOV   A, #11000010B
MOVX @DPTR , A
```

C 程序如下。

```
XBYTE[0x0400]=0xc2;
```

9.4 应用举例

本节给出一个 I/O 口扩展的应用实例，用 51 单片机外接 8255A，模拟交通灯运行。

AT89C51 与 8255A 的接口电路及交通灯示意图如图 9-12 所示。

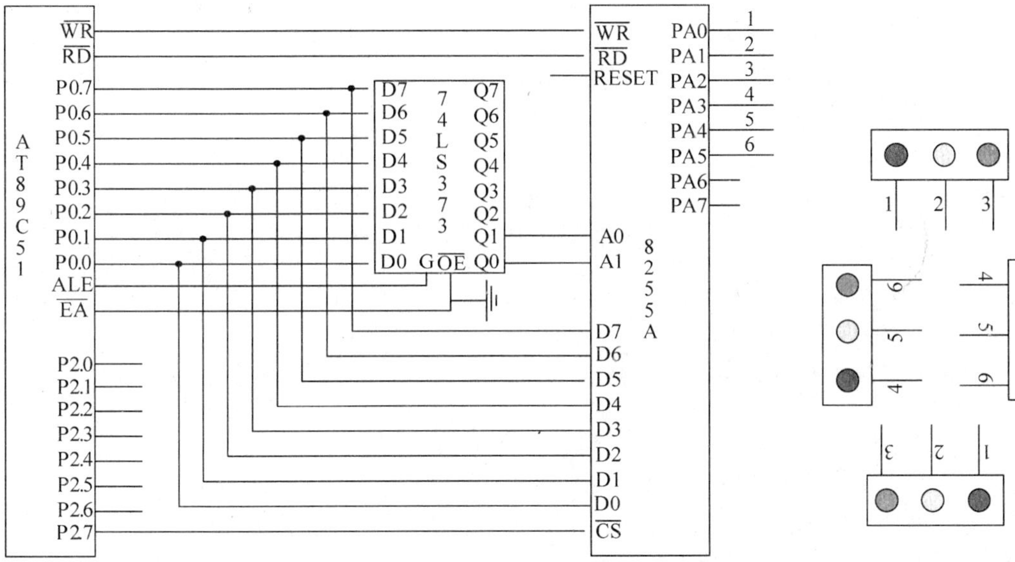

图 9-12 AT89C51 和 8255A 接口电路及交通灯示意图

【例 9-3】 利用 8255A 的 PA 口控制 12 个 LED 灯，模拟交通灯运行。开始时所有交通灯全部点亮，然后东西红灯亮，南北绿灯亮，10s 后，南北方向绿灯灭，南北方向黄灯亮并闪烁三次，接着南北方向红灯亮，东西红灯灭绿灯亮，10s 后，东西方向绿灯灭黄灯亮并闪烁三次，接着东西方向红灯亮，南北方向绿灯亮，10s 后，南北方向绿灯灭，南北方向黄灯亮并闪烁三次，依次循环。

汇编程序如下。

```
2010-04-21 22:01   CONTROL EQU 7FFFH
    PORTA   EQU 7FFCH
    ORG 0
START:  MOV DPTR,#7FFFH
    MOV A,#80H
    MOVX @DPTR,A
    MOV DPTR,#7FFCH
    MOV A,#0FFH
    MOVX @DPTR,A
LOOP:
    MOV A,#21H
    MOV DPTR,#7FFCH
    MOVX @DPTR,A            ; 东西红，南北绿
    CALL DELAYLONG

    MOV A,#11H
    MOV DPTR,#7FFCH
    MOVX @DPTR,A            ; 三次闪烁
    CALL DELAYSHORT
    MOV A,#01H
    MOV DPTR,#7FFCH
    MOVX @DPTR,A
    CALL DELAYSHORT
```

```
        MOV A,#11H
        MOV DPTR,#7FFCH
        MOVX @DPTR,A
        CALL DELAYSHORT
        MOV A,#01H
        MOV DPTR,#7FFCH
        MOVX @DPTR,A
        CALL DELAYSHORT
        MOV A,#11H
        MOV DPTR,#7FFCH
        MOVX @DPTR,A
        CALL DELAYSHORT
        MOV A,#01H
        MOV DPTR,#7FFCH
        MOVX @DPTR,A
        CALL DELAYSHORT

        MOV A,#0CH
        MOV DPTR,#7FFCH
        MOVX @DPTR,A
        CALL DELAYLONG

        MOV A,#0AH
        MOV DPTR,#7FFCH
        MOVX @DPTR,A
        CALL DELAYSHORT
        MOV A,#08H
        MOV DPTR,#7FFCH
        MOVX @DPTR,A
        CALL DELAYSHORT
        MOV A,#0AH
        MOV DPTR,#7FFCH
        MOVX @DPTR,A
        CALL DELAYSHORT
        MOV A,#08H
        MOV DPTR,#7FFCH
        MOVX @DPTR,A
        CALL DELAYSHORT
        MOV A,#0AH
        MOV DPTR,#7FFCH
        MOVX @DPTR,A
        CALL DELAYSHORT
        MOV A,#08H
        MOV DPTR,#7FFCH
        MOVX @DPTR,A
        CALL DELAYSHORT
        AJMP LOOP

DELAYLONG: MOV R7,#40
L1:     MOV R6,#200
L2:     MOV R5,#250
    DJNZ R5,$
    DJNZ R6,L2
    DJNZ R7,L1
    RET
DELAYSHORT: MOV R4,#200
L3:     MOV R3,#250
```

```
    DJNZ R3,$
    DJNZ R4,L3
    RET
    END
```

C 程序如下。

```
# include<absacc.h>
# define PORTA XBYTE[0X7FFC]          //定义 8255A　PA 口地址
# define CONTROL XBYTE[0X7FFF]        //定义 8255A　控制寄存器
void DELAYLONG(void);                 //长延时函数声明
void DELAYSHORT(void);                //短延时函数声明
void main(void)
{
CONTROL=0x80;                         //设置 PA 口为输出方式
PORTA=0XFF;                           //点亮全部交通灯
while(1)
    {
    PORTA=0X21;                       //东西红灯亮，南北绿灯亮
    DELAYLONG();
    PORTA=0X11;                       //东西红灯亮，南北黄灯亮，南北黄灯闪烁三次
    DELAYSHORT();
    PORTA=0X01;                       //东西红灯亮，南北黄灯灭
    DELAYSHORT();
    PORTA=0X11;                       //东西红灯亮，南北黄灯亮
    DELAYSHORT();
    PORTA=0X01;                       //东西红灯亮，南北黄灯灭
    DELAYSHORT();
    PORTA=0X11;                       //东西红灯亮，南北黄灯亮
    DELAYSHORT();
    PORTA=0X01;                       //东西红灯亮，南北黄灯灭
    DELAYSHORT();
    PORTA=0X0C;                       //东西绿灯亮，南北红灯亮
    DELAYLONG();
    PORTA=0X0A;                       //东西黄灯亮，南北红灯亮，东西黄灯闪烁三次
    DELAYSHORT();
    PORTA=0X08;                       //东西黄灯灭，南北红灯亮
    DELAYSHORT();
    PORTA=0X0A;
    DELAYSHORT();
    PORTA=0X08;
    DELAYSHORT();
    PORTA=0X0A;
    DELAYSHORT();
    PORTA=0X08;
    DELAYSHORT();
    }
}

void DELAYLONG(void)
{
unsigned i,j,k;
for(i=0;i<20;i++)
   for(j=0;j<40;j++)
   for(k=0;k<2500;k++);
```

```
}
void DELAYSHORT(void)
{
unsigned i;
for(i=0;i<30000;i++);
}
```

9.5 思考与练习

1. 简述可编程并行接口 8255 的内部结构。

2. 利用 8255 的 A、B 口，编写程序能够实现对 64 个按键的扫描功能。

3. 将 8255 的 A 口与共阴七段数码管的输入端 a～g 相连，小数点接地，公共端接地。试编写程序实现数码管从 0～9 循环显示。

4. 设某报警系统如图 9-13 所示。开关 K0、K1 打开时系统为正常状态，绿色指示灯 LD 亮。开关 K0 或 K1 闭合时，表示异常状态，要求报警，开关 K0 闭合，红色指示灯 HD0 亮；开关 K1 闭合，红色指示灯 HD1 亮。试设计一程序，使其能完成上述任务，并要求系统能连续工作。

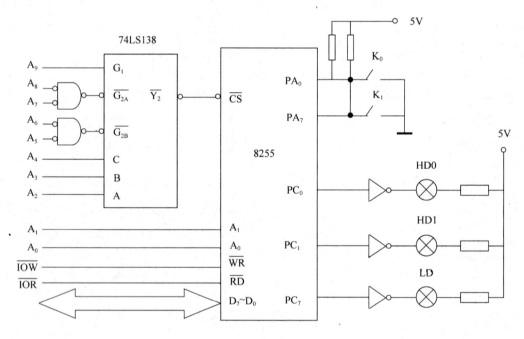

图 9-13 报警系统电路图

5. 试编程对 8155 进行初始化，设 A 口为选通输出，B 口为选通输入，C 口为控制联络口，并启动定时器/计数器按方式 1 工作，工作时间为 10 ms，定时器计数脉冲频率为单片机的时钟频率 24 分频，$f_{osc}=12\ \text{MHz}$。

6. 8051 与 8155 的连接图如图 9-14 所示。试编写程序段将从 PA 口输入的 256 个字节数据存放在 8155 内部 SRAM 中的 256 个存储单元中。

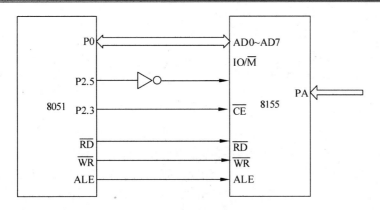

图 9-14 8051 与 8155 连接图

7．8031 扩展 8255，将 A 口设置成输入，B 口设置成输出，C 口设置成输出，试给出初始化程序。

第10章 输 入 设 备

单片机系统要进行人机交互就必须有输入设备和输出设备，通过输入设备用户可以向系统输入信息或控制系统的运行。输入设备最简单的有开关、按钮和按键，它们可以实现一些简单的控制功能；而复杂一点的输入设备就是键盘，它能够实现向单片机输入数据、传送命令等功能，是实现人机对话的纽带，是单片机应用系统不可缺少的重要输入设备。

10.1 键 盘 概 述

键盘是由一组规则排列的按键组成，一个按键实际上就是一个开关元件，即键盘是一组规则排列的开关。根据按键结构、原理的不同，它主要分为两类：一类是触点式开关按键，如机械式开关、导电橡胶式开关等；另一类是无触点式开关按键，如电气式按键、磁感应按键等。前者价格便宜，后者使用寿命长、安全性好但比较贵。

目前，单片机应用系统中最常见的是触点式开关按键。如图 10-1 （a）所示为机械式开关，当按键按下时上板和下板接触，当手松开时回复弹簧的弹力将使按键弹起，上板和下板切断。如图 10-1 （b）所示为导电橡胶式触点按键，触点的结构是通过导电橡胶相连。键盘内部有一层凸起带电的导电橡胶，每个按键都对应一个凸起，按下时把下面的触点接通，不按时，凸起部分会弹起，此种按键在数字系统中得到了大量的应用，如在手机系统、数码设备及 PDA 中很多都使用了这种按键作为键盘按键。

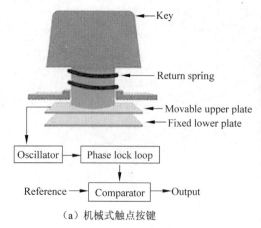

（a）机械式触点按键

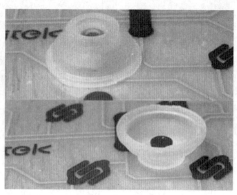

（b）橡胶式触点按键

图 10-1 触点式开关按键

10.1.1 按键去抖动

在单片机系统中，键盘所采用的按键为机械式弹性按键，由于机械触点的弹性作用，这样在按键按下和释放时会产生一连串的抖动，其抖动过程如图 10-2 所示。这种抖动对于人来说是感觉不到的，但对单片机来说，则是完全可以感应到的，因为计算机处理的速度是在微秒级的，而机械抖动的时间至少是毫秒级，对计算机而言，这已是一个很"漫长"的过程了。

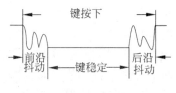

图 10-2　键盘信号抖动

抖动时间的长短由按键的机械特性决定，一般为 5～10ms。在抖动过程由于引起了电平信号的波动，会使 CPU 误解为多次按键操作，引起误处理。因此，为了确保 CPU 对一次按键动作只确认一次，必须采取措施消除抖动的影响。按键的消抖通常采用硬件和软件两种消除方法。

1. 硬件去抖动

硬件消抖是采用硬件电路的方法对键盘的按下抖动及释放抖动进行消抖，经过消抖使按键的电平信号只有两种稳定的输出状态。常用的硬件消抖电路有触发器消抖电路、滤波消抖电路两种，硬件去抖方法只适用于按键数目较少的情况。

触发器消抖电路如图 10-3 所示，用两个与非门构成一个 R-S 触发器，触发器一旦翻转，触点抖动不会对其产生任何影响。

电路工作过程如下。按键未按下时 a=0，b=1，输出 Q=1。按键按下时，因按键的机械弹性作用的影响，使按键产生抖动。当开关没有稳定到达 b 端时，因与非门 2 输出为 0 反馈到与非门 1 的输入端，封锁了与非门 1，双稳态电路的状态不会改变，输出保持为 1，输出 Q 不会产生抖动的波形。

当开关稳定到达 b 端时，因 a=1，b=0，使 Q=0，双稳态电路状态发生翻转。当释放按键，开关未稳定到达 a 端时，因 Q=0，封锁了与非门 2，双稳态电路的状态不变，输出 Q 保持不变，消除了后沿的抖动波形。当开关稳定到达 a 端时，因 a=0，b=0，使 Q=1，双稳态电路状态发生翻转，输出 Q 重新返回原状态。由此可见，键盘输出经双稳态电路之后，输出已变为规范的矩形方波。

滤波消抖电路如图 10-4 所示，用两个电阻、一个电容和 74LS14 构成 RC 滤波消抖电路，保证输出端不会出现电平的波动。

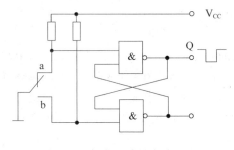

图 10-3　触发器消抖电路

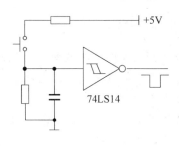

图 10-4　滤波消抖电路

2. 软件去抖动

软件消抖是指当按键较多时，硬件消抖将无法完成，这时就采用软件消抖的方法。软件法其实很简单，就是在单片机获得端口为低电平（按键按下时）的信息后，不是立即认定按键已被按下，而是延时 10ms 或更长时间后再次检测该端口，如果仍为低，说明此键的确被按下了，这实际上是避开了按键按下时的抖动时间；而在检测到按键释放后（端口为高电平时）再延时 10ms，消除后沿的抖动，然后对按键进行处理。软件去抖动是采用延时的方法把抖动的时间抛掉，等电压稳定之后再读取按键的状态。由于抖动时间与整个按键操作时间相比很小，所以延时不会对按键状态的判断产生什么影响。而且软件去抖省去了硬件电路，变得更加经济实用。

10.1.2 键盘的分类

键盘是单片微型计算机系统中最常用的一种输入设备。一般应用时有两类键盘：编码键盘和非编码键盘。

编码键盘是由硬件电路完成按键识别工作，每按一次键，键盘会自动产生相应的代码，并能同时产生一个选通脉冲通知单片机，还具有处理抖动和多键串联的保护电路。这种键盘使用方便，但按键较多时硬件会比较复杂。

非编码键盘其全部工作，包括按键的识别、按键代码的产生、防止串键和消去抖动等问题都靠程序来实现，故硬件较为简单，价格也便宜，在单片机系统中的应用较为广泛。常用的此类键盘有独立式键盘和矩阵式键盘。

1. 独立式键盘

独立式键盘是指各个按键相互独立，每个按键各接一根 I/O 口线，每根 I/O 口线上的按键是否按下不会影响其他 I/O 口线上的工作状态。因此，通过检测 I/O 口线的电平状态可以很容易判断哪个按键被按下了。独立式键盘的结构图如图 10-5 所示。

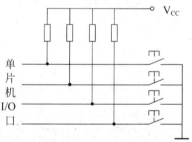

图 10-5 独立式键盘结构

单片机控制系统中，往往只需要几个功能键，此时，可采用独立式按键结构。独立式键盘电路配置灵活，软件结构简单，但每个按键需占用一根 I/O 口线，因此，当按键数量较多时占用单片机 I/O 口也较多，故此种键盘适用于按键数量较少或操作速度较高的场合。

2. 矩阵式键盘

矩阵式键盘又叫行列式键盘。当键盘中按键数量较多时，为了减少键盘与单片机接口时所占用 I/O 口线的数目，通常将按键排列成矩阵形式。在矩阵式键盘中，每条行线和列线在交叉处不直接连通，而是通过一个按键加以连接（即按键位于行、列的交叉点上），如图 10-6 所示。一个 4×4 的行、列结构可组成 16 个键的键盘，用了 8 根 I/O 接口线，比一个键位用一根 I/O 接口线的独立式键盘少了一半的 I/O 接口线，而且键位越多，这种键盘占 I/O 口线少的优点就越明显。比如，再多加一条线就可以构成 4×5=20 键的键盘，而直接用端口线则只能多出一个键（9 键）。由此可见，在需要的按键数量比较多时，采用矩阵法来连接键盘是非常合理的。

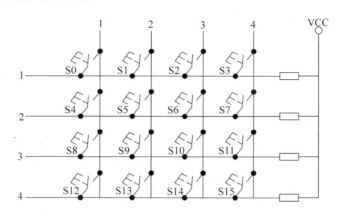

图 10-6 矩阵式键盘结构

矩阵式结构的键盘显然比独立式键盘复杂一些，识别也要复杂一些。在上图中，键盘的行线一端经上拉电阻接+5V 电源，另一端接单片机的输入口；各列线的一端接单片机的输出口，另一端悬空。无按键按下时，行线处于高电平状态，而当有按键按下时，行线电平状态将由与此行线相连的列线的电平决定。列线的电平如果为低，则行线电平为低；列线的电平如果为高，则行线的电平亦为高。这一点是识别行列式键盘按键是否按下的关键所在。由于行列式键盘中行、列线为多键共用，各按键均影响该键所在行和列的电平。因此，各按键彼此将相互发生影响，所以必须将行、列线信号配合起来并作适当处理，才能确定闭合键的位置。

常用的键位置判别方法有扫描法和线反转法两种。

（1）扫描法。

下面以图 10-6 所示 3 号键被按下为例说明此键是如何被识别出来的。

当 3 号键被按下时，与 3 号键相连的行线电平将由与此键相连的列线电平决定，而行线电平在无按键按下时处于高电平状态。如果让所有的列线处于低电平，很明显，按键所在行电平将被接成低电平，根据此行电平的变化，便能判定此行一定有键被按下。但还不能确定是 3 号键被按下，因为如果 3 号键没按下，而是同一行的键 0、1 或 2 其中之一被按下，均会产生同样的效果。所以，行线处于低电平只能得出某行有键被按下的结论。为进一步判定到底是哪一列的键被按下，可采用扫描法来识别，即在某一时刻只让 1 条列线处于低电平，其余所有列线处于高电平。当第 1 列为低电平，其余各列为高电平时，因为是 3 号键被按下，所以第 1 行仍处于高电平状态；而当第 2 列为低电平，而其余各列为高电平时，同样我们会发现第 2 行仍处于高电平状态；直到让第 4 列为低电平，其余各列为高电平时，因为此时 3 号键被按下，所以第 1 行的电平将由高电平转换到第 4 列所处的低电平，据此可判断第 1 行第 4 列交叉点处的按键，即 3 号键被按下。

根据以上分析可知，采用扫描法识别按键的步骤。

① 判断键盘中是否有键按下。

将全部列线置低电平，然后检测各行线的状态，只要有一行的电平为低，则表示键盘中有键被按下，而且闭合的键位于这一低电平行线上；若所有行线均为高电平，则表示键盘中无键按下。

② 判断闭合键所在的位置。

在确认有键按下后，即可进入确定具体闭合键的过程。其方法是依次将列线置为低电平（即在置某一列线为低电平时，其余各列为高电平），检测各行线的电平状态，若某行为低，则该行线与置为低电平的列线交叉处的按键就是闭合的按键。

扫描法对键的识别采用逐行（列）扫描的方法获得键的位置，当被按下的键位于最后一行（列），则要经过多次扫描才能最后获得此按键所处的行列值，耗费的时间比较长，因而使用扫描法的效率不是很高。

（2）线反转法

线反转法通过两次输出和两次读入可完成键的识别，比扫描法要简单，无论被按键是处于何处只需经过两步即可获得被按键的位置，线反转法的原理如图 10-7 所示。

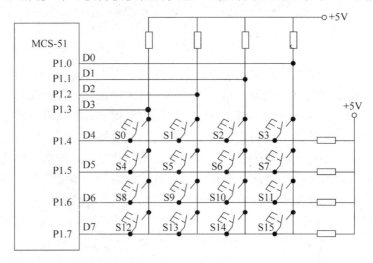

图 10-7　线反转法原理图

图中用 1 个 8 位 I/O 口构成 1 个 4×4 的矩阵键盘，采用查询方式进行工作，下面介绍线反转法的 2 个具体操作步骤。

第 1 步，把行线编程为输入线，列线编程为输出线，并使输出线输出为全低电平，然后读行的状态，如果有键按下，则按键所在的行为低电平。

第 2 步，与第一步相反，把列线编程为输入线，行线编程为输出线，并使输出线输出为全低电平，若有键按下，则按键所在的列为低电平。

结合上述 2 步的结果，可确定按键所在行和列，从而识别出所按的键。

假设 3 号键被按下，那么第 1 步即在 D0～D3 输出全为 0，然后读入 D4～D7 位，结果 D4=0，而 D5、D6 和 D7 均为 1，因此，第 1 行出现电平的变化，说明第 1 行有键按下；第 2 步让 D4～D7 输出全为 0，然后读入 D0～D3 位，结果 D0=0，而 D1、D2 和 D3 均为 1，因此第 4 列出现电平的变化，说明第 4 列有键按下。综合上述分析，即第 1 行第 4 列的按键闭合，此按键即是 3 号键。由此可见线反转法非常简单适用。

3．键盘的编码

对于独立式键盘来说，由于按键的数目比较少，可根据实际需要灵活编码。对于矩阵式键盘，每个按键的行号和列号是唯一确定的，所以常常采用依次排列键号的方式对键盘进行编码。以 4×4 键盘为例，键号可以编码为 01H，02H，03H，…，0EH，0FH，10H 共 16 个。编码相互转换可通过计算或查表的方法实现。

在计算机中，每一个键都对应一个处理子程序，得到闭合键的键码后，就可以根据键码转相应的键处理子程序，去执行该键对应的操作，实现该键所设定的功能。

10.2 键盘与单片机的接口

键盘与单片机的接口有查询方式和中断方式，查询方式比较简单，可靠性比较高，但是效率低；而中断方式则效率比较高，系统资源占用比较少，同时可以保证实时性的要求。独立式和矩阵式的键盘都可以接成查询方式和中断方式。

键盘与单片机的接口电路的主要功能是实现对按键的识别，即在键盘中找出被按的是哪个键。在单片机中实现按键信号的有效办法通常是检查 I/O 口是否有低电平发生，也可以用高电平，但因为单片机在复位时所有引脚都是呈现高电平，所以一般还是以低电平为好。确定了被按键之后，通过执行中断服务或子程序来实现该键的功能。

10.2.1 独立式键盘与单片机的接口

如图 10-8（a）所示为查询方式工作的独立式键盘接口电路，按键直接与 8051 的 I/O 口线相接，当没有按下键时，对应的 I/O 接口线输入为高电平，当按下键时，对应的 I/O 接口线输入为低电平。通过读 I/O 口，判断各 I/O 口线的电平状态，即可以识别出按下的键。如图 10-8（b）所示为中断方式工作的独立式键盘接口电路，只要有一个键按下，与门的输出即为低电平，向 8051 发出中断请求，在中断服务程序中通过执行判键程序，判断是哪一个键按下。

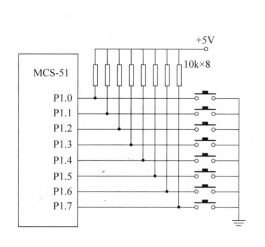

（a）查询方式

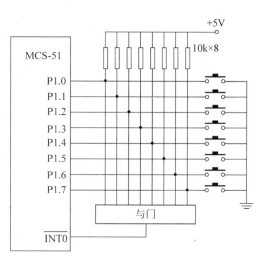

（b）中断方式

图 10-8 独立式键盘接口电路

上述各种独立式键盘电路中，各按键均采用了上拉电阻，这是为了保证在按键断开时，各 I/O 口线上有确定的高电平，当然如果输入口线内部已有上拉电阻，则外电路的上拉电阻可省去。

1. 查询方式的程序设计

查询方式在工作时通过执行相应的查询程序来判断有无键按下，是哪一个键按下。采用查询方式编程的方法：先逐位查询每条 I/O 口线的输入状态，如某一条 I/O 口线输入为低电平，则可确认该 I/O 口线所对应的按键已按下，然后，再转向该键的功能处理程序。

【例 10-1】 如图 10-8（a）所示为查询方式工作的独立式键盘接口电路，编写其键盘接口电路的程序代码。

程序代码如下。

```
#include <reg51.h>
#include <absacc.h>
#define uchar unsigned char              //定义无符号字符型变量
#define uint unsigned int                //定义无符号整型变量
sbit  anjian1=P1^0;
sbit  anjian2=P1^1;
sbit  anjian3=P1^2;
sbit  anjian4=P1^3;
sbit  anjian5=P1^4;
sbit  anjian6=P1^5;
sbit  anjian7=P1^6;
sbit  anjian8=P1^7;
uchar key_scan()
{
   uint key = 0;
   if(P1&0xff!=0xff)                     //如果有键按下
   {
        delay10ms();                     //延时去抖动
        if(P1&0xff!=0xff)
        {
                if (anjian1==0)          //如果第一行有键按下
                {
                    key=1;
                }
                if (anjian2==0)          //如果第二行有键按下
                {
                    key=2;
                }
                if (anjian3==0)          //如果第三行有键按下
                {
                    key=3;
                }
                if (anjian4==0)          //如果第四行有键按下
                {
                    key=4;
                }
                if (anjian5==0)          //如果第五行有键按下
                {
                    key=5;
                }
                if (anjian6==0)          //如果第六行有键按下
                {
                    key=6;
```

```
                    }
            if (anjian7==0)                 //如果第七行有键按下
            {
                key=7;
            }
             if (anjian8==0)                //如果第八行有键按下
            {
                key=8;
            }
        }
    }
    return(key);
}
void delay10ms()
{
    unsigned char i,j;
    for(i=0;i<10;i++)
    for(j=0;j<120;j++)                       //延时 1ms
    {
        ;
    }
}
```

2．中断方式的程序设计

中断方式需要占用单片机的一个外部中断源，只要有键按下就会发出中断请求，CPU
响应中断，查询各按键对应 I/O 端口的状态。中断方式的实时性好、效率高。

【例 10-2】　如图 10-8（b）所示为中断方式工作的独立式键盘接口电路，编写其键盘
接口电路的程序代码。

程序代码如下。

```
#include <reg51.h>
#include <absacc.h>
#define uint unsigned int              //定义无符号整型变量
sbit  anjian1=P1^0;
sbit  anjian2=P1^1;
sbit  anjian3=P1^2;
sbit  anjian4=P1^3;
sbit  anjian5=P1^4;
sbit  anjian6=P1^5;
sbit  anjian7=P1^6;
sbit  anjian8=P1^7;
sbit  INT0P32 = P3^2;
uint flage;                             //按键标志
void service_int0() interrupt 0 using 0    //当有按键按下时，触发中断
{
    delay10ms();
    if(INT0P32 == 0x00)                 //有键按下
    {
        flage = 1;
    }
    else
    {
        flage = 0;
    }
}
void main()
```

```
{
    uint i;
    EX0=1;    //开 INT0 中断
    EA=1;     //开总中断
    while(1)
    {
        if (flage ==1)
        {
            if (anjian1==0)
            {
                i=1;
                flage =0;
            }
            if (anjian2==0)
            {
                i=2;
                flage =0;
            }
            if (anjian3==0)
            {
                i=3;
                flage =0;
            }
            if (anjian4==0)
            {
                i=4;
                flage =0;
            }
            if (anjian5==0)
            {
                i=5;
                flage =0;
            }
            if (anjian6==0)
            {
                i=6;
                flage =0;
            }
            if (anjian7==0)
            {
                i=7;
                flage =0;
            }
            if (anjian8==0)
            {
                i=8;
                flage =0;
            }
        }
    }
    flage =0;
}
void delay10ms()
{
    unsigned char i,j;
    for(i=0;i<10;i++)
    for(j=0;j<120;j++)    //延时 1ms
    {
        ;
    }
}
```

10.2.2　矩阵式键盘与单片机的接口

矩阵式键盘比独立式键盘复杂，但其与单片机的接口同样可以用查询及中断的方式实现连接。

如图 10-9 所示为查询方式工作的矩阵式键盘接口电路，单片机通过定时器定时的形式查询按键状态，也可以在程序中随机查询，或者当 CPU 空闲时查询键盘状态来响应用户的键盘输入。

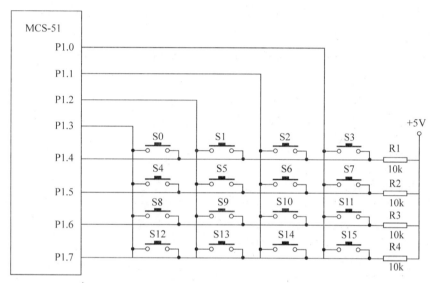

图 10-9　查询方式工作的矩阵式键盘接口电路

如图 10-10 所示为中断方式工作的矩阵式键盘接口电路，P1.4~P1.7 置高电平，依次置 P1.0~P1.3 为低电平，当有键被按下时，INT0 引脚为低电平，于是单片机产生外部中断，在中断服务程序中通过读取 P1.4~P1.7 的电平就可以判断是哪个键被按下。

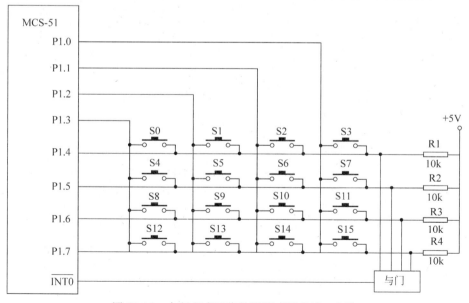

图 10-10　中断方式工作的矩阵式键盘接口电路

无论是独立式键盘或矩阵式键盘，都要按照一定的步骤进行工作，以保证不会出现差错，其具体过程如下。

1）判断键盘中是否有键按下。

2）按键去抖动，再次判断是否有键按下。

3）如果有键按下，判断按键的具体位置，获得按键所在的行和列的编码。

4）等待按键释放，在按键的过程中可能会出现两个或两个以上按键同时被按下的情况，这时可以采用两种方法进行处理，第一种是只识别闭合的第一个按键，对其余键均不识别，当键释放后，才读下一个键值，第二种方法是依次识别按键，当前面所识别的按键释放后，再对其他闭合的按键识别。

5）执行按键处理程序，每一个按键都有各自的功能意义，识别按键后就要执行按键所要实现的功能。

【例 10-3】 设计 3×2 矩阵式按键，点击某个按键，便在流水灯上点亮相应指定的灯。

分析：采用查询方式设计矩阵式键盘接口电路的硬件和软件。

1．硬件设计

查询方式矩阵式键盘接口电路设计如图 10-11 所示。

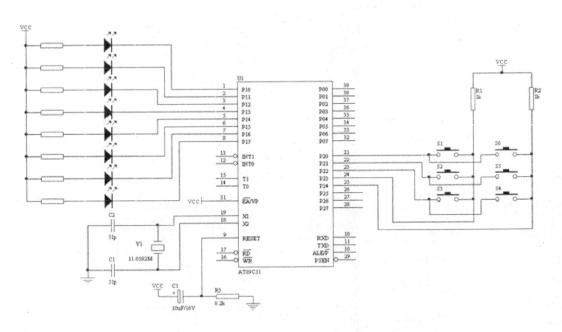

图 10-11　矩阵式键盘接口电路

2．矩阵式按键编程分析

针对 3×2 矩阵且 p2 其余口设置为"1"的情况下。

1）查询是否有按键按下。

首先单片机发送行扫描码 F8H，即 P2.0～P2.2 输出"0"，P2.3、P2.4 为"1"，然后检测 P2.3、P2.4 输入的列信号，若有一列信号不为"1"，即 P2 不为 F8，则表示有按键按下，否则无按键按下。

2）若有按键按下，查询按下键的行值和列值。

列值：P2 口返回的值，异或 F8H，即可得到相应的列值。

行值：要确定键所在的行，需要逐行扫描。首先使 P2.0 为"0"，P2.1～P2.7 为"1"，即发送行扫描码 FEH，然后检测输入的列信号，若 P2.3 和 P2.4 全为"1"，表示不在第一行；那么使 P2.1 为"0"，P2.0、P2.2～P2.7 为"1"，即发送行扫描码 FDH，然后再检测输入的列信号，判断 P2.3 和 P2.4 是否全为"1"，若全为"1"，表示不在第二行；继续让 P2.2 为"0"，P2.0、P2.1、P2.3～P2.7 为"1"，即发送行扫描码 FBH，扫描第三行，直至到行扫描完毕。若不全为"1"，该行扫描码取反，就得到行值。

3）按下的键的键值。

键值=列值+行值，这样就可以利用键值赋予每个按键相应的功能了，其实我们也可以预先推出每个按键的键值（每个按键所对应的行和列的位都为"1"），然后校验自己所编写的程序是否正确。

3．软件设计

查询方式矩阵式键盘接口电路程序设计如下。

```c
#include <reg51.h>
#include <intrins.h>
#define uchar unsigned char
#define uint unsigned int
void delayms(void)      //去抖动
{
    uchar i;
    for(i=200;i>0;i--){};
}
//*********** P2.0～P2.2 为行输出，P2.3 和 P2.4 为列输入***********//
//***s1 的键值是 0X9，s2 的键值是 0XA，s3 的键值是 0XC，s4 的键值是 0X14**//
//***s5 的键值是 0X12，s6 的键值是 0X11*********************//
uchar kbscan(void)         //三行两列的键盘程序
{
    uchar a,b;
    P2=0xf8;
    if ((P2&0xf8)!=0xf8)
    {
        delayms();
        if ((P2&0xf8)!=0xf8)
        {
            a=0xfe;
            while((a&0x8)!=0)
            {
                P2=a;
                if ((P2&0xf8)!=0xf8)
                {
                    b=P2&0x18;
                    b|=0xe7;
                    return((~b)+(~a));  //返回键值
                }
```

```
            else
            a=(a<<1)|0x01;
        }
    }
}
    return(0);
}
void main(void)
{
    uchar key;
    while(1)
    {
        key=kbscan();
        switch(key)
        {
            case 10:
            P1=0xfe;
            break;
            case 12:
            P1=0xfd;
            break;
            case 20:
            P1=0xfb;
            break;
            case 18:
            P1=0xf7;
            break;
            case 17:
            P1=0xef;
            break;
            case 9:
            P1=0xdf;
            break;
            default:
            break;
        }
    }
    P1=0x00;
}
```

10.2.3　串行口扩展键盘接口

当 89C51 的串行口未作它用时，使用 89C51 的串行口来扩展键盘接口是一个很好的键盘接口设计方案。

【例 10-4】　利用单片机串行口实现键盘接口，设计键盘接口电路及编写其程序代码。

1．硬件设计

利用单片机的串行口实现键盘接口的硬件电路如图 10-12 所示。图中设置 AT89C51 单片机串行口工作方式为 0（移位寄存器方式），串行口外接 74LS164 移位寄存器构成键盘接口，把 AT89C51 的 RXD 作为 74LS164 的串行数据输入端，TXD 作为移位时钟脉冲的输入端与 8 脚相连。在移位时钟的作用下，串行口发送缓冲器 SBUF 的数据一位一位地移入到 74LS164 中。P0.0 和 P0.1 作为键盘的输入线，通过上拉电阻与+5V 电源相接，74LS164 的 Q0～Q7 作为键盘的输出线。

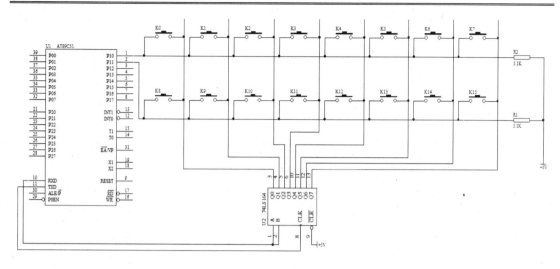

图 10-12 单片机的串行口实现键盘接口电路

图中用到了一个重要的芯片 74LS164，它是 TTL 单向 8 位移位寄存器，可实现串行输入、并行输出的功能。其中，A、B（第 1、2 脚）为串行数据输入端，两个管脚按逻辑"与"运算规律输入信号。CLK（第 8 脚）为时钟输入端，可连接到串行口的 TXD 端。每一个时钟信号的上升沿加到 CLK 端时，移位寄存器移一位，当经历 8 个时钟脉冲后，8 位二进制数全部移入 74LS164 中。$\overline{\text{CLR}}$（第 9 脚）为复位端，当它为低电平时，Q0~Q7 输出端均为低电平，只有当它为高电平时，时钟脉冲才起作用。Q0~Q7 为并行输出端，可作为键盘的输出线。Vcc、GND 分别为芯片的电源和接地端。

2．软件设计

键盘接口电路的程序流程图如图 10-13 所示，主要完成串行口的初始化和按键扫描工作。在初始化过程中，主要完成了单片机串行工作方式的设定，设定其工作方式为 0。在进行按键扫描工作时，首先应该利用单片机的串行口输出数据，使得列线输出全为低电平，然后判断是否有键按下；如果有键按下，进行按键消抖，然后利用串行口依次输出各列为低电平，其余为高电平，以判断按键的具体位置；确定按键的具体位置后，等待按键释放，返回按键值。

程序代码如下。

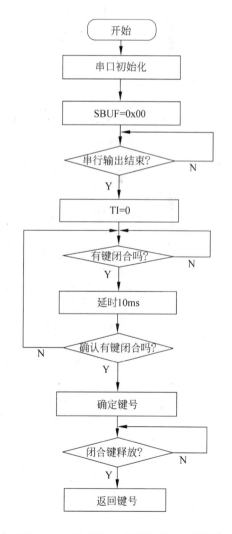

图 10-13 键盘接口电路的程序流程图

```
#include <reg51.h>
#define uchar unsigned char
#define uint unsigned int
uchar key_scan();                //按键扫描子程序
void delay10ms();                //延时程序
uchar key_free();                //等待按键释放程序
void key_deal();                 //键处理程序
sysem_initial();                 //初始化程序
//***************主程序***************
void main()
{
    sysem_initial();
    while(1)
    {
        key_scan();
        uchar key_free();
        key_deal();
    }
}
//***************初始化程序***************
void sysem_initial()
{
    PCON=0x00;
    SCON=0x18;                   //选择串行工作方式 0
    ES=0;                        //禁止串行口中断
}
//***************扫描按键程序***************
uchar key_scan()
{
    unsigned char key,Rankcode;
    int i,j;
    SBUF=0x00;                   //使扫描键盘的 74LS164 输出为 00H，所有列线为低电平
    while(TI!=1)                 //串行输出完否？
    TI=0;                        //清零
    P1=0x03;                     //所有行线为高电平
    if(P1&0x03!=0x03)            //如果有键按下
    {
        delay10ms();             //延时
        for(i=0;i<8;i++)
        {
            if(P1&0x03!=0x03)                //确实有键按下
            {
                Rankcode=0xFE;               //扫描第一列
                SBUF=Rankcode;               //输出列值
                while(TI!=1)
                TI=0;
                if(P1&0x03==0x01)            //如果第一行有键闭合
                {
                    j=0;
                }
                else if(P1&0x03==0x02)       //如果第二行有键闭合
                {
                    j=1;
                }
                key=j*8+i;                   //计算键值
            }
```

```
        If((j==0) || (j==1))
            break;                          //如果扫描到按键,退出
        Rankcode=(Rankcode<<1)|0x01;        //否则,开始扫描下一列
        }
    }
    return(key);                            //返回键值
}
//***************释放按键程序***************
uchar key_free()
{
    key=key_scan();
    SBUF=0x00;                              //所有列线为低电平
    P1=0x03;                                //所有行线为高电平
    while(TI!=1)
    TI=0;
    while(P1&0x03!=0x03)                     //如果仍有键按下,等待按键释放
    return(key);                            //返回键值
}
//***************延时程序***************
void delay10ms()
{
    unsigned char i,j;
    for(i=0;i<10;b++)
    for(j=0;j<120;j++)                      //延时 1ms
    {   ;
    }
}
```

10.3　思考与练习

1. 为什么要消除按键的机械抖动?
2. 软件上消除按键的机械抖动的原理是什么?
3. 独立式按键和矩阵式按键分别具有什么特点? 适用于什么场合?
4. 请说明矩阵式键盘按键按下的识别原理。
5. 键盘的工作方式有哪几种,它们的特点是什么?
6. 请根据图 10-7 所示的键盘,采用线反转法原理编写识别 S6 按键被按下并得到其键号的程序。

第11章 输出设备

　　输出设备是人机交互的重要部分，用户通过输出设备的显示可以知道系统的运行状态。在不同的应用场合中对显示输出设备的要求是不同的，在简单的系统中发光二极管作为指示灯来显示系统的运行状态；在一些大型的系统中需要处理的数据比较复杂，常用字符、汉字或图形的方式来显示结果，这时常使用数码管和液晶显示设备来实现。

11.1　发光二极管

　　发光二极管英文名为 LED（Light-Emitting Diode），在系统中通常用作信号灯。通过LED 可以很简单地看出系统某些开关量的状态，如阀门的打开/关闭、汽车中各种灯的亮灭、电机的启动/停止等。常用的发光二极管外形如图 11-1 所示。

图 11-1　常用的发光二极管外形图

　　发光二极管与普通二极管一样具有单向导电性。只要加在发光二极管两端的电压超过了它的导通电压（一般为 1.7V～1.9V），它就会导通，而当流过它的电流的时间超过一定数值时（一般 2ms～3ms）它就会发光，发光的颜色有多种，如红、绿、黄等。它具有工作电压低、耗电少、响应速度快、抗冲击、耐振动、性能好及轻而小的特点，被广泛应用于显示电路中。

　　在实际应用中，通常系统中有多个发光二极管，它们的连接方式有两种：共阳极连接和共阴极连接。它们的一般电路连接如图 11-2 所示。

　　图中接在 51 单片机 P2 口的 8 个发光二极管的正极通过 8 个限流电阻都接在了 V_{CC} 上，这种接法叫做 LED 的共阳极接法。接在 51 单片机 P1 口的 8 个发光二极管的负极都接在了GND 上，这种接法叫做 LED 的共阴极接法。在这种接法中，因为单片机 I/O 口的驱动能力有限，一般也就几个毫安，所以为了增加其驱动能力，每个 LED 都加了一个上拉电阻。这样当 P1 口输出低电平时，8 个 LED 不导通，上拉电阻电流灌进单片机；而当 P1 口输出高电平时，8 个 LED 导通，而且上拉电阻的电流也通过 8 个 LED 流向 GND。这自然增加了流过 LED 的电流，它们会更加明亮。

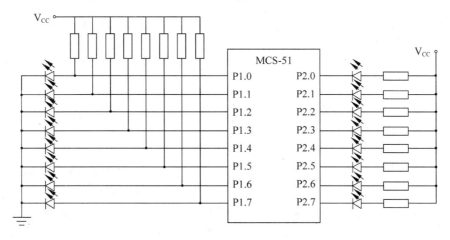

图 11-2　发光二极管的共阳极连接和共阴极连接

【**例 11-1**】　如图 11-2 所示，编写使图中共阳极的 8 个发光二极管分别轮流导通的程序代码。

程序代码如下。

```
#include <reg51.h>
#include <absacc.h>
#define uchar unsigned char    //定义无符号字符型变量
#define uint unsigned int       //定义无符号整型变量
void delayms(uint ms)            //毫秒延时子函数
{
    uint i,j;
    for (j=0;j<ms;j++)
    {
        for(i=0;i<69;i++);
    }
}
void main()                      //主函数
{
    uint i,ab;
    while(1)
    {
        P1=0xfe;                 //设置初始值
        delayms(1000);           //延时 1S
        ab=0x01;
        for(i=0;i<8;i++)
        {
            ab=ab<<1;            //向左移动一位
            P1=~ab;
            delayms(1000);
        }
    }
}
```

11.2　LED 显示器接口

发光二极管 LED 在工作时只有两种状态，熄灭或点亮，把 LED 按照一定的结构排列就可以组成比较复杂的显示设备。当某一个发光二极管导通时，相应的一个点或一条线被点亮，控制不同组合的二极管导通就能显示各种字符。在单片机系统中，通常用 LED 数码显示器来显示各种数字或符号，由于它具有显示清晰、亮度高、使用电压低、寿命长的特点，因此使用非常广泛。

11.2.1 LED 显示器的结构与工作原理

常用的 LED 显示器为 8 段（或 7 段，8 段比 7 段多了一个小数点"dp"段）。八段 LED 显示器由 8 个发光二极管组成，其中 7 个长条形的发光管排列成一个"日"字形，另一个圆点形的发光管在显示器的右下角作为显示小数点用，通过这些发光二极管的亮、灭能够显示各种数字和一些简单字符。

LED 显示器根据公共端的连接方式，可分为共阴极和共阳极两种，如图 11-3 所示。共阴极是将发光二极管的阴极连接在一起，并将此公共端接地，当某个发光二极管的阳极为高电平时，该二极管被点亮，相应的段被显示；共阳极是将发光二极管的阳极连接在一起，并将此公共端接+5V 电源，当某个发光二极管的阴极为低电平时，该二极管被点亮，相应的段被显示。

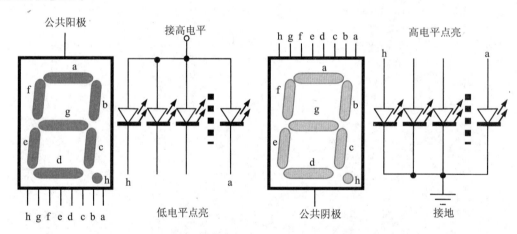

图 11-3　LED 显示器内部结构图

共阳极连接的数码管每个段笔画是用低电平"0"点亮的，要求驱动功率很小；而共阴极连接的数码管每段笔画是用高电平"1"点亮的，要求驱动功率较大。因此，数码管常采用共阳极接法，而且在使用时通常每个段要串一个数百欧姆的限流电阻。

无论采用共阳极或是共阴极接法，都需要控制显示器各段的亮灭来实现相应字符的显示，每段的亮灭状态用"1"和"0"表示，这样就可用一个字节的 8 位对应显示器的 8 段，该字节的值就是所显示字符的段码值，如表 11-1 所示。

表 11-1　显示器的 8 段所对应的字节位

段码位	D7	D6	D5	D4	D3	D2	D1	D0
显示段	dp	g	f	e	d	c	b	a

8 个笔划段 h（在许多书中用 dp 来表示，其实是一个意思）gfedcba 对应于一个字节

（8 位）的 D7 D6 D5 D4 D3 D2 D1 D0，于是用 8 位二进制码就可以表示欲显示字符的字形代码。例如，对于共阴 LED 显示器，当公共阴极接地（零电平），阳极 hgfedcba 各段为 01110011 时，显示器就显示"P"字符，即"P"字符的字形码是 73H；而如果是共阳极 LED 显示器，公共阳极接高电平，显示"P"字符的字形代码应为 10001100（8CH），也就是与 73H 的各位相反。

11.2.2　LED 显示器的工作方式

在实际应用中，通常将 n 个独立的 LED 显示器拼接在一起组成 n 位 LED 显示器，n 位显示器包括 n 根位选线和 n×8 根段选线。如图 11-4 所示，为一个 4 位 LED 显示器。段选线控制显示字符的字型，而位选线为 LED 显示器各位的选通端，它控制着 LED 显示器各位的亮灭。

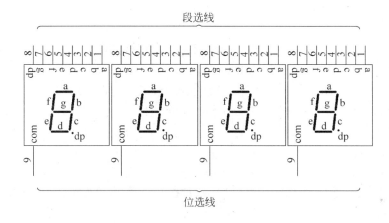

图 11-4　4 位 LED 显示器

根据位选线和段选线连接方法的不同，可使 LED 显示器有两种不同的工作方式：静态显示方式和动态显示方式。

1．静态显示方式

静态显示方式是指 LED 显示器各位的段选线相互独立，但其位选线共同固定接地（共阴极）或接+5V（共阳极）。LED 显示器各位的 8 个字段分别与 8 位 I/O 口输出相连，当显示某一字符时，相应的发光二极管恒定导通或恒定截止，持续显示该字符，直到 I/O 口输出新的段码，所以称之为静态显示。

采用静态显示方式，较小的电流即可获得较高的亮度，且显示不闪烁，此外，程序运行占用 CPU 时间少，系统不用频繁扫描显示子程序，只有在需要更新显示内容时，才去执行显示更新子程序。其缺点是硬件电路复杂、成本高、只适合于显示位数较少的场合。图 11-5 所示为一个 4 位静态 LED 显示器电路。

由于各位分别由一个 8 位的数据输出口控制段码线，故在同一时间里，每一位显示的字符可以各不相同，但这种显示方式占用口线较多。若用 I/O 口线接口，则要占用四个 8 位 I/O 口，若用锁存器（如 74LS373）接口，则要用 4 片 74LS373 芯片。如果显示器的位数增多，则需要增加锁存器。因此，在显示位数较多的情况下，一般都采用动态显示方式。

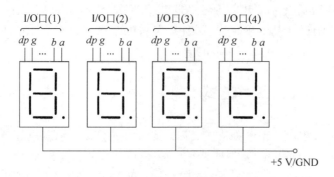

图 11-5　4 位静态 LED 显示器电路

2．动态显示方式

动态显示方式是使用最为广泛的一种显示方式，其接口电路是把各位数码管的 8 根段选线相应并连在一起，由一个 8 位的 I/O 口控制，形成段码线的多路复用；各数码管的位选线由另外的 I/O 口线分别控制，形成各位的分时选通。如图 11-6 所示为一个 4 位 8 段 LED 动态显示器电路。其中，段选线占用一个 8 位 I/O 口，而位选线占用一个 4 位 I/O 口。由于段选线并联，8 位 I/O 口输出的段码对于各显示器来说都是相同的。因此，在同一时刻，如果各位数码管位选线都处于选通状态，4 位数码管将显示相同的字符。若要各位数码管能够同时显示出与本位相应的显示字符，就必须采用动态显示方式，即在某一时刻，只让某一位的位选线处于选通状态，而其他各位的位选线处于关闭状态，同时，段选线上输出相应位要显示字符的段码。这样，在同一时刻，4 位 LED 中只有选通的那 1 位显示出字符，而其他 3 位则是熄灭的。同样，在下一时刻，只让下一位的位选线处于选通状态，而其他各位的位选线处于关闭状态，在段选线上输出将要显示字符的段码，则同一时刻，只有选通位显示出相应的字符，而其他各位则是熄灭的。如此循环下去，就可以使各位显示出将要显示的字符。虽然这些字符是在不同的时刻分别显示，但由于人眼的视觉暂留现象及发光二极管的余辉效应，只要每位显示间隔时间足够短就可以给人以同时显示的感觉。这个间隔时间应根据具体情况来确定，不能太短，也不能太长，太短会使得发光二极管导通时间不够，显示不清楚，太长则会使各位不能同时显示，且会占用较多的 CPU 时间。

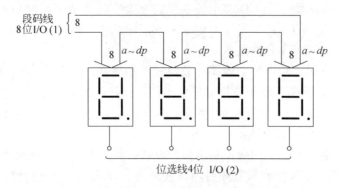

图 11-6　4 位 8 段 LED 动态显示器电路

采用动态显示方式比较节省 I/O 口，硬件电路也较静态显示简单，但其软件设计较复杂，而且在显示位数较多时，CPU 要依次扫描，占用 CPU 较多时间。

动态显示时，显示器的亮度不如静态显示，且与导通电流、点亮时间和间隔时间的比例有关，因此，需调整电流和时间参数，以获得较理想的显示。

11.2.3　LED 数码管的选择和驱动

数码管是工业控制中使用非常多的一种显示输出设备，通过它可以很容易地显示控制系统中的一些数字量，如一些温度仪表、电梯楼层显示、电子万年历等系统中都经常使用数码管进行显示。

由于受单片机口线驱动能力的限制，采用直接驱动的方法，只能连接小规格的 LED 数码管。目前市场上有一种高亮度的数码管，每段工作电流约为 1~2mA，这样当 LED 全亮时，工作电流在 10~20mA 左右，是普通数码管的 1/10，正好能用单片机的口线直接驱动，因此，在条件允许的情况下，应尽量采用这种 LED 数码管作为显示器件。

当然如果想用更高亮度或更大尺寸的数码管来作为显示器件，如户外的电子钟，大型广告牌等，就必须采用适当的扩展电路来实现与单片机的接口，常用的接口元件可以是三极管、集成电路和专用芯片，如图 11-7 所示。

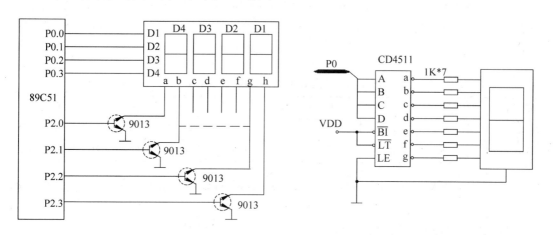

图 11-7　数码管驱动电路

三极管的规格可以根据数码管所需的驱动电流大小进行选择，电流比较小的可以用 9013、8550 等小功率晶体管，电流比较大的则可以用 BU208 等大功率三极管；而当显示器的位数较多时，一般采用集成电路来作接口，此类集成电路有 2003、7406、75452 等，它们的功能其实就是由多路晶体管组成的达林顿电路；另外还可以使用一种叫译码/驱动器的芯片，这种芯片能将二-十进制码（BCD 码）译成七段码（a-g）以驱动数码管，采用这种芯片的最大好处是编程简单，并且能提高 CPU 的运行效率，如 CD4511 或 74LS47 等就是此类芯片（不过，它们的驱动能力也是有限的，具体数据请参考有关的使用手册）。

近几年来，国内外厂商还开发了许多基于串行总线（SPI）方式的 LED 接口芯片，这些芯片采用 SPI 总线方式与单片机进行串行通讯，具有占用单片机口线少，程序易于实现的特点，如美信的 MAX7219、力源的 PS7219 等，有些芯片还集成了键盘控制器，可以实现键盘和显示的双重功能，如 zlg7289 等。

11.2.4 数码管的软件译码和硬件译码

数码管与 51 单片机的连接方式有软件译码和硬件译码之分。

1. 硬件译码

硬件译码采用专门的译码/驱动硬件电路或芯片来控制数码管显示所需的字符。硬件译码的驱动功率较大，软件编程简单，直接传送要显示的数据即可，但是字型固定（比如，只有七段，只可译数字）。74LS48/CD4511 是"BCD 码→七段共阴译码/驱动"芯片，74LS47 是"BCD 码→七段共阳译码/驱动"芯片。由于外加了专门的译码芯片，硬件译码的成本要比软件译码高一些，但是译码工作由硬件来实现，所以软件设计就会比较简单，会降低 CPU 的负荷。

2. 软件译码

软件译码是指通过软件实现译码来控制数码管显示所需的字符。软件译码成本低，但驱动功率较小，软件编程较复杂，显示数据需要对应段代码编码值才能显示，段代码编码表如表 11-2 所示。

表 11-2 八段LED数码管段代码编码表

字形	0	1	2	3	4	5	6	7	8	9	黑
共阳	0C0	0F9	0A4	0B0	99	92	82	0F8	80	90	0FF
共阴	3F	06	5B	4F	66	6D	7D	07	7F	6F	00

汇编语言编写时，采用查表程序完成，应用 MOVC A,@A+DPTR 指令，并建立数据表：

TAB: DB 3FH,06H,5BH,4FH,66H,6DH,7DH,07H,7FH,6FH

C 语言可以建立数组 B[]=[0X3F,0X06,0X5B,0X4F,0X66,0X6D,0X7D,0X07,0X7F,0X6F] 显示相对应数组元素来实现。

11.2.5 数码管应用设计

【例 11-2】 设计 10 秒计时器。

分析：一位采用共阳极接法的数码管，它所显示的数码从 0 开始，每一秒钟加 1，直到 9，然后清零重新计时，即实现的功能是 10 秒计时。

1. 硬件设计

采用软件译码连接方式的 10 秒计时器的硬件电路如图 11-8 所示。

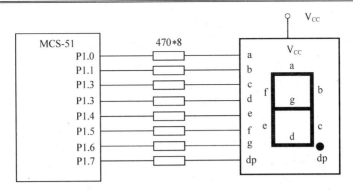

图 11-8　10 秒计时器的电路图

2. 软件设计

根据共阳极数码管的显示原理，要使数码管显示出相应的字符必须使 P1 口输出的数据（即输入到数码管每个字段发光二极管的电平）符合想要显示的字符要求。这个从目标输出字符反推出数码管各段应该输入数据的过程称为字形编码。

要实现 10 秒计时器，只要利用 TIMER1 产生 50ms 的定时中断，中断 20 次即为 1 秒，在每次 1 秒到的时候依次把 0～9 数字的字形编码送到 P1 口即可使数码管形成 10 秒计时器了。

程序代码如下。

```c
#include<reg51.h>
#define uchar unsigned char
#define uint unsigned int
#define CYCLE 50000
uchar code table[]={0XC0,0XF9,0XA4,0XB0,0X99,0X92,0X82,0XF8,0X80,0X90} ;
//*定义字形 0～9 编码表
uchar counter ;                 //*定义字形编码查表变量
void main(void)
{
   TCON=0X10 ;                  //*TIMER1 工作在 MODE1
   TH1=(65536-CYCLE)/256;       //*设定 TIMER1 每隔 CYCLEµs 中断一次
   TL1=(65536-CYCLE)%256;
   TR1=1;
   IE=0X88;
   counter=0X00;                //*设定字形编码查表变量初值为 0
   while(1);                    //*等待中断
}
void timer1(void) interrupt 3 using 1
{
   static uchar s_Counter;
   if(++s_Counter>=20)          //*判断 1 秒到否
   {
      P1=table[counter];        //*将秒值的字形编码送到 P1 口
      if(++counter>=10)
      {
         counter=0;
      }
      s_Counter=0;
   }
```

```
TH1=(65536-CYCLE)/256;    //*设定 TIMER1 每隔 CYCLEμs 中断一次
TL1=(65536-CYCLE)%256;
}
```

【例 11-3】 设计 60 秒计时器。

1. 硬件设计

74LS47 是一款常用的共阳极数码管专用译码芯片。它实现的功能是从 BCD 码到七段数码管的译码和驱动。它的 a～g 脚接七段数码管的七段数字段，而 A、B、C、D 引脚接单片机的数据线，3 个控制引脚接高电平。有了这个硬件译码逻辑，只要输入相应数字就可以用单片机来控制数码管显示出所要的字符了。

采用一块 74LS47 芯片驱动 4 个数码管动态显示从 0～59 数字并循环，每个数字之间时间间隔为 1s 的硬件电路如图 11-9 所示。

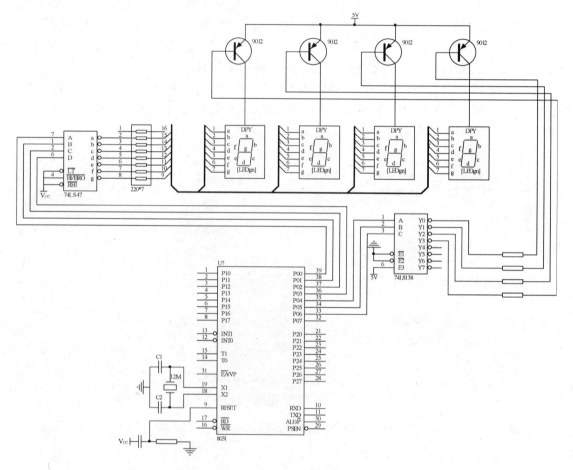

图 11-9　使用 74LS47 芯片驱动数码管进行动态显示的电路图

2. 软件设计

程序代码如下。

```
#include <reg51.h>
#include <absacc.h>
```

```c
#include <intrins.h>
#define uchar unsigned char
#define uint unsigned int
uint jishu,xianshi;
void delayms(uint ms)              //*毫秒延时子函数
{
  uint i,j;
  for (j=0;j<ms;j++)
  {
      for(i=0;i<69;i++);
  }
}
void start(void)                   //*定时器初始化子函数
{
  TMOD=0X01;
  TH0=0x3c;
  TL0=0xb0;
  EA=1;
  ET0=1;
  TR0=1;
}
void HANLONG_t0() interrupt 1 using 1        //*定时器 T0 中断
{
    jishu++;    //*计算
    if (jishu>=20)
    {
      xianshi++;
      jishu=0;
      if (xianshi>=60)
      {
        xianshi=0;
      }
    }
    TH0=0x3c;   //*不是采用方式 2，所以需要定时初值重新加载
    TL0=0xb0;
}
void main()
{
    start();
    while(1)
    {
      P0=xianshi/10+16;
      delayms(1);
      P0=xianshi%10;
      delayms(4);
    }
}
```

11.3　LCD 显示器接口

LCD（Liquid Crystal Display）是液晶显示器英文名称的缩写，它是一种低压微功耗的平板型显示器件，在高速处理系统中常采用。LCD 能够显示大量的信息，如文字、曲线、

图形和动画等，已成为各种便携式电子信息产品的理想显示器。在一些电池供电的单片机产品中，液晶显示器更是必选的显示器件。

11.3.1　LCD 显示器工作原理

LCD 液晶显示器内部结构如图 11-10 所示，液晶材料被封装在两片透明导电电极之间，当其在电场的作用下发生位置的变化时，会通过遮挡或通透外界光线而产生显示效果。将电极做成各种字母、数字或图形等，当电极的电平状态发生变化时，就会出现不同的显示内容。

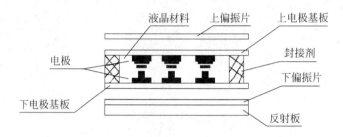

图 11-10　LCD 液晶显示器内部结构

1．液晶显示器的特点

（1）低压低功耗：工作电压为 3V～5V，工作电流只有几个 $\mu A/cm^2$。

（2）被动显示：液晶本身不发光，而是靠调制外界光进行显示。因此，适合人的视觉习惯，不易使人的眼睛疲劳。

（3）显示信息量大：LCD 显示器的像素可以做得很小，相同面积上可以容纳更多信息。

（4）无电磁辐射：显示期间不会产生电磁辐射，对环境无污染，有利于人体健康。

（5）寿命长：LCD 器件本身无老化问题，寿命很长。

2．液晶显示器的分类

当前市场上液晶显示器种类繁多，按显示图案的不同通常可分为笔段型 LCD、点阵字符型 LCD 和点阵图形型 LCD。

笔段型：以长条状组成的字符显示，该类显示器主要用于数字显示，也可用于显示西文字母或某些字符，已广泛用于电子表、数字仪表、计算器中。

字符型：点阵字符型液晶显示模块是专门用来显示字母、数字、符号等点阵型液晶显示模块。它一般由若干个 5×8 或 5×11 点阵组成，每一个点阵显示一个字符，这类模块一般应用于数字寻呼机、数字仪表等电子设备中。

图形型：点阵图形型是在平板上排列多行多列的矩阵形式的晶格点，点的大小可根据显示的清晰度来设计。它根据要求基本可以显示所有能显示的数字、字母、符号、汉字、图形、甚至是动画，这类液晶显示器的应用越来越广泛，目前广泛应用于手机、PDA、笔记本电脑等一切需要根据具体显示大量信息的设备中。

对于上述类型的 LCD 显示器，要实现正常工作，需要设计控制/驱动装置。控制主要是负责与单片机通信、管理内/外显示 RAM、控制驱动器和分配显示数据；驱动主要是根据控制器要求驱动 LCD 进行显示。常用的笔段式 LCD 的控制/驱动器是 HOLTEK 生产的 HOLTEK 系统驱动器，如 HT1621（控/驱）为 128 段显示、4 线 SPI 接口；常用的字符型 LCD 控制/驱动器如 HD44780（控/驱）为 2 行 8 字符显示、4/8 位 PPI 接口。

3．LCD显示模块LCM

实际应用中，为了使用方便，简化结构，一般使用液晶显示模块 LCM。LCM 是把 LCD 控制器、驱动器、背景光源、显示器等部件通过印刷电路板构造成一个整体，作为一个独立部件使用，如图 11-11 所示。其特点是功能较强、易于控制、接口简单，在单片机系统中应用较多，这种液晶显示模块可直接与单片机等微处理器相连，通过微处理器的控制引脚实现对 LCM 的显示控制，大大简化了硬件电路。

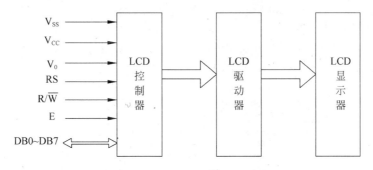

图 11-11　LCM 的组成

LCM 可分为 3 类，分别是段式 LCM、字符型 LCM 和图像型 LCM。

常用的段式 LCM 有 4 位串行段式液晶显示器 EDM1190A，外观如图 11-12 所示。它由 LCD 液晶显示器、驱动电路、8 位 CPU 接口电路构成，共有 4 个引脚 1～4，其中，V_{DD}、V_{SS} 为主电源和接地端，串行时钟引脚 4 与单片机的 P15 相连，串行数据引脚 2 与 P12 相连，二者共同实现显示数据的输送，其电路如图 11-13 所示。此外，常用的还有 6 位段式液晶显示器模块 EDM809A 等。

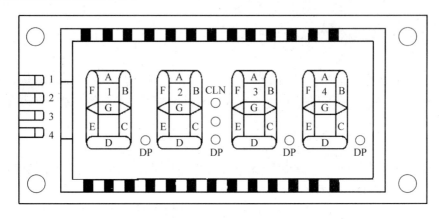

图 11-12　EDM1190A 的外观

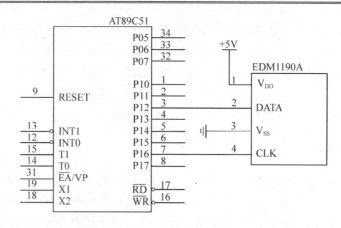

图 11-13　EDM1190A 与单片机的接口电路

常用的字符型 LCM 如 HD44780 字符显示模块，它有 14 个引脚，其中，8 个数据引脚 D0～D7，3 个控制引脚 R/W（读/写信号）、RS（寄存器选择信号）、E（片使能信号），3 个电源引脚 V_{DD}（主电源），V_{SS}（接地）、V_0（LCD 驱动电压），每个 HD44780 可控制的字符可达每行 80 个，具有驱动 16×40 点阵的能力，其与单片机的接口电路如图 11-14 所示。

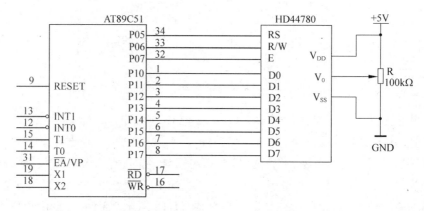

图 11-14　HD44780 与单片机的接口电路

11.3.2　OCM12864 液晶显示模块

OCM12864 是肇庆金鹏电子有限公司生产的 128×64 点阵型液晶显示模块，可显示各种字符及图形，可与 CPU 直接接口，具有 8 位标准数据总线、6 条控制线及电源线，采用 KS0108 控制 IC。

（1）最大工作范围

① 逻辑工作电压（V_{cc}）：4.5V～5.5V（12864-3、12864-5 可使用 3V 供电）。

② 电源地（GND）：0V。

③ 工作温度（Ta）：0℃～55℃（常温）　/–20℃～70℃（宽温）。

④ 保存温度（Tstg）：–30℃～80℃。

（2）电气特性（测试条件 Ta=25，V_{dd}=5.0+/–0.25V）

① 输入高电平（V_{ih}）：3.5Vmin。

② 输入低电平（V_{il}）：0.55Vmax。

③ 输出高电平（V_{oh}）：3.75Vmin。

④ 输出低电平（V_{ol}）：1.0Vmax。

⑤ 工作电流：5.0mAmax（注：不开背光的情况下）。

（3）接口说明

12864-1，12864-2，12864-5 接口说明如表 11-3 所示。

表 11-3　12864-1，12864-2，12864-5 接口说明

管脚号	管脚	方向	说　　明
1	V_{SS}	-	逻辑电源地
2	V_{DD}	-	逻辑电源+5V
3	V_0	I	LCD 调整电压，应用时接 10K 电位器可调端
4	RS	I	数据\指令选择，高电平：数据 D0～D7 将送入显示 RAM 低电平：数据 D0～D7 将送入指令寄存器执行
5	R/W	I	读\写选择： 高电平：读数据；低电平：写数据
6	E	I	读写使能，高电平有效，下降沿锁定数据
7	DB0	I/O	数据输入输出引脚
8	DB1	I/O	数据输入输出引脚
9	DB2	I/O	数据输入输出引脚
10	DB3	I/O	数据输入输出引脚
11	DB4	I/O	数据输入输出引脚
12	DB5	I/O	数据输入输出引脚
13	DB6	I/O	数据输入输出引脚
14	DB7	I/O	数据输入输出引脚
15	CS1	I	片选择信号，高电平时选择左半屏
16	CS2	I	片选择信号，高电平时选择右半屏
17	/RET	I	复位信号，低电平有效
18	V_{EE}	O	LCD 驱动，负电压输出，对地接 10K 电位器
19	LEDA	-	背光电源，LED+（5V）
20	LEDK	-	背光电源，LED−（0V）

12864-3 接口说明如表 11-4 所示。

表 11-4　12864-3 接口说明

管脚号	管脚	方向	说　　明
1	/CS1	I	片选择信号，低电平时选择左半屏
2	/CS2	I	片选择信号，低电平时选择右半屏
3	V_{SS}	-	逻辑电源地
4	V_{DD}	-	逻辑电源
5	V_0	I	LCD 调整电压，接 10K 电位器的中端

管脚号	管脚	方向	说　明
6	RS	I	数据\指令选择，高电平：数据 D0～D7 将送入显示 RAM 低电平：数据 D0～D7 将送入指令寄存器执行
7	R/W	I	读\写选择，高电平：读数据；低电平：写数据
8	E	I	读写使能，高电平有效，下降沿锁定数据
9	DB0	I/O	数据输入输出引脚
10	DB1	I/O	数据输入输出引脚
11	DB2	I/O	数据输入输出引脚
12	DB3	I/O	数据输入输出引脚
13	DB4	I/O	数据输入输出引脚
14	DB5	I/O	数据输入输出引脚
15	DB6	I/O	数据输入输出引脚
16	DB7	I/O	数据输入输出引脚
17	/RET	I	复位信号，低电平有效
18	V_{EE}	O	LCD 驱动负电压输出，对地接一个 10K 电位器
19	LEDA	-	背光电源，LED+（5V）
20	LEDK	-	背光电源，LED–（0V）

（4）指令描述

① 显示开/关设置。

CODE:	R/W	RS	DB7	DB6	DB5	DB4	DB3	DB2	DB1	DB0
	L	L	L	L	H	H	H	H	H	H/L

功能：设置屏幕显示开/关。

DB0=H，开显示；DB0=L，关显示。不影响显示 RAM(DDRAM)中的内容。

② 设置显示起始行。

CODE:	R/W	RS	DB7	DB6	DB5	DB4	DB3	DB2	DB1	DB0
	L	L	H	H	行地址（0～63）					

功能：执行该命令后，所设置的行将显示在屏幕的第一行。显示起始行是由 Z 地址计数器控制的，该命令自动将 A0～A5 位地址送入 Z 地址计数器，起始地址可以是 0～63 范围内任意一行。Z 地址计数器具有循环计数功能，用于显示行扫描同步，当扫描完一行后自动加一。

③ 设置页地址。

CODE:	R/W	RS	DB7	DB6	DB5	DB4	DB3	DB2	DB1	DB0
	L	L	H	L	H	H	H	页地址（0～7）		

功能：执行本指令后，下面的读写操作将在指定页内，直到重新设置。页地址就是 DDRAM 的行地址，页地址存储在 X 地址计数器中，A2～A0 可表示 8 页，读写数据对页地址没有影响，除本指令可改变页地址外，复位信号（RST）可把页地址计数器内容清零。

④ 设置列地址。

CODE:	R/W	RS	DB7	DB6	DB5	DB4	DB3	DB2	DB1	DB0
	L	L	L	H	列地址（0～63）					

功能：DDRAM 的列地址存储在 Y 地址计数器中，读写数据对列地址有影响，在对

DD RAM 进行读写操作后，Y 地址自动加一。

⑤ 状态检测。

CODE：R/W	RS	DB7	DB6	DB5	DB4	DB3	DB2	DB1	DB0
H	L	BF	L	ON/OFF	RST	L	L	L	L

功能：读忙信号标志位（BF）、复位标志位（RST）及显示状态位（ON/OFF）。

BF=H：内部正在执行操作；　　　　BF=L：空闲状态。

RST=H：正处于复位初始化状态；　 RST=L：正常状态。

ON/OFF=H：表示显示关闭；　　　ON/OFF=L：表示显示开。

⑥ 写显示数据。

CODE：R/W	RS	DB7	DB6	DB5	DB4	DB3	DB2	DB1	DB0
L	H	D7	D6	D5	D4	D3	D2	D1	D0

功能：写数据到 DDRAM，DDRAM 是存储图形显示数据的，写指令执行后 Y 地址计数器自动加 1。D7～D0 位数据为 1 表示显示，数据为 0 表示不显示。写数据到 DD RAM 前，要先执行"设置页地址"及"设置列地址"命令。

⑦ 读显示数据。

CODE：R/W	RS	DB7	DB6	DB5	DB4	DB3	DB2	DB1	DB0
H	H	D7	D6	D5	D4	D3	D2	D1	D0

功能：从 DDRAM 读数据，读指令执行后 Y 地址计数器自动加 1。从 DDRAM 读数据前要先执行"设置页地址"及"设置列地址"命令。

注意：设置列地址后，首次读 DDRAM 中数据时，须连续读操作两次，第二次才为正确数据，读内部状态则不需要此操作。

11.3.3　LCD 应用举例

【例 11-4】　利用 OCM12864 显示如图 11-15 界面。

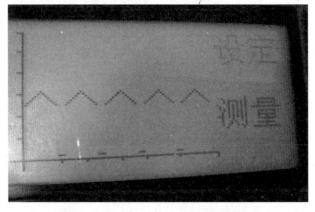

图 11-15　OCM12864 液晶显示的界面

1．硬件设计

OCM12864 液晶显示模块与单片机的一般接口电路如图 11-16 所示。

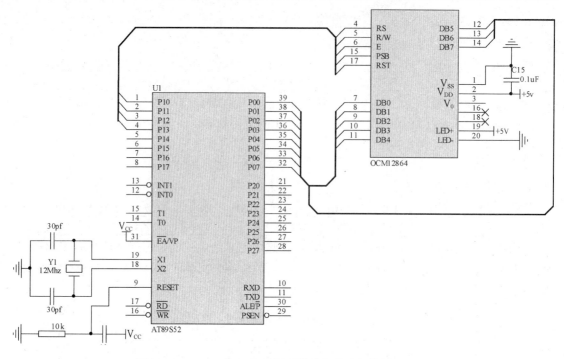

图 11-16 OCM12864 液晶显示模块与单片机的接口电路

2. 软件设计

程序代码如下（并口显示）。

```
#pragma SMALL
#include <reg52.h>
#include <absacc.h>
#include <intrins.h>
#include <math.h>
#define TURE 1              //*FLASH 判断忙标志
#define FALSE 0
#define uchar unsigned char
#define uint unsigned int
#define ulong unsigned long
//************** LCD OCMJ4*8C 地址数据端口定义**************
sbit    rs=P1^0;
sbit    rw=P1^1;
sbit    e=P1^2;
#define lcd_bus  P2          //*LCD 数据口
sbit    psb= P1^3;           //*H=并口; L=串口;
sbit    rst= P1^4;           //*Reset Signal 低电平有效
uchar x1,y,x,shd;
uchar i,j,z1,z2;
uint z,zz,fz;
uchar
w[]={0x24,0x25,0x26,0x27,0x28,0x29,0x2a,0x29,0x28,0x27,0x26,0x25,0x24,0
x0d,0xd,0xd};
uchar code tab31[]={
"设定"
"测量"
};
```

```
//****************初始图片****************
#define x3    0x80
#define x2    0x88
#define h     0x80
uchar code tab32[]={
//****************坐标系 宽度×高度=128×64 ****************
0x00,0x07,0x00,0x00,0x00,0x00,0x00,0x00,0x00,0x00,0x00,0x00,0x00,0x00,
0x00,0x00,
0x00,0x01,0x00,0x00,0x00,0x00,0x00,0x00,0x00,0x00,0x00,0x00,0x00,0x00,
0x00,0x00,
0x00,0x01,0x00,0x00,0x00,0x00,0x00,0x00,0x00,0x00,0x00,0x00,0x00,0x00,
0x00,0x00,
0x00,0x01,0x00,0x00,0x00,0x00,0x00,0x00,0x00,0x00,0x00,0x00,0x00,0x00,
0x00,0x00,
0x00,0x01,0x00,0x00,0x00,0x00,0x00,0x00,0x00,0x00,0x00,0x00,0x00,0x00,
0x00,0x00,
0x00,0x01,0x00,0x00,0x00,0x00,0x00,0x00,0x00,0x00,0x00,0x00,0x00,0x00,
0x00,0x00,
0x00,0x01,0x00,0x00,0x00,0x00,0x00,0x00,0x00,0x00,0x00,0x00,0x00,0x00,
0x00,0x00,
0x00,0x01,0x00,0x00,0x00,0x00,0x00,0x00,0x00,0x00,0x00,0x00,0x00,0x00,
0x00,0x00,
0x00,0x01,0x00,0x00,0x00,0x00,0x00,0x00,0x00,0x00,0x00,0x00,0x00,0x00,
0x00,0x00,
0x00,0x07,0x00,0x00,0x00,0x00,0x00,0x00,0x00,0x00,0x00,0x00,0x00,0x00,
0x00,0x00,
0x00,0x01,0x00,0x00,0x00,0x00,0x00,0x00,0x00,0x00,0x00,0x00,0x00,0x00,
0x00,0x00,
0x00,0x01,0x00,0x00,0x00,0x00,0x00,0x00,0x00,0x00,0x00,0x00,0x00,0x00,
0x00,0x00,
0x00,0x01,0x00,0x00,0x00,0x00,0x00,0x00,0x00,0x00,0x00,0x00,0x00,0x00,
0x00,0x00,
0x00,0x01,0x00,0x00,0x00,0x00,0x00,0x00,0x00,0x00,0x00,0x00,0x00,0x00,
0x00,0x00,
0x00,0x01,0x00,0x00,0x00,0x00,0x00,0x00,0x00,0x00,0x00,0x00,0x00,0x00,
0x00,0x00,
0x00,0x01,0x00,0x00,0x00,0x00,0x00,0x00,0x00,0x00,0x00,0x00,0x00,0x00,
0x00,0x00,
0x00,0x01,0x00,0x00,0x00,0x00,0x00,0x00,0x00,0x00,0x00,0x00,0x00,0x00,
0x00,0x00,
0x00,0x01,0x00,0x00,0x00,0x00,0x00,0x00,0x00,0x00,0x00,0x00,0x00,0x00,
0x00,0x00,
0x00,0x07,0x00,0x00,0x00,0x00,0x00,0x00,0x00,0x00,0x00,0x00,0x00,0x00,
0x00,0x00,
0x00,0x01,0x00,0x00,0x00,0x00,0x00,0x00,0x00,0x00,0x00,0x00,0x00,0x00,
0x00,0x00,
0x00,0x01,0x00,0x00,0x00,0x00,0x00,0x00,0x00,0x00,0x00,0x00,0x00,0x00,
0x00,0x00,
0x00,0x01,0x00,0x00,0x00,0x00,0x00,0x00,0x00,0x00,0x00,0x00,0x00,0x00,
0x00,0x00,
0x00,0x01,0x00,0x00,0x00,0x00,0x00,0x00,0x00,0x00,0x00,0x00,0x00,0x00,
0x00,0x00,
0x00,0x01,0x00,0x00,0x00,0x00,0x00,0x00,0x00,0x00,0x00,0x00,0x00,0x00,
0x00,0x00,
0x00,0x01,0x00,0x00,0x00,0x00,0x00,0x00,0x00,0x00,0x00,0x00,0x00,0x00,
0x00,0x00,
0x00,0x01,0x00,0x00,0x00,0x00,0x00,0x00,0x00,0x00,0x00,0x00,0x00,0x00,
```

```
0x00,0x00,
0x00,0x01,0x00,0x00,0x00,0x00,0x00,0x00,0x00,0x00,0x00,0x00,0x00,0x00,
0x00,0x00,
0x00,0x07,0x00,0x00,0x00,0x00,0x00,0x00,0x00,0x00,0x00,0x00,0x00,0x00,
0x00,0x00,
0x00,0x01,0x00,0x00,0x00,0x00,0x00,0x00,0x00,0x00,0x00,0x00,0x00,0x00,
0x00,0x00,
0x00,0x01,0x00,0x00,0x00,0x00,0x00,0x00,0x00,0x00,0x00,0x00,0x00,0x00,
0x00,0x00,
0x00,0x01,0x00,0x00,0x00,0x00,0x00,0x00,0x00,0x00,0x00,0x00,0x00,0x00,
0x00,0x00,
0x00,0x01,0x00,0x00,0x00,0x00,0x00,0x00,0x00,0x00,0x00,0x00,0x00,0x00,
0x00,0x00,
0x00,0x01,0x00,0x00,0x00,0x00,0x00,0x00,0x00,0x00,0x00,0x00,0x00,0x00,
0x00,0x00,
0x00,0x01,0x00,0x00,0x00,0x00,0x00,0x00,0x00,0x00,0x00,0x00,0x00,0x00,
0x00,0x00,
0x00,0x01,0x00,0x00,0x00,0x00,0x00,0x00,0x00,0x00,0x00,0x00,0x00,0x00,
0x00,0x00,
0x00,0x01,0x00,0x00,0x00,0x00,0x00,0x00,0x00,0x00,0x00,0x00,0x00,0x00,
0x00,0x00,
0x00,0x01,0x00,0x00,0x00,0x00,0x00,0x00,0x00,0x00,0x00,0x00,0x00,0x00,
0x00,0x00,
0x00,0x07,0x00,0x00,0x00,0x00,0x00,0x00,0x00,0x00,0x00,0x00,0x00,0x00,
0x00,0x00,
0x00,0x01,0x00,0x00,0x00,0x00,0x00,0x00,0x00,0x00,0x00,0x00,0x00,0x00,
0x00,0x00,
0x00,0x01,0x00,0x00,0x00,0x00,0x00,0x00,0x00,0x00,0x00,0x00,0x00,0x00,
0x00,0x00,
0x00,0x01,0x00,0x00,0x00,0x00,0x00,0x00,0x00,0x00,0x00,0x00,0x00,0x00,
0x00,0x00,
0x00,0x01,0x00,0x00,0x00,0x00,0x00,0x00,0x00,0x00,0x00,0x00,0x00,0x00,
0x00,0x00,
0x00,0x01,0x00,0x00,0x00,0x00,0x00,0x00,0x00,0x00,0x00,0x00,0x00,0x00,
0x00,0x00,
0x00,0x01,0x00,0x00,0x00,0x00,0x00,0x00,0x00,0x00,0x00,0x00,0x00,0x00,
0x00,0x00,
0x00,0x01,0x00,0x00,0x00,0x00,0x00,0x00,0x00,0x00,0x00,0x00,0x00,0x00,
0x00,0x00,
0x00,0x01,0x00,0x00,0x00,0x00,0x00,0x00,0x00,0x00,0x00,0x00,0x00,0x00,
0x00,0x00,
0x00,0x07,0x00,0x00,0x00,0x00,0x00,0x00,0x00,0x00,0x00,0x00,0x00,0x00,
0x00,0x00,
0x00,0x01,0x00,0x00,0x00,0x00,0x00,0x00,0x00,0x00,0x00,0x00,0x00,0x00,
0x00,0x00,
0x00,0x01,0x00,0x00,0x00,0x00,0x00,0x00,0x00,0x00,0x00,0x00,0x00,0x00,
0x00,0x00,
0x00,0x01,0x00,0x00,0x00,0x00,0x00,0x00,0x00,0x00,0x00,0x00,0x00,0x00,
0x00,0x00,
0x00,0x01,0x00,0x00,0x00,0x00,0x00,0x00,0x00,0x00,0x00,0x00,0x00,0x00,
0x00,0x00,
0x00,0x01,0x00,0x00,0x00,0x00,0x00,0x00,0x00,0x00,0x00,0x00,0x00,0x00,
0x00,0x00,
0x00,0x01,0x00,0x00,0x00,0x00,0x00,0x00,0x00,0x00,0x00,0x00,0x00,0x00,
0x00,0x00,
0x00,0x01,0x00,0x00,0x00,0x00,0x00,0x00,0x00,0x00,0x00,0x00,0x00,0x00,
0x00,0x00,
```

```
0x00,0x01,0x00,0x00,0x00,0x00,0x00,0x00,0x00,0x00,0x00,0x00,0x00,0x00,
0x00,0x00,
0x00,0xff,0xff,0xff,0xff,0xff,0xff,0xff,0xff,0xff,0xff,0xff,0x00,0x00,
0x00,0x00,
0x00,0x01,0x00,0x02,0x00,0x80,0x02,0x00,0x80,0x02,0x00,0x01,0x00,0x00,
0x00,0x00,
0x00,0x01,0x00,0x00,0x00,0x00,0x00,0x00,0x00,0x00,0x00,0x01,0x00,0x00,
0x00,0x00,
0x00,0x01,0x00,0x00,0x00,0x00,0x00,0x00,0x00,0x00,0x00,0x00,0x00,0x00,
0x00,0x00,
0x00,0x01,0x00,0x00,0x00,0x00,0x00,0x00,0x00,0x00,0x00,0x00,0x00,0x00,
0x00,0x00,
};
//*******************************************************
//         初始化延时子程序
//*******************************************************
void inidelay()
{
 unsigned int j;
 for (j=1260;j>0;j--);
}
//*******************************************************
//         显示延时子程序
//*******************************************************
void lcddelay()
{
 uchar j;
 for (j=100;j>0;j--);
}
//*******************************************************
//         lcd 写指令子程序
//*******************************************************
void enable_lcd()
{
 rs=0;              //*写指令时序
 rw=0;
 e=1;
 _nop_();
 _nop_();
 e=0;
 lcddelay();        //*调显示延时子程序
}
//*******************************************************
//         lcd 写数据子程序
//*******************************************************
void data_lcd()
{
 rs=1;              //*写数据时序
 rw=0;
 e=1;
 _nop_();
 _nop_();
 e=0;
 lcddelay();        //*调显示延时子程序
}
//*******************************************************
//         向 lcd 写数据子程序
//*******************************************************
void wr_data(uchar da)
```

```
{
 lcd_bus=da;
 data_lcd();
}
//********************************************************
//          向 lcd 写指令子程序
//********************************************************
void wr_command(uchar comm)
{
 lcd_bus=comm;
 enable_lcd();
}
//********************************************************
//          显示波形点子程序
//********************************************************
void show_wave_p(uchar x,uchar y,uchar z1,uchar z2)
{
 wr_command(0x34);          //*开启扩充指令，绘图显示关
 wr_command(y);             //*设定 Y 地址
 wr_command(x);             //*设定 X 地址
 wr_command(0x30);          //*开启基本指令
 wr_data(z2);
 wr_data(z1);
 wr_command(0x36);          //*开启扩充指令，绘图显示开
}
//*****************显示汉字*****************
void chn_disp1 (uchar code *chn)
{
 uchar i,j;
 wr_command(0x30);
 wr_command(0x86);
 j=0;
 for (i=0;i<4;i++)
 wr_data(chn[j*4+i]);
 wr_command(0x8e);
 j=1;
 for (i=0;i<4;i++)
 wr_data(chn[j*4+i]);
}
//*****************显示图形*****************
void img_disp (uchar code *img)
{
 uchar o,p;
 chn_disp1(tab31);
 for(p=0;p<32;p++)
  {
    for(o=0;o<8;o++)
     {
       wr_command(0x34);
       wr_command(h+p);
       wr_command(x3+o);
       wr_command(0x30);
       wr_data(img[p*16+o*2]);
       wr_data(img[p*16+o*2+1]);
     }
  }
for(p=32;p<64;p++)
 {
  for(o=0;o<8;o++)
```

```
  {
    wr_command(0x34);
    wr_command(h+p-32);          .
    wr_command(x2+o);
    wr_command(0x30);
    wr_data(img[p*16+o*2]);
    wr_data(img[p*16+o*2+1]);
  }
 }
  wr_command(0x36);
}
//*******************************************************
//          lcd 初始化子程序
//*******************************************************
void init_lcd()
{
  lcd_bus=0x01;                    //*清屏
  rs=0;
  rw=0;
  e=1;
  _nop_();
  _nop_();
  e=0;
  inidelay();
  wr_command(0x0c);                //*整体显示开
}
//*******************************************************
//          清除显示存储器子程序
//*******************************************************
void clr_lcd()
{
 uchar y=0x80,x=0x80,k,k1,k2;
 for(k2=0;k2<2;k2++)
 {
    for(k1=0;k1<32;k1++)
    {
        wr_command(0x34);          //*开启扩充指令，绘图显示关
        wr_command(y);             //*设定 Y 地址
        wr_command(x);             //*设定 X 地址
        wr_command(0x30);          //*开启基本指令
        for(k=0;k<8;k++)
        {
            wr_data(0x00);
            wr_data(0x00);
        }
        y++;
    }
    y=0x80;
    x=0x88;
 }
}
//*******************************************************
//          显示波形子程序
//*******************************************************
void show_wave2()
{
  init_lcd();                      //*LCD 初始化子程序
  y=0x80;
  zz=0x8000;
```

```
    if(w[i]<39)
    {
        x=x1+8;
        y=y+38-w[i];
    }
    else
    {
        x=x1;
        y=y+70-w[i];
    }
    fz=0x8000;
    z=zz >> i;
    for(j=0;j<i;j++)
    {
        if(w[j]==w[i])
        z=z | fz;
        fz=fz>>1;
    }
    z1=z;
    z2=z>>8;
    show_wave_p(x,y,z1,z2);
}
//***************坐标系变换****************
void bianhuan(void)
{
    show_wave2();
}
//*******************************************************
void delay (uint us)                        //delay time
{
  while(us--);
}
void delay1 (uint ms)
{
  uint i,j;
  for(i=0;i<ms;i++)
  for(j=0;j<15;j++)
  delay(1);
}
//***************清 DDRAM***************
void clrram (void)
{
  wr_command(0x30);
  wr_command(0x01);
  delay (180);
}
//***************主程序***************
void main(void)
{
  psb=1;
  rst=1;
  x1=0x81;
  img_disp(tab32);
  do
  {
    for(i=0;i<16;i++)
    {
        bianhuan();
        delay1 (1000);
    }
```

```
    x1=x1+1;
    if (x1>=0x86)
    {
        x1=0x81;
        img_disp(tab32);               //*重新刷屏，4 秒采一个数据正好同时显示
    }
  }
  while(1);
}
```

11.4　8279 可编程键盘/显示器接口芯片

8279 是 Intel 公司生产的一种通用可编程键盘/显示器接口电路芯片，它能完成监视键盘输入和显示控制两种功能。

8279 对键盘部分提供一种扫描工作方式，能对 64 个按键键盘阵列不断扫描，自动消抖，自动识别出闭合的键并得到键号，能对双键或 N 键同时按下进行处理。

显示部分为 LED 或其他显示器提供了按扫描方式工作的显示接口，可显示多达 16 位的字符或数字。

利用 8279 对键盘/显示器的自动扫描，可以减轻 CPU 负担，具有显示稳定、程序简单、不会出现误动作等特点。

11.4.1　8279 可编程芯片简介

1. 8279 功能介绍

8279 它既具有按键处理功能，又具有自动显示功能，在单片机系统中应用很广泛。键盘输入时，它提供自动扫描功能，能与键盘矩阵相连，接收输入信息，其内部有一个键盘 FIFO（First In First Out）/传感器，双重功能的 $8 \times 8 = 64B$ RAM，每次的按键输入都顺序写入 RAM 单元中，读出时按输入的先后顺序执行，先输入的数据先读出；显示输出时，它有一个 16*8 位显示 RAM，其内容通过自动扫描，可由 8 或 16 位 LED 数码管显示。

8279 的引脚及引脚功能如图 11-17 所示。

8279 采用 40 引脚封装，其引脚功能如下。

（1）与 CPU 的接口引脚

DB0～DB7：数据总线，是双向、三态数据总线。在接口电路中与系统数据总线相连，用以传送 CPU 和 8279 之间的数据和命令。

/CS：片选输入线，低电平有效。当/CS=0 时 8279 被选中，允许 CPU 对其进行读、写操作，否则被禁止。

A0：缓冲器地址，当 A0=1 时，CPU 写入 8279 的字节是命令字，从 8279 读出的字节是状态字；当 A0=0 时，写入或读出的字节均为数据。

CLK：8279 的时钟输入线，用于 8279 内部时钟，以产生其工作所需时序。

RESET：复位端，高电平有效。当 RESET=1 时，8279 被复位。

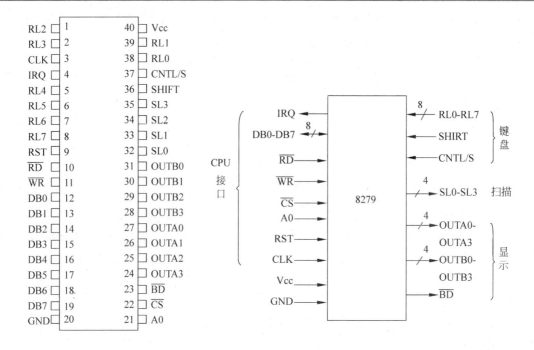

图 11-17　8279 的引脚与引脚功能

IRQ：中断请求输出线，高电平有效。在键盘工作方式中，当键盘 RAM（为先进先出方式）中存有按下键的数据时，IRQ 为高电平，向 CPU 提出中断申请。CPU 每次从键盘 RAM 中读出 1B 数据时，IRQ 就变为低电平。如果键盘 RAM 中还有未读完的数据，IRQ 将再次变为高电平，再次提出中断请求。

/RD、/WR：读、写输入控制线，低电平有效。来自 CPU 的控制信号，控制 8279 的读、写操作。

（2）扫描信号输出引脚

SL0～SL3：扫描输出线，这 4 条输出线用来扫描键盘和显示器。它们可以编程设定为编码输出，即 SL0～SL3 外接 4 线-16 线译码器，译码器输出 16 中取 1 的扫描信号，也可编程设定为译码输出，即由 SL0～SL3 直接输出 4 中取 1 的扫描信号。

（3）与键盘连接的引脚

RL0～RL7：回复输入线，它们是键盘或传感器矩阵的行（或列）信号输入线。

SHIFT：移位信号输入线，来自外部键盘或传感器矩阵的输入信号，它是 8279 键盘数据的次高位即 D6 位的状态，该位状态控制键盘上/下档功能。在传感器方式和选通方式中，该引脚无用。

CNTL/STB：控制/选通输入端，高电平有效。键盘方式时，键盘数据最高位（D7）的信号输入到该引脚，以扩充键功能，通常用来作为键盘控制功能键使用；选通方式时，当该引脚信号上升沿到时，把 RL0～RL7 的数据存入 FIFO/传感器 RAM 中。

（4）与显示器连接的引脚

OUTA0～OUTA3：（A 组显示数据）通常作为显示信号的高 4 位输出线。

OUTB0～OUTB3：（B 组显示数据）通常作为显示信号的低 4 位输出线。

这两组引脚均是显示信息输出线（例如，向 LED 显示器输出的段码），它们与扫描信号线 SL0～SL3 同步。两组可以独立使用，也可以合并使用。

/BD：显示熄灭输出线，低电平有效。当/BD=0 时将显示全熄灭。

2. 8279 的工作方式

8279 有三种工作方式：键盘工作方式、显示方式和传感器方式。

（1）键盘工作方式

8279 在键盘工作方式时，可设置为双键互锁方式和 N 键循回方式。

双键互锁方式：若有两个或多个键同时按下时，任何一个键的编码信息都不能进入 FIFO RAM 中，直到仅剩下一个键闭合。

N 键循回方式：一次按下任意个键均可被识别，按键值按扫描次序被送入 FIFO RAM 中。

（2）显示方式

8279 的显示方式又可分为左端入口和右端入口方式。

显示数据只要写入显示 RAM，则可由显示器显示出来，因此，显示数据写入显示 RAM 的顺序，决定了显示的次序。

左端入口方式即显示位置从显示器最左端 1 位（最高位）开始，以后显示的字符逐个向右顺序排列；右端入口方式即显示位置从显示器最右端 1 位（最低位）开始，已显示的字符逐个向左移位。但无论左右入口，后输入的总是显示在最右边。

（3）传感器方式

传感器方式是把传感器的开关状态送入传感器 RAM 中。当 CPU 对传感器阵列扫描时，一旦发现传感器状态发生变化就发出中断请求（IRQ 置 1），中断响应后转入中断处理程序。

3. 8279 的命令字及其格式

8279 是可编程接口芯片。编程就是 CPU 向 8279 写入命令控制字，8279 共有 8 条命令，通过这些命令设置工作寄存器，来选择各种工作方式。命令寄存器共 8 位，格式为

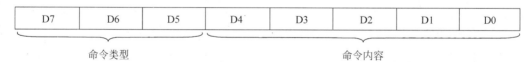

8279 的一条命令由两大部分组成，一部分表征命令类型，为命令特征位，由命令寄存器高 3 位 D7～D5 决定。D7～D5 三位的状态可组合出 8 种形式，对应 8 类命令。另一部分为命令的具体内容，由 D4～D0 决定。每种特征所代表的命令如表 11-5 所示。

表 11-5　8279 命令特征表

D7	D6	D5	代表的命令类型
0	0	0	键盘/显示命令
0	0	1	时钟编程命令
0	1	0	读 FIFO/传感器 RAM 命令
0	1	1	读显示器 RAM 命令
1	0	0	写显示命令

D7	D6	D5	代表的命令类型
1	0	1	显示禁止/熄灭命令
1	1	0	清除命令
1	1	1	结束中断/出错方式设置命令

下面详细说明各种命令中，D4～D0 各位的设置方法，以便确定各种命令字。

（1）键盘/显示命令

命令字中的低 3 位 D0、D1、D2 用来控制键盘工作方式的选择。

特征位 D7 D6 D5=000

D4、D3 两位来设定 4 种显示方式，D2～D0 三位用以设定 8 种键盘/显示扫描方式，分别如表 11-6 和表 11-7 所示。

表 11-6 显示方式

D4	D3	显 示 方 式
0	0	8 个字符显示，左端入口方式
0	1	16 个字符显示，左端入口方式
1	0	8 个字符显示，右端入口方式
1	1	16 个字符显示，右端入口方式

表 11-7 键盘/显示扫描方式

D2	D1	D0	键盘、显示扫描方式
0	0	0	编码扫描键盘，双键锁定
0	0	1	译码扫描键盘，双键锁定
0	1	0	编码扫描键盘，N 键轮回
0	1	1	译码扫描键盘，N 键轮回
1	0	0	编码扫描传感器矩阵
1	0	1	译码扫描传感器矩阵
1	1	0	选通输入，编码显示扫描
1	1	1	选通输入，译码显示扫描

表 11-7 中所谓译码扫描指扫描代码直接由扫描线 SL0～SL3 输出，每次只有 1 位是低电平（4 选 1）。所谓编码扫描是指扫描代码经 SL0～SL3 外接译码器输出。

由于键盘最大 8×8=64 个键，由 SL0～SL2 接 3-8 译码器，译码器的 8 位输出作为键盘扫描输出线（列线），RL0～RL7 为输入线（行线）。

8279 最多驱动 16 位显示器，故可由 SL0～SL3 接 4-16 译码器，译码器的 16 位输出作为显示扫描输出线(16 选 1)，决定第几位显示。显示字段码由 OUTA0～OUTA3 和 OUTB0～OUTB3 输出。

表 11-5～表 11-7 三个表相互组合可得到各种键盘显示命令。

【例 11-5】 若希望设置 8279 为键盘译码扫描方式、N 键轮回，显示 8 个字符、右端入口方式，确定其命令字。

根据题目要求可进行分析，因为具有下列条件。

是键盘/显示命令特征位：D7 D6 D5=000（表 11-5）；

8 个字符右端入口显示：D4 D3=10（表 11-6）；

键盘译码扫描，N 键轮回：D2 D1 D0=011（表 11-7）；

所以 8 位命令器存器状态 D7～D0=00010011B，即该命令字 13H 送入命令寄存器口地址则可满足题目要求。

【例 11-6】　若已知命令字为 08H，判断 8279 工作方式。

因为命令字为 08H 即 D7～D0=00001000B，显然 D7 D6 D5=000，该条命令为键盘/显示命令，D4 D3=01 为 16 字符左端入口显示方式，D2 D1 D0=000，键盘为编码扫描、双键锁定方式。

（2）时钟编程命令

此命令用于确定对外部输入的时钟信号进行分频的分频系数 N。

特征位　D7 D6 D5=001

D4～D0 用来设定分频系数，分频系数范围在 0～31 之间。通过 N 的确定可对外部时钟进行分频，得到内部时钟频率。例如，在一般的单片机控制中，常将单片机的 ALE 与 8279 的 CLK 相连，但 ALE 输出的脉冲是单片机时钟频率的 1/6，而 8279 工作只需 100 kHz 的时钟频率，因而要利用分频系数进行分频，假设单片机的时钟频率为 12 MHz，则分频系数为 20。

【例 11-7】　若 8279 CLK 的输入信号频率为 3.1MHz，确定其控制字。

分频系数应为 31D=1FH，于是 D4～D0=11111，则控制字为：D7～D0=00111111B=3FH

（3）读 FIFO/传感器 RAM 命令。

此命令用于确定 CPU 读操作的对象是 8279 中的 FIFO RAM 还是传感器 RAM，并确定 8 个 RAM 字节中哪一个被读。

特征位　D7 D6 D5=010

D2～D0 为 8279 中 FIFO 及传感器 RAM 的首地址。

D3 无效位。

D4 控制 RAM 地址自动加 1 位：当 D4=1 时，CPU 读完一个数据，RAM 地址自动加 1，准备读下一个单元数据；当 D4=0 时，CPU 读完一个数据，地址不变。

【例 11-8】　欲编程使单片机连续读 8279 内 FIFO/传感器 RAM 中 000～111 单元的数据，设置读命令。

分析：因为要连续读数，地址又连续。所以最好设置为自动加 1 方式，即 D4=1，RAM 内首地址 000 即 D2～D0=000，再加上特征位，所以该命令控制字为 D7～D0=01010000B=50H（无用位 D3 设为 0）。送入 50H 控制字，在执行读命令时，先从 FIFO/传感器 RAM 中 000 单元读数，读完一个数，地址自动加 1，又从 001 单元读数，依次类推，直到读完所需数据。

（4）读显示 RAM 命令

该命令用来设定要读出的显示 RAM 的地址。

特征位　D7 D6 D5=011

D4 为控制 RAM 地址自动加 1 位：D4=1 RAM 地址自动加 1，D4=0 地址不加 1。

D3～D0 用来设定显示 RAM 中的地址。

【例 11-9】　欲读显示 RAM 中 1000 单元地址，确定命令字。

分析：因为只读一个数，地址不需自动加 1，即设置 D4=0，特征位为 011，地址为 1000，所以其控制命令字为 D7～D0=01101000B=68H。

（5）写显示 RAM 命令

该命令用来设定要写入的显示 RAM 的地址。

特征位 D7 D6 D5=100

D4 是地址自动加 1 控制：D4=1，地址自动加 1；D4=0，地址不加 1。

D3～D0 是欲写入的 RAM 地址，若连续写入则表示 RAM 首地址。命令格式同读显示 RAM。

（6）显示器禁止写入/熄灭命令

利用该命令可以控制 A、B 两组显示器，哪组继续显示，哪组被熄灭。

特征位 D7 D6 D5=101

D4：无用位。

D3：禁止 A 组显示 RAM 写入，D3=1，禁止写入。

D2：禁止 B 组显示 RAM 写入，D2=1，禁止写入。

D1：A 组显示熄灭控制。D1=1，熄灭；D1=0，恢复显示。

D0：B 组显示熄灭控制。D0=1，熄灭；D0=0，恢复显示。

利用该命令可以控制 A、B 两组显示器，哪组继续显示，哪组被熄灭。

【例 11-10】 假设 A、B 两组灯均已被点亮，现在希望 A 组灯继续亮，B 组灯熄灭，确定其命令字。

分析：根据命令格式，A 组灯继续亮应禁止 A 组 RAM 再写入其他数据，故 D3=1；B 组显示熄灭 D0=1，除特征位外其余位设为"0"。故其控制命令字为 D7～D0=10101001B=A9H。

（7）清除（显示 RAM 和 FIFO 中的内容）命令

该命令用来清除 FIFO RAM 和显示缓冲 RAM。

特征位 D7 D6 D5=110

D0 为总清除特征位：D0=1 把显示 RAM 和 FIFO 全部清除。

D1 位用来置空 FIFO RAM：D1=1 清除 FIFO 状态，使中断输出线复位，传感器 RAM 的读出地址清 0。

D4～D2：设定清除显示 RAM 的方式，清除显示 RAM 大约需要 160 μs 的时间，在此期间 FIFO 状态字最高位为 1，CPU 不能向显示 RAM 输入数据，如表 11-8 所示。

表 11-8 清除显示RAM方式

D4	D3	D2	清 除 方 式
1	0	X	将全部显示 RAM 清为 0
	1	0	将显示 RAM 置为 20H（A 组=0010，B 组=0000）
	1	1	将显示 RAM 置为 FFH
0			D0=0，不清除；D0=1，仍按上述方式清除

【例 11-11】 将全部显示 RAM 清 0，确定其命令字。

其命令字为 D7～D0=11010001B=D1H。

（8）结束中断/出错方式设置命令

特征位　D7 D6 D5=111

D4=1 时（其 D3～D0 位任意）有两种不同作用。

第一：在传感器方式时，用此命令结束传感器 RAM 的中断请求。

因为在传感器工作方式时，每当传感器状态发生变化，扫描电路自动将传感器状态写入传感器 RAM，同时发出中断申请，即将 IRQ 置高电平，并禁止再写入传感器 RAM。中断响应后，从传感器 RAM 读走数据进行中断处理，但中断标志 IRQ 的撤除分两种情况。若读 RAM 地址自动加 1 标志位为"0"，中断响应后 IRQ 自动变低，撤销中断申请；若读 RAM 地址自动加 1 标志位为"1"，中断响应后 IRQ 不能自动变低，必须通过结束中断命令来撤销中断请求。

第二：当设定为键盘扫描 N 键轮回方式时，作为特定错误方式设置命令。

在键盘扫描 N 键轮回工作方式，又给 8279 写入结束中断/错误方式命令，则 8279 将以一种特定的错误方式工作，即在 8279 消抖周期内，如果发现多个按键同时按下，则将 FIFO 状态字中错误特征位置"1"，并发出中断请求阻止写入 FIFO RAM。

根据上述 8 条命令可以完成 8279 的初始化设置，确定其工作方式。虽然各命令共用一个命令地址口，但 8279 会根据其特征位自动进行识别，将它们存放到各自的命令寄存器中。即在 8279 初始化时把各种命令送入命令地址口，根据其特征位可以把命令存入相应的命令寄存器，执行程序时 8279 能自动寻址相应的命令寄存器。

4．8279的状态字及其格式

状态字主要用来显示 8279 的工作状态。状态字和 8 种命令字共用一个地址口。当 8279 的 A0 引脚为 1 时，从 8279 命令/状态口地址读出的是状态字，其各位意义如下。

D7：D7=1 表示显示无效，此时不能对显示 RAM 写入。

D6：D6=1 表示至少有一个键闭合，当工作在特殊错误方式时，表示出现了多键同时按下错误。

D5：D5=1 表示 FIFO RAM 已满，再输入一个字则溢出。

D4：D4=1 表示 FIFO RAM 中已空，无数据可读。

D3：D3=1 表示 FIFO RAM 中数据已满。

D2～D0：FIFO RAM 中字符的个数，最多为 8 个。

显然，状态字主要用于键盘和选通工作方式，以指示 FIFO RAM 中的字符数及有无错误发生。

5．8279数据输入/输出格式

对 8279 输入/输出数据不仅要先确定地址口，而且数据存放也要按一定格式，其格式在键盘和传感器方式有所不同。

（1）键盘扫描方式数据输入格式

键盘的行号、列号及控制键位置如下。

D7	D6	D5	D4	D3	D2　D1　D0
CNTL	SHIFT	SL2	SL1	SL0	由 RLx 的 x 决定

D7：控制键"CNTL"状态。

D6：控制键"SHIFT"状态。

D5 D4 D3：被按键所在列号（由 SL0～SL2 的状态确定）。

D2 D1 D0：被按键所在行号（由 RL0～RL7 的状态确定）。

（2）传感器方式及选通方式数据输入格式

此种方式 8 位输入数据为 RL0～RL7 的状态，格式如下。

D7	D6	D5	D4	D3	D2	D1	D0
RL7	RL6	RL5	RL4	RL3	RL2	RL1	RL0

6．8279译码和编码方式

8279 的内、外译码由键盘/显示命令字的最低位 D0 选择决定。

D0=1 选择内部译码，也称为译码方式，SL0～SL3 每时刻只能有一位为低电平。此时，8279 只能接 4 位显示器和 4×8 矩阵式键盘。

D0=0 选择内部编码，也称为编码方式，SL0～SL3 为计数分频式波形输出，显示方式可外接 4-16 译码器，驱动 16 位显示器。键盘方式可接 3-8 译码器，构成 8×8 矩阵式键盘。

11.4.2　8279 与单片机接口应用举例

利用 8279 接口芯片对键盘和显示器进行连接，这样使 8051 端的编程相对容易。在实际应用中，键盘的大小和显示器的位数可以根据具体需要而定。

【例 11-12】 如图 11-18 中 8279 外接 8×8 键盘，16 位 LED 显示器，由 SL0～SL2 译出键扫描线，由 4-16 译码器对 SL0～SL3 译出显示器的位扫描线，编程读取按键值并显示。

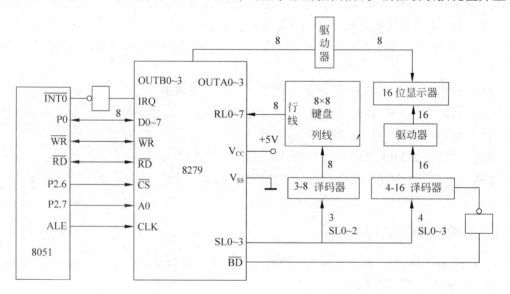

图 11-18　8279 与键盘和显示器的常用接法

编程代码如下。

```
#include <reg51.h>
#include <stdio.h>
#define P8279DataAddr 0x0000              //*a0=0，8279 数据地址
```

```
#define P8279CommandAddr 0x8000          //*a0=1，命令地址
#define uchar unsigned char
#define uint unsigned int
uchar keyNumber;                         //*获取的键盘值
Uart_Init();
sbit P26=0xA6;                           //*P2.6 位
sbit P27=0xA7;                           //*P2.7 位
void SendCommand(uchar c8279com);        //*发送命令
void SendData(uchar c8279data);          //*发送数据
uchar GetData();                         //*获得键值
void Delay();                            //*延时子程序
bit Change_Flag;
void Updata_LED();
main()
{
    Uart_Init();
    P0=0XFF;
    P1=0XFF;
    P2=0XFF;
    P3=0XFF;
    Delay();
    EX0=1;                               //*外部中断 0 允许
    EA=1;                                //*全局中断允许
    SendCommand(0x00);                   //*没有特殊要求一般可以这样初始化
    SendCommand(0x2a);                   //*分频 10
    SendCommand(0xdf);                   //*清屏
    while(1)
    {    ;
    }
}
void Int0_isr() interrupt 0 using 0
{
    SendCommand(0xdf);                   //*清屏
    SendCommand(0x40);                   //*发出读键盘命令
    keyNumbe=GetData();                  //*读键盘
    if (keyNumber<0x0f)                  //*按顺序接了 16 个键，返回的键盘码为 0~0X0F
    {
        SendCommand(0x80);
        SendData(keyNumber);
        keyNumber<<=4;
        SendCommand(0x83);               //*写 LED 命令，在第 3 个数码管上显示
        SendData(keyNumber);             //*写 LED 显示内容
    }
    else
    SendCommand(0xd3);                   //*如果按了最后一个键 0X0F，就全屏显示 0
}
  Uart_Init()
  {SCON=0x52;                            //*设置串行口控制寄存器 SCON
   TMOD=0x21;                            //*12M 时钟波特率为 2400
   TCON=0x69;                            //*TCON
   TH1=0xf3;                             //*TH1
}
void SendCommand(uchar P8279com)         //*发送命令字
```

```
{
    * ((uchar xdata *)P8279CommandAddr)=P8279com;
    Delay();
}
void SendData(uchar P8279data)              //*发送数据字
{
    * ((uchar xdata *)P8279DataAddr)=P8279data;
    Delay();
}
uchar GetData()                             //*获取键值
{
    return* ((uchar xdata *) P8279DataAddr);
}
void Delay()
{
    uint i;
    for(i=0;i<200;i++);
}
```

程序注解如下。

① 在程序中分别编制了相应的函数向 8279 发送数据和命令及获得键盘按键，数据以参数或返回值的形式给出。

② 在程序中认为 8279 的数据地址为 0X0000，命令地址为 0X8000，要发送命令和数据的具体值要根据实际系统中的参数来设定。

③ 在外部中断 0 的中断服务程序中实现对 8279 获取到的按键值的读取，并进行相关处理和发送显示。

④ 3-8 译码器为数字电路中的常用器件，译码器对 SL2～SL0 进行译码并把译码后的结果反应在 RL7～RL0 上。

⑤ 在 C 语言中访问外部寄存器时要先进行类型转换（uchar xdata*），如果直接用间接寻址的方式*P8279DataAddr 会发生编译错误。

11.5 打印输出设备

作为特种打印机系列的一个重要组成部分，微型打印机的市场需求日渐扩大，应用也越来越广泛，如商场超市、餐饮娱乐、金融邮政、医疗器械、电力系统和税控打印等行业。单片机控制微型打印机输出数字、表格和文本信息，它已渐渐成为单片机应用系统难以割舍的组成部分。

11.5.1 微型打印机概述

微型打印机，简称微打，是针对通用打印机而言的，具有处理的票据较窄、整机体积较小、操作电压较低的特点。它是打印机大家族中一个细小而特别的种类。

微型打印机以不同的方式进行分类，得到的结果也不尽相同。表 11-9 列举出了比较典型的分类方式和结果。

表 11-9　微型打印机分类

分类方式	类　　别	备　　注
用途	专用微型打印机	如专业条码微打、专业证卡微打，通常需驱动，有时需配套设备
	通用微型打印机	支持多种设备
打印方式	针式微型打印机	打印针撞击色带，将色带的油墨印在打印纸上
	热敏微型打印机	用加热方式使涂在打印纸上的热敏介质变色
	热转印微型打印机	将碳带上的碳粉通过加热方式印在打印纸上
传输方式	无线微型打印机	利用红外或蓝牙技术进行数据通信，通常无线微打都带有串口或并口，可以以有线方式进行数据通信
	有线微型打印机	通过串行或并行方式进行数据通信

下面以炜煌热敏汉字微型打印机为例，介绍微型打印机的特点、接口、命令、然后给出实际使用时与单片机的硬件连接图及程序。

WH-A7 系列热敏微型打印机是北京炜煌科技发展有限公司新推出的产品，采用 EPSON、FTP、SUMSUNG 等国内外知名品牌打印头，由单片机控制，使用与标准打印机接口（Centronic 并行接口或 RS-232 串行接口）兼容的接口电路。自带国标一、二级汉字库，多个西文字库，其中还包括了 ASCII 字符，德、法、俄文，日语片假名。能设置多种格式的汉字、字符，拥有强大的图形自定义、字符自定义打印命令。可以选配 485 接口、USB 接口、无线接口等。

WH-A7 系列热敏微型打印机有如下特点。

（1）支持 3.5～9V 电源（7.2～8.5V 时性能最佳）。

（2）支持 3.3V 低电压系统。

（3）支持电池供电。

（4）静态电流约 3.3mA。

（5）高速和低功耗模式任意选择。

（6）丰富的图形曲线字符打印功能。

（7）液晶屏幕拷贝功能。

（8）缺纸检测自动记忆打印功能。

（9）支持 ASCII 半角字符集。

（10）西文字符集可旋转打印。

（11）功能设置自动打印提示。

（12）可设置通信模式、波特率、打印方向、打印浓度。

1. WH-A7接口时序

为了驱动 WH-A7 系列打印机，必须了解其工作时序。WH-A7 系列打印机具有并行接口和串行接口两种接口方式以适应不同的需求环境。下面对两种接口时序分别介绍。

（1）WH-A7 并行接口时序

微型打印机并行接口一般采用标准的 Centronic 并行接口，总共有 36 根信号线，通过 36 线 D 形插座，经由电缆与主机相连接。实际上，微型打印机通常采用与标准兼容的并行接口，亦即接口信号中作用不大的信号不予考虑，只利用那些最关键的信号线。

WH-A7 系列并行接口热敏微型打印机接口与 CENTRONICS 8 位并行接口兼容，支持 BUSY-$\overline{ACK}$ 握手协议，接口插座为 IDE26 针插座。并行接口插座引脚序号如图 11-19 所示。

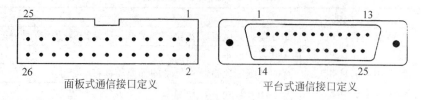

面板式通信接口定义   平台式通信接口定义

图 11-19　并口通信接口

虽然不同外形的微型打印机其并行接口插座也有所不同，但是并行口打印机均采用以 $\overline{STB}$、DATA1～DATA8、BUSY 和 $\overline{ACK}$ 信号为特征的并行接口。只是相同信号的管脚顺序有所不同。WH-A7 系列并行接口信号的构成如表 11-10 所示。

表 11-10　并行接口信号

平台式引脚号	面板式引脚号	信号名称	方向	信号种类	信号说明
1	1	$\overline{STB}$	输入	控制信号	数据选通触发脉冲，上升沿时读入数据
2～8	3、5、7、9、11、13、15、17	DATA1～DATA8	输入	数据信号	这些信号分别代表并行数据的第 1～8 位信号，每个信号当其逻辑为"1"时为"高"电平，逻辑为"0"为"低"电平
10	19	$\overline{ACK}$	输出	状态信号	应答脉冲，"低"电平表示数据已被接收而且打印机准备好接收下一数据
11	21	BUSY	输出	状态信号	"高"电平表示打印机正"忙"，不能接收数据
13	25	SEL	输出	状态信号	打印机内部经电阻上拉"高"电平，表示打印机在线
15	4	$\overline{ERR}$	输出	状态信号	打印机内部经电阻上拉"高"电平，表示无故障
14、16、17	2、6、8、26	NC			空脚
8～25	10～24（偶数）	GND			接地

表中所示信号中最关键的有 $\overline{STB}$、DATA1～DATA8、BUSY 和 $\overline{ACK}$，由它们构成打印机的工作时序。其他信号是为了更好地控制和监视打印机的工作，让打印机正确运行，一般应用中，可以不予考虑。根据信号的作用不同，可将它们分为 3 类，即数据信号、状态信号和控制信号。其中，数据和控制信号是主机送往打印机的，而状态信号是打印机送往主机的。

主机在打印机忙线 BUSY 为低电平时，输出数据，产生选通脉冲信号 $\overline{STB}$，将数据总线上的数据 DATA1～DATA8 锁存入打印机中，在打印机处理此数据期间，忙线为高电平，此时主机不能向打印机发送数据，否则将被丢弃。打印机处理完此数据或执行完打印操作后，忙线变成低电平，并发出应答 $\overline{ACK}$ 信号脉冲，表示数据已被接收处理完毕，打印机可以接收下一个数据了，并行打印机的工作时序如图 11-20 所示。图中标出的几个时间有如下约束：T1 需大于 0.5μs，T2 大于 30ns、T3 小于 40ns、T4 小于 5ms、T5 则约为 2ms。

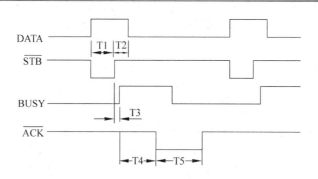

图 11-20 　 并行接口工作时序

（2）WH-A7 串行接口时序

WH-A7 系列微型打印机串行接口和 RS-232C 标准兼容。在与单片机接口时，存在 TTL 电平与 RS-232C 电平的转换问题，通常采用专用芯片实现。

WH-A7 系列串行接口微型打印机，有多种不同的接口形式。可以分为 Ax 型接口、T1 型接口和 Tx 型接口。如图 11-21 所示。

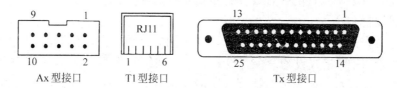

图 11-21 　 串行接口微型打印机接口

串行接口时，数据信号减少为两个，发送信号和接收信号，没有控制信号，状态信号只有忙信号如表 11-11 所示。

表 11-11 　 串行接口信号

Tx 型	T1 型	Ax 型	信号名称	方向	信号种类	信 号 说 明
2	2	5	RXD	输入	数据信号	打印机从主计算机接收数据
3	3	3	TXD	输出	数据信号	当使用 XON/XOFF 握手时，打印机向上位机发送控制码
5	4	2	BUSY	输出	状态信号	该信号高电平时，表示打印机正"忙"不能接收数据、而当该信号低电平时，表示打印机"准备好"，可以接收数据
4	-	6	BUSY	输出	状态信号	同 BUSY（TTL 电平时，此引脚为空引脚）
7	5	9	GND			信号地

微型打印机需要接收数据，RXD 端是必须使用的，而是否使用 TXD 则需要考虑用户选择打印机串行通信的握手方式。握手方式有两种：一种是标志控制方式，RXD 接收串行数据，使用 BUSY 输出微型打印机的工作状态；另一种是 XON/XOFF 协议方式，由 TXD 发送串行数据，单片机根据接收到的数据是否为 11H、13H 决定数据的发送。

2. WH-A7 热敏微型打印机打印命令

微型打印机作为智能终端，能接收主机发来的命令并完成相应的功能。打印命令实际是一组组控制代码，至今仍没有统一的标准，各微型打印机的控制代码所代表的打印命令各不相同。

各微型打印机能完成的功能各异，所以其打印命令的丰富程度也不同，有些微型打印机只有几条命令，而一些宽行打印机有的则有十几条、几十条打印命令，命令越丰富，其功能越强大。

WH-A7 系列微型打印机的打印命令非常丰富，有近四十条之多。根据命令的功能不同，可以分为 10 类。

（1）字符集命令

字符集命令是选择打印哪种字符集的命令，对于 16 点阵的热敏打印机有两种字符集可以选择，而对于 24 点阵的热敏微型打印机则只有一种字符集。

在命令速查表中，选择字符集 1 和选择字符集 2 是 16 点阵微型打印机的字符集命令。对于 24 点阵微型打印机，只有选择字符集 1 一个命令。

（2）纸进给命令

纸进给命令是控制纸如何前进的命令。

在命令速查表中，换行的执行 n 点行走纸是纸进给命令。

（3）格式设置命令

格式设置命令是设置打印格式的命令。命令相对比较丰富，使用也会比较复杂。

在命令速查表中，格式设置命令有设置 n 点行间距、设置字符间距、设置垂直造表值、执行垂直造表、设置水平造表值、执行水平造表、打印空格或空行、设置右限、设置左限和灰度打印共 10 个命令。

（4）字符设置命令

字符设置命令是对打印字符进行一些效果处理的命令。

在命令速查表中，可以看到，横向放大、纵向放大、横向纵向放大、允许/禁止下划线打印、允许/禁止上划线打印、允许/禁止反白打印和允许/禁止反向打印命令属于字符设置命令。

（5）用户定义字符设置命令

用户自定义字符设置命令是允许用户自己定义字符的命令。

在命令速查表中，用户定义字符设置命令包含 3 个命令：定义用户自定义字符、替换自定义字符、恢复字符集中的字符。

（6）图形打印命令

图形打印命令是允许用户打印比较复杂的图形曲线等的命令。

在命令速查表中，打印点阵图形、打印曲线 1、打印曲线 2（自动补点）、条行码打印这 4 个命令是图形打印命令。

（7）汉字设置命令

汉字设置命令是 16 点阵微型打印机用的，包括进入和退出汉字方式及其他一些效果的实现。

在命令速查表中，有如下命令是汉字设置命令：进入汉字方式、退出汉字方式、汉字横向纵向放大、汉字横向放大一倍、取消汉字横向放大、汉字允许/禁止上划线打印、汉字允许/禁止下划线打印、汉字允许/禁止反白打印。

（8）初始化命令

初始化命令将实现如下设置：清除打印缓冲区；对 16 点阵微型打印机，选择字符集 1，字符或汉字放大两倍；禁止上划线，下划线和反白打印；面板式打印反向字符，从右向左方向打印；平台式打印正向字符，从左向右方向打印；行间距为 3。

在命令速查表中，初始化打印机是初始化命令。

（9）数据控制命令

在微型打印机接收到数据控制命令后，将对缓冲区内的命令和字符进行处理，按要求打印缓冲区内的全部字符或汉字，并换行。

在命令速查表中，回车是数据控制命令。

（10）自动切刀命令

如果有自动切刀，送完数据后再送入这指令，则启动切刀。

在命令速查表中，自动切刀命令即是自动切刀。

11.5.2 微型打印机的应用

【例 11-13】 并行 WH-A7 与 51 单片机的接口设计。

1. 硬件设计

从并行接口时序图 11-20 可以看出，产生 $\overline{STB}$ 选通信号是设计单片机与打印机接口电路的关键。这里用单片机 P1.0 控制打印机的选通信号。如图 11-22 所示，微型打印机的接口输入电路有数据锁存器，因此，可以直接与单片机系统的总线 P0 口连接。

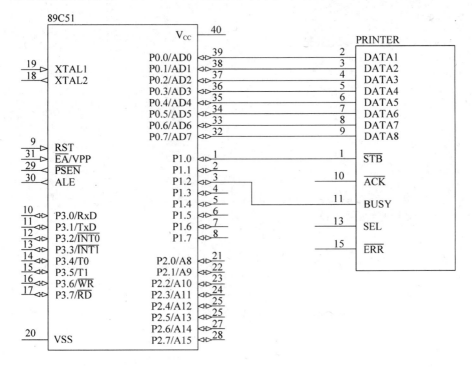

图 11-22 并行 WH-A7 与 51 单片机的接口原理图

2．软件设计

对微型打印机的操作可以采用查询方式或中断方式。这里选用查询方式。

在编写打印机控制程序时，首先判断 BUSY 忙线信号电平。然后，当输出数据在数据总线上时，产生一个低脉冲选通信号 $\overline{STB}$ 。

相应程序如下。

```c
#include<reg52.h>
#include<intrins.h>
//*************** Hardware configuration ***************
#define PRINTER_DATA P1                  //*定义打印机数据线端口
sbit  BUSY = P1^2;                       //*定义打印机忙信号引脚
sbit  nSTB = P1^0;                       //*定义打印机STB信号引脚
#define CR  0x0d
#define LF  0x0a
void PrintByte(unsigned char byte_data); //*定义发送一个字节的数据到并口的函数
void PrintString(char *str);             //*定义发送一个字符串的数据到并口的函数
void PrintByteN(unsigned char *data_src,unsigned char N);
//*定义发送一个数组的数据到并口的函数
void main(void)
{
    char str[]="Printer demo";
    PrintString("WHKJ Printer");
    PrintByte(CR);
    while(1);
}
void PrintByte(unsigned char byte_data)     //*发送一个字节的数据到并口
{
   while(BUSY==1){
   }
   PRINTER_DATA=byte_data;
   nSTB=0;
   _nop_();                               //*调整 nSTB 信号脉宽
   nSTB=1;
}
void PrintString(char *str)               //*发送一个字符串的数据到并口
{
   while(*str ){
     PrintByte(* (str++));
   }
}
void PrintByteN(unsigned char *data_src, unsigned char N)
//*发送一个数组的数据到并口
{
   while(N--){
     PrintByte(* (data_src++));
   }
}
```

【例 11-14】 串行 WH-A7 与 51 单片机的接口设计。

1．硬件设计

串行接口时，打印机接口连接器上的输入输出信号为 RS-232C 电平，在与单片机接口时，存在 TTL 电平与 EIA 电平的转换问题。目前常用的方式很多，这里采用 MAX232 芯片连接方式。

　　串行 WH-A7 与 51 单片机的接口方式有两种，这里选择标志控制方式，如图 11-23 所示。工作时，单片机读取 P3.2 脚的状态，从而判断微型打印机工作状态，不忙时向微型打印机发送数据。

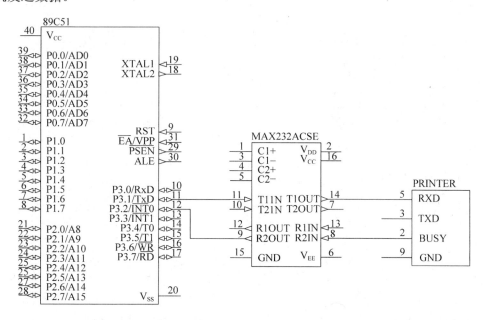

图 11-23　串行 WH-A7 与 51 单片机的接口原理图

2. 软件设计

相应程序如下。

```
#include<reg52.h>
sbit BUSY=P3^2;
void Print_Byte(uchar ch);        //*定义一个发送字节数据到串口的函数
void Print_Array(array,n);        //*定义发送一个数组的数据到串口的函数
void Print_String(uchar *str);    //*定义一个把字符串送到串口的函数
void main()
{
  int i;
  TMOD=0x20;                      //*定时器1工作于方式2
  SCON=0x40;                      //*串口工作于方式1
  TH1=0xfa;                       //*装入初值，22.1184MHz的晶振，9600的波特率
  TL1=0xfa;
  PCON=0x00;                      //*波特率无倍增
  TR1=1;                          //*开启定时器1开始工作
  Print_Byte(0x1B);
  Print_Byte(0x38);
  Print_String("我爱北京天安门");
  Print_Byte(13);
  while(1);
}
```

```
void Print_Byte(uchar ch)          //*发送字节数据到串口
{
   while(BUSY){
   }
   SBUF=ch;
   while(!TI){
   }
   TI=0;
}
void Print_Array(array,n)              //*发送一个数组的数据到串口
{
    uchar array[];
    int n;
    int i;
    for(i=0;i<n;i++)
    Print_Byte(array[i]);
}
void Print_String(uchar *str)        //*发送一个字符串到串口
{
    while(*str){
       Print_Byte(*str++);
    }
}
```

11.6　思考与练习

1. 请根据图 11-2 编写共阴极的 8 个发光二极管轮流导通的相应程序。

2. LED 显示器根据公共端的连接方式不同可分为哪两种，各有什么特点？

3. 简述 LED 的静态显示方式与动态显示方式的区别及优缺点。

4. 请根据图 11-9 所示电路，编写在 4 个 LED 显示器上轮流显示"1，2，3，4"的显示程序。

5. 简述液晶显示器的特点。

6. 请根据图 11-18 所示画出利用 8279 外接 4×4 键盘和 8 位 LED 显示器的相应硬件电路，并编写读取按键值并显示的有关程序。

第 12 章 A/D 和 D/A 转换器

本章介绍 A/D 和 D/A 转换器分类和性能指标，并重点介绍几款常用的 A/D 和 D/A 转换芯片 ADC0809、TLC2543、DAC0832 和 MAX517 的工作原理、应用电路的设计和相应程序代码。

12.1 A/D 转换器

A/D 转换就是模数转换，就是把模拟信号转换成数字信号。当被测信号满量程为 U_m（所选的 A/D 可对该信号电压范围全量程进行测量），所选择的 A/D 转换器的位数为 N，若被测信号 U_X 和输出的数字量值为 Y，则关系式可线性表示为

$$\frac{U_X}{Y} = \frac{U_m}{2^N - 1} \tag{12-1}$$

12.1.1 A/D 转换器分类

A/D 转换器根据内部电路不同，分为以下三类。

（1）并联比较型

并行比较型 A/D 转换器采用多个比较器，仅作一次比较而实行转换，又称 FLash（快速）型。由于转换速率极高，n 位的转换需要 2^n-1 个比较器，因此，电路规模也极大，价格也高，只适用于视频 A/D 转换器等速度特别高的领域。其特点是转换速度快，转换时间 $10ns \sim 1\mu s$。

（2）逐次逼近型

逐次逼近型 A/D 转换器由一个比较器和 D/A 转换器通过逐次比较逻辑构成，从 MSB 开始，顺序地对每一位将输入电压与内置 D/A 转换器输出进行比较，经 n 次比较而输出数字值。其特点是转换速度中等，转换时间从几个微秒至一百微秒。

（3）双积分型

积分型 A/D 转换器是将输入电压转换成时间（脉冲宽度信号）或频率（脉冲频率），然后由定时器/计数器获得数字值。其特点是用简单电路就能获得高分辨率，由于转换精度依赖于积分时间，因此，转换速率极低，转换时间从几百微秒至几毫秒。

12.1.2 A/D 转换器的指标

如何选择 A/D 转换器需要考虑应用的要求和器件本身的性能,而 A/D 转换器的指标是

选择 A/D 转换器的重要参考依据，这里只介绍转换速率和分辨率。

（1）转换速率

指完成一次从模拟转换到数字的 A/D 转换所需的时间的倒数。采样时间则是另外一个概念，是指两次转换的间隔。为了保证转换的正确完成，采样速率（Sample Rate）必须小于或等于转换速率。因此，有人习惯上将转换速率在数值上等同于采样速率也是可以接受的。常用单位是 ksps 和 Msps，表示每秒采样千/百万次。并联比较 A/D 转换器转换速度最高；逐次逼近型 A/D 转换器次之；双积分 A/D 转换器的速度最慢。

如果测量的信号周期为 1kHz，根据工程采样规则，采样频率应为测量频率的 20 倍，即 20kHz，那么就需要选择的 A/D 转换器的转换速率为 20kHz，转换时间为 50μs，单片机若采用 12MHz，指令周期为 1μs，在采样时间内完成 A/D 转换以外的工作（读数据，处理和存储数据）就比较困难了。

（2）分辨率

说明 A/D 转换器对输入信号的分辨能力。数字量变化一个最小量时模拟信号的变化量，定义为满刻度与 2^n 的比值。分辨率又称精度，一般以输出二进制（或十进制）数的位数表示。因为，在最大输入电压一定时，输出位数愈多，量化单位愈小，分辨率愈高。如果测量的信号数值要显示为 99.99，说明要处理的数据要为 99.999，多保留一位，这样需要考虑，假设 N 位 A/D 转换器测量电压满量程值 V_{FS} 为 5V，则分辨率为

$$Q_{CA} = \frac{V_{FS}}{(2^N - 1)} \tag{12-2}$$

则根据公式（12-2）可知，若 12 位 A/D 转换器，则 $Q_{CA}=0.0012$，可以满足要求。

12.1.3　并行 AD 转换器 ADC0809

ADC0809 是一种 8 位逐次逼近型 AD 转换器，带 8 个模拟量输入通道，每个通道的转换时间大约 100 μs，引脚如图 12-1 所示。

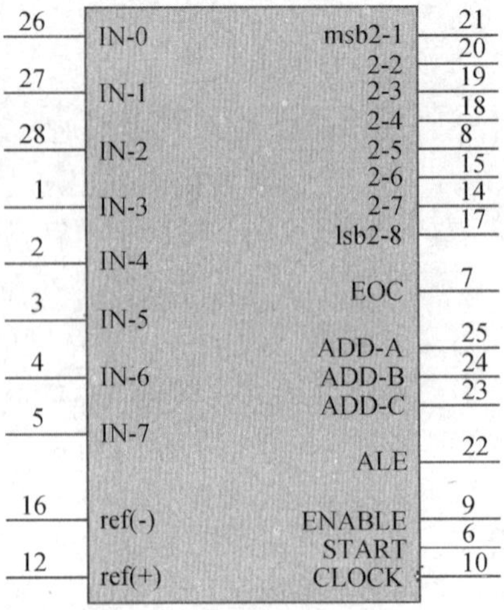

图 12-1　ADC0809 芯片引脚图

1. 引脚功能简介

START：A/D 转换启动信号，输入口，高电平有效；

ADDA、ADDB、ADDC：地址输入线，用于选通 8 路模拟输入中的一路，功能如表 12-1 所示。

表 12-1　被选模拟量路数和地址的关系

ADDC	ADDB	ADDA	被选择模拟电压路数
0	0	0	IN0
0	0	1	IN1
0	1	0	IN2
0	1	1	IN3
1	0	0	IN4
1	0	1	IN5
1	1	0	IN6
1	1	1	IN7

ALE：地址锁存允许信号，输入口、高电平有效；

OE：输出允许信号，输入口、高电平有效；

EOC：A/D 转换结束信号，输出口、高电平有效；

IN0～IN7：8 路模拟信号输入端；

CLK：时钟脉冲输入端，典型时钟 640kHz，最大时钟 1.2MHz。一般取自单片机的 ALE 的信号，单片机的 ALE 引脚输出 1/6 振荡频率的正弦信号，如果采用晶振频率是 12MHz，那么 ALE 引脚输出信号的频率为 2MHz，大于 CLK 引脚要求的最大时钟 1.2MHz，所以这时需要对单片机的 ALE 引脚输出信号进行二分频，满足 CLK 引脚输入时钟脉冲信号频率的要求；如果采用晶振频率是 6MHz，这时 ALE 引脚输出信号就不需要分频了；

REF(+)、REF(–)：基准电压。一般与单片机接口时，REF(–) 为 0V 或–5V，REF(+) 为+5V 或 0V。基准电压选择值根据被测的信号的极性及范围而定，如果被测信号的单极性为正，则 REF(+)=5V，REF(–)=0V，如果被测信号的极性为双极性，则 REF(+)= +5V，REF(–)= –5V。

2. ADC 0809工作过程

（1）确定 ADDA、ADDB、ADDC 三位地址选择哪一路模拟信号；

（2）使 ALE＝1，使该路模拟信号经选择开关到达比较器的输入端；

（3）启动 START，START 的上升沿将逐次逼近寄存器复位，下降沿启动 A/D 转换，这时 EOC 输出信号变低，指示转换正在进行；

（4）A/D 转换结束，EOC 变为高电平，指示 A/D 转换结束，此时，数据已保存到 8 位锁存器。

【例 12-1】设计检测幅值为 0V～5V 的直流电压信号，并将电压值的显示在数码管上。

1. 硬件设计

硬件电路如图 12-2 所示。因为单片机晶振采用 12MHz，所以用 74LS74 进行二分频，数码管显示部分采用动态显示。

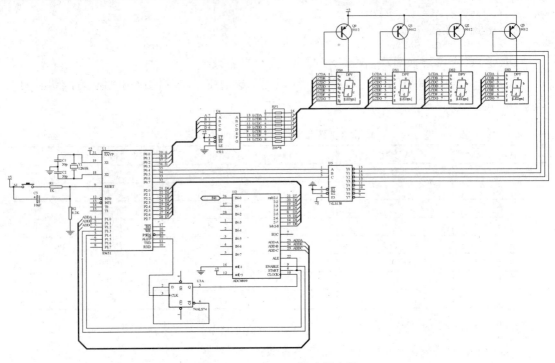

图 12-2　ADC0809 的应用电路

2. 软件程序编写

（1）汇编语言程序代码如下。

```
      org 0000h
      ajmp start
;//*************主程序*********************//
start:   call  ad0809    ;调用 AD0809 子程序
loop:    jnb p3.2,loop   ;EOC 是否为高
         setb p1.3       ;OE 使能，转换数据输出
         mov r7,p2
         call xianshi     ;调用延时程序
         mov p1,#00h
         sjmp start
;//**********显示子程序************//
xianshi:
;//**** 选择百位**********//
         mov a,r7
         mov b,#100
         div ab
;//**** ;选择十位**********//
         mov r2,#20h
         mov p0,r2
         orl a,r2
         mov  p0,a
         acall delay
    ;//*****选择十位**********//
         mov a,b
         mov b,#10
```

```
        div ab
        mov r2,#10h
        mov p0,r2
        orl a,r2
        mov  p0,a
        acall delay
  ;//**** 选择个位************//
        mov r2,#00h
        mov a,b
        mov p0,r2
        mov  p0,a
        acall delay
        ret
;//****** *个位和十位交替闪烁时间*******//
delay:  mov   r3,#20h  ;延时子程序
del2:   mov   r4,#20h
del1:   nop
        djnz  r4,del1
        djnz  r3,del2
        ret
;//** *****AD0809 子程序***************//
ad0809: mov    p1,#00h ;选择 IN0
        nop;
        setb  p1.4  ;ALE 置高
        setb  P1.5  ;START 置高
        lcall  DELAY ;
        clr    p1.5 ;START 置低，AD 转换
        ret
end
```

（2）C 语言编程如下。

```c
#include <intrins.h>
#include <math.h>
#include<reg52.h>

#define uchar unsigned char
#define uint unsigned int
#define ulong unsigned long

uint        dadch,aa;
uint        b,c,d;
sbit        oe=P1^3;
sbit        start=P1^5;
sbit        ale1=P1^4;
sbit        eoc=P3^2;
sbit        shuwei=P1^6;
#define    ad_bus    P2          //ad 转换数据口
#define    xianshi    P0
//**********************************************//
void delay100us(void)
{
```

```
    uchar t;
    for(t=0;t<200;t++);
}
void delayms(uint ms)                //*毫秒延时子函数
{
    uint i,j;
    for (j=0;j<ms;j++)
    {
            for(i=0;i<69;i++);
    }
}

//**********************************************//
//          Ad 转换子程序
//**********************************************//
void adch()
{
    start=0;
    oe=0;
    _nop_();
    ale1=1;
    start=1;
    delay100us();                //延时 100u
    start=0;
    while(eoc!=1)
    {
        ;
    }
    oe=1;
    dadch=ad_bus;                //读入 AD 转换数据
}
//**********************************************//
void adxian(void)
{
//*******数据处理*****//
    aa=dadch*5;
    b=aa*10;
    d=b/255;
    c=d%10;

  //*******显示*******//

    xianshi=d/10+16;
    shuwei=0;
    delayms(1);
    shuwei=1;
    xianshi=c;
    delayms(4);
  //******************//
```

```
    start=0;
    oe=0;
//*****************//
}

//***************主函数*****************//
void main(void)
{
    shuwei=1;
    P0=0;
    do
    {
        adch();
        adxian();
    }
    while(1);
}
```

12.1.4   串行 AD 转换器 TLC2543

TLC2543 是 TI 公司的 12 位串行模数转换器，使用开关电容逐次逼近技术完成 A/D 转换过程。在工作温度范围内，转换时间 10 μs，11 个模拟输入通道，具有单、双极性输出。由于是串行输入结构，能够节省单片机 I/O 资源；且价格适中，分辨率较高，因此，在仪器仪表中有较为广泛的应用。其芯片引脚图如图 12-3 所示。

TLC2543 引脚功能简介如下。

AIN0～AIN10：模拟量输入端。11 路输入信号由内部多路器选通。对于 4.1MHz 的 I/O CLOCK，驱动源阻抗必须小于或等于 50Ω，而且用 60pF 电容来限制模拟输入电压的斜率；

$\overline{CS}$：片选端。在 $\overline{CS}$ 端由高变低时，内部计数器复位。由低变高时，在设定时间内禁止 DATA INPUT 和 I/O CLOCK；

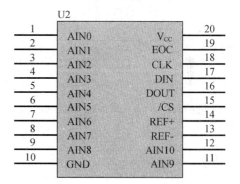

图 12-3   TLC2543 芯片引脚图

DIN：串行数据输入端。由 4 位的串行地址输入来选择模拟量输入通道；

DOUT：A/D 转换结果的三态串行输出端。$\overline{CS}$ 为高时处于高阻抗状态，$\overline{CS}$ 为低时处于激活状态；

EOC：转换结束端。在最后的 I/O CLOCK 下降沿之后，EOC 从高电平变为低电平并保持到转换完成和数据准备传输为止；

GND：地。GND 是内部电路的地回路端。除另有说明外，所有电压测量都相对 GND 而言；

Vcc：电源；

REF+：正基准电压端。基准电压的正端（通常为 Vcc）被加到 REF+，最大的输入电压范围由加于本端与 REF-端的电压差决定；

REF−：负基准电压端。基准电压的低端（通常为地）被加到 REF−。

一般对于 REF+和 REF−两个参考电压引脚，REF−接地，REF+接实际参考电压，这是单极性输入。

若 REF−没有接地，那么 V_{REF+} 与 $V_{REF−}$ 的差作为参考电压，且以 $V_{REF−}$ 为参考基点。当输入信号等于 $V_{REF−}$ 时，AD 转换结果为 0，当输入信号大于或小于 $V_{REF−}$ 时，按照输入信号与 $V_{REF−}$ 的电压差作为 AD 输入进行 AD 转换，即 AD 转换结果为

$$Y = \frac{V_{in} - V_{REF−}}{(V_{REF+} - V_{REF−}) \times 2^{12}} \qquad (12\text{-}3)$$

CLK：输入/输出时钟端。

I/O CLOCK 接收串行输入信号并完成以下四个功能。

（1）在 CLOCK 的前 8 个上升沿，8 位输入数据存入输入数据寄存器。

（2）在 CLOCK 的第 4 个下降沿，被选通的模拟输入电压开始向电容器充电，直到 I/O CLOCK 的最后一个下降沿为止。

（3）将前一次转换数据的其余 11 位输出到 DATA OUT 端，在 I/O CLOCK 的下降沿时数据开始变化。

（4）CLOCK 的最后一个下降沿，将转换的控制信号传送到内部状态控制位。时钟的时序图如图 12-4 所示。

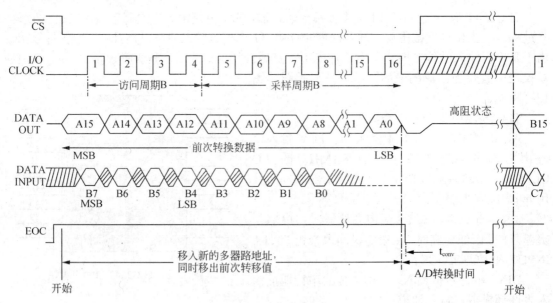

图 12-4　时钟传送时序图

TLC2543 采用 MSB（即高位先发）串行方式进行通信，若设置为 12 位 AD 采集，可采用两种形式：12 位数据输出格式和 16 位数据输出格式。一开始，片选 $\overline{CS}$ 为高，CLK 和 DIN 被禁止，DOUT 为高阻状态。片选 $\overline{CS}$ 变低，开始转换过程，CLK 和 DIN 使能，并使 DOUT 脱离高阻状态。8 位输入数据流从 DIN 端输入，在 CLK 的上升沿存入输入寄存器。在传送这个数据流的同时，输入/输出时钟的下降沿也将前一次转换的结果从输出数据寄存器移到 DOUT 端。CLK 端接收的时钟长度取决于输入数据寄存器中的数据长度选择位。输入数据是一个 8 位数据流（MSB），格式如表 12-2 所示。通过表 12-2 可以看出，TLC2543 支持 8 位和 12 位的 A/D，由输入数据的 D3 和 D2 位决定。

表 12-2　TLC 2543 数据输入格式

功能选择	地址码				输出数据长度		MSB/LSB 选择	BIP
	D7	D6	D5	D4	D3	D2	D1	D0
输入通道选择:								
AIN0	0	0	0	0				
AIN1	0	0	0	1				
AIN2	0	0	1	0				
AIN3	0	0	1	1				
AIN4	0	1	0	0				
AIN5	0	1	0	1				
AIN6	0	1	1	0				
AIN7	0	1	1	1				
AIN8	1	0	0	0				
AIN9	1	0	0	1				
AIN10	1	0	1	0				
参考电压选择:								
$(V_{REF+} + V_{REF-})/2$	1	0	1	1				
V_{REF-}	1	1	0	0				
V_{REF+}	1	1	0	1				
Softwarepower down	1	1	1	0				
输出数据长度:								
8 位					0	1		
12 位					x	0		
16 位（高 12 位有效）					1	1		
输出数据格式:								
MSB							0	
LSB							1	
单极性								0
双极性								1

【例 12-2】　TLC2543 应用电路设计。

1. 硬件设计

设计 TLC2543 与单片机接口电路如图 12-5 所示。

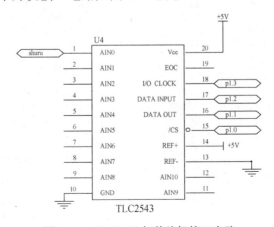

图 12-5　TLC2543 与单片机接口电路

2. 软件设计

C 语言程序代码如下。

```
#pragma SMAll
#include <reg52.h>
#include <absacc.h>
#define uchar unsigned char
#define uint unsigned int
/*--------------------------------*/
sbit      ad43_cs=P1^0;          //管脚定义
sbit      clk=P1^3;
sbit      din=P1^2;
sbit      dout43=P1^1;
bdata uchar ab;
sbit abit0=ab^0;sbit abit1=ab^1;sbit abit2=ab^2;sbit abit3=ab^3;
sbit abit4=ab^4;sbit abit5=ab^5;sbit abit6=ab^6;sbit abit7=ab^7;
/***************************************************/
int AD_2543(uchar n)
{
  data uchar i,j;
  data uint ;
  data union{
        uchar ch[2];    /*0 高八位，1 低八位*/
        uint i;
        }u;
clk=0;
ad43_cs=0;
ab=n<<4;
for(j=0;j<100;j++);

for(i=0;i<8;i++)
    {
    din=abit7;
    ab<<=1;
    abit0=dout43;  /*dout; dout;*/
    clk=1;
    for(j=0;j<100;j++);
    clk=0;
    for(j=0;j<100;j++);
    }
u.ch[0]=ab;
ab=0;
for(i=0;i<4;i++){
    ab<<=1;
    abit0=dout43;
    clk=1;
    for(j=0;j<100;j++);
    clk=0;
    for(j=0;j<100;j++);
    }
u.ch[1]=ab<<4;
u.i>>=4;
ad43_cs=1;
return u.i;
}
/***************************************************/
void main(void)
{
```

```
data uint rt;
data uint max,min;
data long unsigned int sum;
max=0,min=4095,sum=0;
rt=0;

for(;;)
   {
   AD_2543(0x0b);
   rt=AD_2543(0x0b);    //800h
   rt=0;
   AD_2543(0x0d);
   rt=AD_2543(0x0d);    //fffh

   rt= 0;
   AD_2543(0x0c);
   rt=AD_2543(0x0c); //000h
   rt= 0;
   AD_2543(0);
   rt=AD_2543(0);
   }
   while(1);
}
```

12.2　DA 转换器

DA 转换器是将输入的二进制数字信号转换成模拟信号，以电压（或电流）的形式输出。一般常用的线性 DA 转换器，其输出的模拟电压 V 和数字量 D 成正比关系。

$$U_0(I_0) = k\sum_{i=0}^{n-1}D_i 2^i \tag{12-4}$$

其中，D 为位权值，K 为转换比例系数。输出模拟电压（或模拟电流）与输入数字量成正比关系。假设，转换比例系数 K=1，输入数字量 n=3，则输出模拟电压（或模拟电流）为 $U_0(I_0) = D_2 2^2 + D_1 2^1 + D_0 2^0$。

12.2.1　DA 转换器分类

DA 转换器按结构分以下三类：

（1）权电阻结构

电阻取值范围大，在 $10K\Omega \sim 1.28M\Omega$ 宽范围内要保证电阻的精度是十分困难的。

（2）R-2R T 型结构

转换速度比较慢，若要克服 R-2R T 型电阻网络 D/A 转换器速度慢缺点，则会出现尖峰干扰脉冲。

（3）R-2R 倒 T 型结构

有效防止动态过程中输出端可能出现的尖峰干扰脉冲，是目前 D/A 转换速度较快的一种，也是用得最多的一种 D/A 转换器。三种 D/A 转换器输出表达式如表 12-3 所示。

表 12-3   三种D/A转换器输出表达式

D/A 电路	D/A 输出	转换系数	求和表达式
权电阻		$-\dfrac{2R_f}{R}\dfrac{V_{REF}}{2^n}$	
R-2R T 型	$v_O = -iR_f$	$-\dfrac{R_f}{3R}\dfrac{V_{REF}}{2^n}$	$\displaystyle\sum_{i=0}^{n-1}D_i 2^i$
R-2R 倒 T		$-\dfrac{R_f}{R}\dfrac{V_{REF}}{2^n}$	

设 4 位权电阻 D/A 转换器输入二进制数码为 0000～1111，基准电压 $V_{REF}=-8V$，R_f $=R/2$，则输出电压 U_0 为

$$U_0 = -\frac{2R_f}{R}\frac{V_{REF}}{2^n}\sum_{i=0}^{n-1}D_i 2^i$$

$$= -\frac{-8}{16} \times (8D_3 + 4D_2 + 2D_1 + 1D_0)$$

12.2.2   DA 转换器的重要指标

（1）分辨率

指数字量变化一个最小量时模拟信号的变化量，定义为满刻度与 2^n 的比值。分辨率又称精度，通常以数字信号的位数来表示。例如，4 位 DAC 的分辨率为 $1/(2^4-1)=1/15=6.67\%$（分辨率也常用百分比来表示）；8 位 DAC 的分辨率为 $1/255=0.39\%$。显然，位数越多，分辨率越高。

（2）转换速率

指完成一次从模拟转换到数字的 AD 转换所需的时间的倒数。积分型 AD 的转换时间是毫秒级，属低速 AD，逐次比较型 AD 是微秒级，属中速 AD，全并行/串并行型 AD 可达到纳秒级。采样时间则是另外一个概念，是指两次转换的间隔。为了保证转换的正确完成，采样速率必须小于或等于转换速率。因此，有人习惯上将转换速率在数值上等同于采样速率也是可以接受的。常用单位是 ksps 和 Msps，表示每秒采样千/百万次（kilo/ Million Samples per Second）。

12.2.3   并行 DA 转换器 DAC0832

DAC0832 由一个八位输入锁存器、一个八位 DAC 寄存器和一个八位 D/A 转换器三大部分组成。D/A 转换器采用倒 T 型 R-2R 电阻网络。DAC0832 内部无运放，是电流输出，使用时须外加运放。芯片内部已设置了反馈电阻 R_f，如果运放增益不够，外部还要加反馈电阻。DAC0832 主要性能参数：分辨率 8 位；转换时间 1μs；参考电压±10V；单电源 +5V～+15V；功耗 20 mW，引脚图如图 12-6 所示。

1. 引脚功能简介

D0～D7：8 位数据输入线，TTL 电平，有效时间应大于 90 ns（否则锁存器的数据会出错）；

ILE：数据锁存允许控制信号输入线，高电平有效；

CS：片选信号输入线（选通数据锁存器），低电平有效；

WR1：数据锁存器写选通输入线，负脉冲（脉宽应大于 500ns）有效。由 ILE、CS、WR1 的逻辑组合产生 LE1，当 LE1 为高电平时，数据锁存器状态随输入数据线变换，LE1 的负跳变时将输入数据锁存；

XFER：数据传输控制信号输入线，低电平有效，负脉冲（脉宽应大于 500ns）有效；

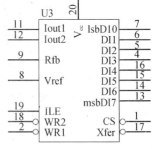

图 12-6　DAC0832 芯片引脚图

WR2：DAC 寄存器选通输入线，负脉冲（脉宽应大于 500ns）有效。由 WR2、XFER 的逻辑组合产生 LE2，当 LE2 为高电平时，DAC 寄存器的输出随寄存器的输入而变化，LE2 的负跳变时将数据锁存器的内容打入 DAC 寄存器并开始 D/A 转换。

Iout1：电流输出端 1，其值随 DAC 寄存器的内容线性变化；

Iout2：电流输出端 2，其值与 IOUT1 值之和为一常数；

Rfb：反馈信号输入线，改变 Rfb 端外接电阻值可调整转换满量程精度；

V_{cc}：电源输入端，V_{cc} 的范围为+5V～+15V；

V_{REF}：基准电压输入线，VREF 的范围为–10V～+10V；

AGND：模拟信号地；

DGND：数字信号地。

2. 工作方式

0832D/A 转换器有双缓冲型、单缓冲型、和直通型等三种工作方式。

（1）双缓冲工作方式

由于 DAC0832 芯片中有两个数据寄存器，可以通过控制信号将数据先锁存在输入锁存器中，当需要 DA 转换时，再将锁存器中锁存的数据信号装入 DAC 寄存器并进行 DA 转换，从而达到两极缓冲工作方式。可以使两路或多路并行 DA 转换器同时输出模拟量，连线如图 12-7 所示。

（2）单缓冲工作方式

如果令 DAC 寄存器处于常通状态，则只控制输入数据锁存器，可以使两个寄存器同时选通和锁存，这就是单缓冲工作方式，连线如图 12-8 所示。

（3）直通工作方式

如果使两个寄存器都处于常通状态，这时两个寄存器的输出跟随数字输入变化而变化，DA 转换器的输出也同时跟着变化，这种情况应用于连续反馈过程控制系统，连线如图 12-9 所示。

【例 12-3】　用 DAC0832 设计波形发生器。

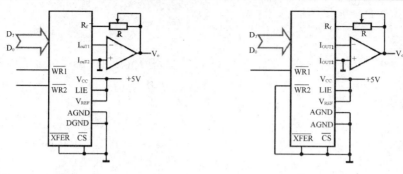

图 12-7　双缓冲工作方式连线图　　　　图 12-8　单缓冲工作方式连线图

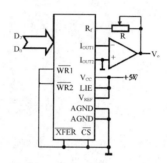

图 12-9　直通工作方式连线图

1．硬件设计

设计硬件电路图及产生锯齿波、三角波和方波图，如图 12-10 所示。

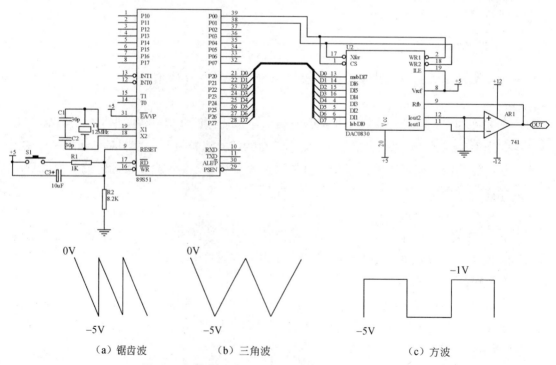

（a）锯齿波　　　　（b）三角波　　　　（c）方波

图 12-10　DAC0832 波形发生器硬件电路及产生波形

2．软件设计

由上图可以看出，DAC0832 采用的是单缓冲单极性的接线方式，它的选通地址为 7FFFH，则产生锯齿波、三角波和方波的程序如下。

（1）汇编语言程序代码

锯齿波程序如下。

```
        ORG   0000H
        MOV   DPTR,#7FFFH    ;输入寄存器地址
        CLR   A              ;转换初值
LOOP:   MOVX  @DPTR,A        ;D/A 转换
        INC A                ;转换值增量
        NOP                  ;延时
        NOP
        NOP
        SJMPLOOP
        END
```

三角波程序：

```
ORG 0100H
        CLR A
        MOV DPTR,#7FFFH
DOWN:   MOVX @DPTR,A          ;线性下降段
        INC  A
        JNZ  DOWN
        MOV  A,#0FEH          ;置上升阶段初值
  UP:   MOVX    @DPTR,A       ;线性上升段
        DEC  A
        JNZ  UP
        SJMP DOWN
        END
```

方波程序：

上图 DAC0832 为单极性模拟电压输出，可由式（12-5）得到输出电压 U_0 对输入数字量的关系式为

$$U_0 = -B\frac{V_{REF}}{256}$$

(12-5)

式（12-5）中：$B = b_7 \times 2^7 + b_6 \times 2^6 + \cdots + b_1 \times 2^1 + b_0 \times 2^0$

当 $U_0 = -1\,V$ 时且 $V_{REF} = 5V$，计算得输入数字量为 33H。

```
ORG 0200H
MOV DPTR, #7FFFH
LOOP:   MOV A,#33H           ;置上限电平
        MOVX    @DPTR,A
        ACALL   DELAY        ;形成方波顶宽
        MOV A,#0FFH          ;置下限电平
        MOVX    @DPTR,A
        ACALL   DELAY        ;形成方波底宽
        SJMP    LOOP
        END
```

（2）C 语言程序代码

锯齿波程序如下。

```
#pragma SMAll
#include <reg52.h>
#include <absacc.h>
#define uchar unsigned char
#define DAC0832 XBYTE[0X7FFF]

void main()
{
    uchar i;
    while(1)
    {
        for(i=0;i<0xff;i++)
        DAC0832=i;
    }
}
```

三角波程序如下。

```
#pragma SMAll
#include <reg52.h>
#include <absacc.h>
#define uchar unsigned char
#define DAC0832 XBYTE[0X7FFF]

void main()
{
    uchar i;
    while(1)
    {
        for(i=0; i<0xff; i++)  DAC0832=i;
        for(i=0xff; i>0; i--)  DAC0832=i;
    }
}
```

方波程序：

```
#pragma SMAll
#include <reg52.h>
#include <absacc.h>
#define uchar unsigned char
#define DAC0832 XBYTE[0X7FFF]

void delayms(uint ms)   //*毫秒延时子函数
{
    uint i,j;
    for (j=0;j<ms;j++)
    {
        for(i=0;i<69;i++);
    }
}

void main()
{
    while(1)
    {
        DAC0832=0;
        Delayms(1);
```

```
            DAC0832=0x33;
            Delayms(1);
    }
}
```

12.2.4　串行 DA 转换器 MAX517

MAX517 是 MAXIM 公司生产的 8 位电压输出型 DAC 数模转换器，它带有 I²C 总线接口，允许多个设备之间进行通讯。MAX517 采用单 5 V 电源工作，该芯片的引脚图如图 12-11 所示。各引脚的具体说明如下。

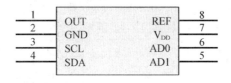

图 12-11　MAX517 引脚图

1. 引脚功能简介

OUT：DA 转换输出端；

GND：接地；

SCL：时钟总线；

SDA：数据总线；

AD1、AD0：用于选择哪个 DA 通道的转换输出，由于 MAX517 只有一个 DA，所以使用时，这两个引脚通常接地；

V_{DD}：电源；

REF：参考。

2. 工作时序和转换过程

MAX517 的一个完整的转换时序。首先应给 MAX517 一个地址位字节。MAX517 在收到地址字节位后，会给单片机一个应答信号。然后再给 MAX517 一个控制位字节，MAX517 收到控制位字节位后，再给单片机发一个应答信号。之后，MAX517 便可以给单片机发送 8 位的转换数据（一个字节）。单片机收到数据之后，再给 MAX517 发一个应答信号。至此，一次转换过程完成。

MAX517 的一个地址字节格式如下。

第 7 位	第 6 位	第 5 位	第 4 位	第 3 位	第 2 位	第 1 位	第 0 位
0	1	0	1	1	AD1	AD0	0

其中，前三位"0 1 0"出厂时已设定。对于 MAX517，第 4 位和第 3 位这两位应取为"1"。因为一个单片机上可以挂 4 个 MAX517，而具体是对哪一个 MAX517 进行操作，则由 AD1、AD0 的不同取值来控制。

MAX517 的控制字节格式如下。

第 7 位	第 6 位	第 5 位	第 4 位	第 3 位	第 2 位	第 1 位	第 0 位
R2	R 1	R 0	RST	PD	×	×	A0

在该字节格式中，R2、R1、R0 已预先设定为 "0"；RST 为复位位，该位为 "1" 时复位所有的寄存器；PD 为电源工作状态位，为 "1" 时，MAX517 工作在 4μA 的休眠模式，为 "0" 时，返回正常的操作状态；A0 为地址位，对于 MAX517，该位应设置为 "0"。

【例 12-4】 TLC2543 应用电路设计。

1. 硬件设计

MAX517 与单片机的接口电路如图 12-12 所示。

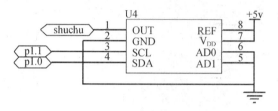

图 12-12　MAX517 与单片机的接口电路

2. 软件设计

```c
#pragma SMAll
#include <reg52.h>
#include <absacc.h>
#define uchar unsigned char
#define uint unsigned int

sbit SDA=P1^0;
sbit SCL= P1^1;
/*****************启动总线子函数*************************/
void start(void)
{
    SCL=0;    /* SCL 处于高电平时，SDA 从高电平转向低电平表示 */
    SDA=1;    /* 一个"开始"状态，该状态必须在其他命令之前执行 */
    SCL=1;
    _nop_(); _nop_(); _nop_();
    SDA=0;
    _nop_(); _nop_(); _nop_(); _nop_();
    SCL=0;
    SDA=1;
}

/*****************停止总线子函数*************************/
void stop(void)
{
    SCL=0;       /*SCL 处于高电平时，SDA 从低电平转向高电平 */
    SDA=0;       /*表示一个"停止"状态，该状态终止所有通讯 */
    SCL=1;
    _nop_(); _nop_(); _nop_();       /* 空操作 */
    SDA=1;
```

```
    _nop_();  _nop_();  _nop_();
    SCL=0;
}
/*****************应答子函数***************************/
void ack(void)
{
    SDA=0;          /*通过在收到每个地址或数据之后 */
    SCL=1;          /* 置 SDA 低电平的方式确认表示收到读 SDA 口状态 */
    _nop_();  _nop_();  _nop_();  _nop_();
    SCL=0;
    _nop_();
    SDA=1;
}
/* * * * * * * * * 向 IIC 总线写数据 * * * * */
void Send(unsigned char sendbyte)
{
unsigned char data j=8;
    for(;j>0;j--)
    {
    SCL=0;
        sendbyte <<= 1;      /* 使 CY=sendbyte^7 */
        SDA=CY;              /* CY 进位标志位 */
        SCL=1;
    }
    SCL=0;
}
/* * * * * * * * * 串行 DA 转换子函数* * * * */
void DAC517(uchar ch)
{
    start();
    Send(0x58);          //发送地址字节
    ack();
    Send(0x00);
    ack();
    Send(ch);            //发送数据字节
    ack();
    stop();
}
```

12.3　思考与练习

1．简述 A/D 转换器的作用是什么？D/A 转换器的作用是什么？

2．DAC 的单极性和双极性电压输出的根本区别是什么？

3．根据所学的 A/D 转换器知识，设计 4 通道数据采集系统，每 1 秒钟采集一遍 IN0～IN3 上的模拟电压，并将采集的数字量存入内部 RAM 30H 开始的 10 个数据空间的程序。

4．根据所学的 D/A 转换器知识和按键知识，设计输出电压范围 0V～5V 的直流电压信号的程序，其中按键控制步进值，步进值大小为 0.5V。

5．设计采集频率为 1kHz，幅值为 1V 的正弦信号，且将波形显示在液晶上硬件电路及软件程序。

第 13 章　应用实战案例

本章简介 WAVE6000 软件使用方法，重点介绍了直流电动机、步进电机、舵机、RS232 通讯、语音录放和无线通信相应的工作原理及控制方法，并设计典型应用电路及相应的软件程序。

13.1　仿　真　软　件

本节仿真软件使用南京伟福 WAVE6000 软件，介绍软件如何新建文件和项目，以及如何程序下载方法。

13.1.1　新建文件和项目

运行伟福 WAVE6000 软件，打开文件菜单，选择新建文件，可以建立*.ASM 汇编文件或*.C 为语言文件（C 语言文件若要使用要在 C:根目录下建立 COMP51 文件夹，将 COMP51.EXE 文件放入，并单击，可生成支持文件），存放文件的路径一定要为英文的路径下，然后单击文件菜单，选择新建项目，加入刚才建立的文件放入模块文件，不选择包含文件，最后项目的名称与文件名保持一致，不需要加扩展名，软件窗口如图 13-1 所示。

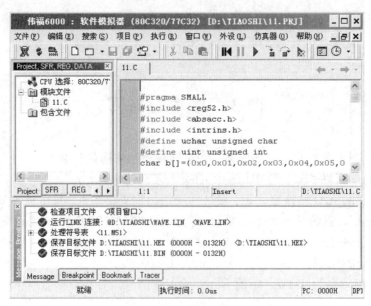

图 13-1　WAVE6000 软件窗口

如图 13-2 所示的观察数据窗口，在模拟调试时要用到 CPU 窗口（REG）和数据窗口，其中，数据窗口的 DATA 是模拟 CPU 的内部 RAM；CODE 窗口是模拟 CPU 的 64KB 的内外 ROM；XDATA 窗口是模拟 CPU 外部 64KB RAM，在应用 MOVX A,@DPTR 或 MOV @DPTR,A 指令时调试使用；PDATA 窗口是模拟 CPU 外部 256 字节 RAM，在应用 MOVX A,@Ri 或 MOV @Ri,A 指令时调试使用。

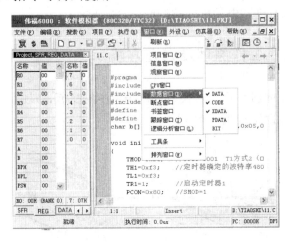

图 13-2　观察数据窗口

13.1.2　程序的下载

程序烧录的软件很多，这里使用的烧录软件为 AVR_fighter.EXE，将生成的*.HEX 找到，应用该软件通过下载线将程序代码烧录到单片机中，窗口如图 13-3 所示。

图 13-3　烧录软件窗口

13.2　直流电动机控制

本节介绍了直流电动机的工作原理及调速方法，重点介绍了 PWM 调速原理及编程，采用 L298 芯片设计小型直流电动机的控制应用电路及程序。

13.2.1　直流电动机工作原理及调速方法

直流电动机通过换向器将直流转换成电枢绕组中的交流，从而使电枢产生一个恒定方向的电磁转矩，电机内部结构图如图 13-4 所示。

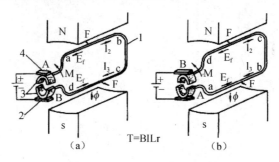

图 13-4　直流电机内部结构图

直流电机的转速公式：

$$n = \frac{U - IR}{K_e \Phi} \tag{13-1}$$

由上式可知，改变转速可有三种方法：

（1）改变电枢电压；

（2）改变励磁电流，即改变磁通；

（3）电枢回路串入调节电阻。

13.2.2　PWM 调速原理

PWM 控制是利用脉宽调制器对大功率晶体管开关放大器的开关时间进行控制，将直流电压转换成某一频率的矩形波电压，加到直流电机的电枢两端，通过对矩形波脉冲宽度的控制，改变电枢两端的平均电压达到调节电机转速的目的。

1．PWM 波形的产生

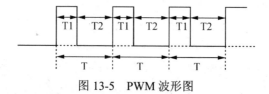

图 13-5　PWM 波形图

如图 13-5 所示，设 T=X*Ts，T1=Y*Ts，T2=Z*Ts。其中，X 为 T 周期参数，放在 20H 单元。Y 为 T1 延时参数，放在 21H 单元，Z=X-Y。Ts 为延时的时间基数，由定时器 T0 确定。定时初值放在 22H，23H 单元中。

2．PWM波形的产生程序代码

```
ORG 0000H
    LJMP MAIN
    ORG 000BH
    LJMP TT0                ;定时器 0 中断程序
    ORG 1000H
MAIN: SETB P1.0              ;脉冲的高电平
    MOV R0,21H; R0=Y
    MOV TMOD, #01H
    MOV TL0,22H             ;时间基数 Ts 的定时参数
    MOV TH0,23H
    SETB TR0                ;定时中断设置
    SETB ET0
    SETB EA
L1: CJNE R0,#00H,L2
    CPL P1.0
    MOV A,20H
    CLR C
    SUBB A,21H     ;Z=X-Y 或 Y=X-Z
    MOV 21H,A
    MOV R0,A
L2:  AJMP L1
TT0: MOV TL0, 22H
    MOV TH0, 23H
    DEC R0
    RETI
```

3．直流电动机的驱动芯片

L293 是著名的 SGS 公司的产品，内部包含 4 通道逻辑驱动电路。其额定工作电流为 1A，最大可达 1.5A，V_{ss} 电压最小 4.5V，最大可达 36V；V_s 电压最大值也是 36V，V_s 电压应该比 V_{ss} 电压高，否则有时会出现失控现象。

L298 芯片是一种 H 桥式驱动器，设计成接受标准 TTL 逻辑电平信号，可用来驱动电感性负载。H 桥可承受 46V 电压，相电流高达 2.5A。L298（或 XQ298，SGS298）的逻辑电路使用 5V 电源，功放级使用 5V～46V 电压，下桥发射极均单独引出，以便接入电流取样电阻。

13.2.3　应用电路设计

直流电机驱动采用 LM298 驱动芯片来驱动，通过 PWM 算法来控制直流电机状态，其电路图如 13-6 所示。

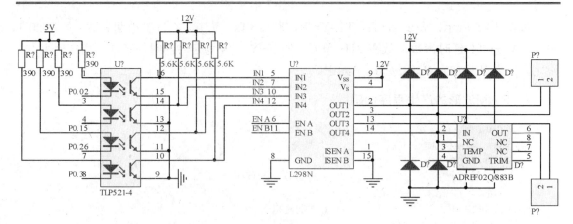

图 13-6　直流电机驱动电路图

13.2.4　软件程序设计

1．第一种编程方法程序代码

```c
/* 晶振采用 11.0592M */
#include<reg51.h>
#include<math.h>
#define uchar unsigned char
#define uint unsigned int
sbit en1=P2^0;      /* L298 的 Enable A */
sbit en2=P2^1;      /* L298 的 Enable B */
sbit s1=P0^0;       /* L298 的 Input 1 */
sbit s2=P0^1;       /* L298 的 Input 2 */
sbit s3=P0^2;       /* L298 的 Input 3 */
sbit s4=P0^3;       /* L298 的 Input 4 */
uchar t=0;          /* 中断计数器 */
uchar m1=0;         /* 电机 1 速度值 */
uchar m2=0;         /* 电机 2 速度值 */
uchar tmp1,tmp2;    /* 电机当前速度值 */

/* 电机控制函数 index-电机号(1,2); speed-电机速度(-100—100) */
void motor(uchar index, char speed)
{
    if(speed>=-100 && speed<=100)
    {
        if(index==1)            /* 电机 1 的处理 */
        {
            m1=abs(speed);      /* 取速度的绝对值 */
            if(speed<0)         /* 速度值为负则反转 */
            {
                s1=0;
                s2=1;
            }
            else                /* 不为负数则正转 */
            {
                s1=1;
                s2=0;
```

```
        }
    }
    if(index==2)              /* 电机 2 的处理 */
    {
        m2=abs(speed);        /* 电机 2 的速度控制 */
        if(speed<0)           /* 电机 2 的方向控制 */
        {
            s3=0;
            s4=1;
        }
        else
        {
            s3=1;
            s4=0;
        }
    }
}

void delay(uint j)            /* 简易延时函数 */
{
    for(j;j>0;j--);
}

void main()
{
    uchar i;
    TMOD=0x02;                /* 设定 T0 的工作模式为 2 */
    TH0=0x9B;                 /* 装入定时器的初值 */
    TL0=0x9B;
    EA=1;                     /* 开中断 */
    ET0=1;                    /* 定时器 0 允许中断 */
    TR0=1;                    /* 启动定时器 0 */
    while(1)                  /* 电机实际控制演示 */
    {
        for(i=0;i<=100;i++)   /* 正转加速 */
        {
            motor(1,i);
            motor(2,i);
            delay(5000);
        }
        for(i=100;i>0;i--)    /* 正转减速 */
        {
            motor(1,i);
            motor(2,i);
            delay(5000);
        }
        for(i=0;i<=100;i++)   /* 反转加速 */
        {
            motor(1,-i);
            motor(2,-i);
            delay(5000);
        }
        for(i=100;i>0;i--)    /* 反转减速 */
        {
            motor(1,-i);
            motor(2,-i);
            delay(5000);
```

```
        }
    }
}
void timer0() interrupt 1              /* T0 中断服务程序 */
{
    if(t==0)                           /* 1 个 PWM 周期完成后才会接受新数值 */
    {
        tmp1=m1;
        tmp2=m2;
    }
    if(t<tmp1) en1=1; else en1=0;      /* 产生电机 1 的 PWM 信号 */
    if(t<tmp2) en2=1; else en2=0;      /* 产生电机 2 的 PWM 信号 */
    t++;
    if(t>=100) t=0;                    /* 1 个 PWM 信号由 100 次中断产生 */
}
```

2. 第一种编程方法程序代码

```
/******单片机与外设端口定义*************/
sbit ql2 = P2^0;                       //定义前侧传感器
sbit ql3 = P2^1;
sbit qr3 = P2^2;
sbit qr2 = P2^3;

sbit hl1 = P2^4;                       //定义后侧传感器
sbit hl2 = P2^5;
sbit hr2 = P2^6;
sbit hr1 = P2^7;

sbit IN1 = P0^0;                       //定义左轮驱动
sbit IN2 = P0^1;
sbit IN3 = P0^2;                       //定义右轮驱动
sbit IN4 = P0^3;

sbit left = P3^6;                      //控制左轮 PWM
sbit right = P3^7;                     //控制右轮 PWM
uchar click,lmk,rmk,cs,time;
                //定义 PWM 计数值，左轮脉宽，右轮脉宽，恒定转速，定时秒时间
void Softinit(void)
{
    TMOD = 0x12;        //定义 T1 为工作方式 1 构成 16 位定时器
                        //定义 T0 为工作方式 2 构成 8 位自动装载初值定时器
    TH0=0xD7            //在晶振等于 24MHz 时，定时 20us；
                        //PWM 周期为 20us*255=5.1ms，频率为 196Hz
    TL0 = 0xD7;
    TH1 = 0x3C;         //定时器定时 50ms，（65535-50000）/256
    TL1 = 0xAF;
    IP = 0x02;          //T0 中断优先级高，T1 次之
    ET0 = 1;            //开定时器 T0
    ET1 = 1;            //开定时器 T1
    EA = 1;             //开总中断
    TR0 = 1;
    TR1 = 0;
    sec1 = 0;
    sec2 = 0;
    count = 0;
    count1 = 0;
```

```
    cs = 254;
    rmk = 160;          //在给左右轮赋 PWM 值时，应留有余量以达到调节效果
    lmk = 160;
}
/********定义电机 PWM 调速函数*************/
void pdl(uint e1)                           //左转
{
    if( cs+e1 < 255 )
        rmk = cs+e1;
    else
        rmk=254;

    if( cs-e1 > 0 )
        lmk = cs-e1;
    else
            lmk=0;
}
void pdr(uint e1)                           //右转
{
    if( cs+e1 < 255 )
        lmk = cs+e1;
    else
        lmk=254;

    if( cs-e1 > 0 )
        rmk = cs-e1;
    else
            rmk=0;
}

/*****************************************/
/***************定义前后侧传感器检测路面函数************************/
/******************包括电机 PWM 调速函数************************/
void chuanganqi(bit m)                      //定义传感器检测路面函数
{
    uchar e2;
    if(m == 0)
    {
        switch(P2 | 0xF0)                   //前面传感器检测路面
        {
        case 0xF0:  e2 = 0;                 //前进直行
                lmk = cs;
                rmk = cs;
                break;
        case 0xF4:  e2 = 170;//小车向左偏，增大左轮脉宽值，同时减小右轮脉宽值
                pdr(e2);
                break;
        case 0xF8:  e2 = 190;
                pdr(e2);
                break;
        case 0xF2:  e2 = 80;//小车向右偏，增大右轮脉宽值，同时减小左轮脉宽值
                pdl(e2);
                break;
        case 0xF1:  e2 = 100;
                pdl(e2);
                break;
        }
    }
    else                                    //后面传感器检测路面
```

```
        {
        switch(P2 | 0x0F)
            {
            case 0x0F:    e2 = 0;              //后退直行
                lmk = cs;
                rmk = cs;
                break;
            case 0x4F:    e2 = 160;//小车向左偏,增大左轮脉宽值,同时减小右轮脉宽值
                pdr(e2);
                break;
              case 0x8F:  e2 = 170;
                pdr(e2);
                break;
            case 0x2F:    e2 = 150;//小车向右偏,增大右轮脉宽值,同时减小左轮脉宽值
                pdl(e2);
                break;
            case 0x1F:  e2 = 170;
                pdl(e2);
                break;
            }
        }
}


/**********************************************/
/************定义控制电机函数****************/
void dianji(bit n)//定义电机驱动函数,控制小车前进和后退由P0低4位控制L298的I1-I4
{
    if(n == 0)
    {
        IN1 = 0;       //小车前进
        IN2 = 1;
        IN3 = 0;
        IN4 = 1;
    }
    else
    {
        IN1 = 1;       //小车后退
        IN2 = 0;
        IN3 = 1;
        IN4 = 0;
    }
}
void tingche(void)    //停车函数
{
    IN1 = 0;
    IN2 = 0;
    IN3 = 0;
    IN4 = 0;
}
/*****定时器T0中断函数*********/
/*****产生PWM信号控制左右轮电机调速****/
/*****定时器定时20us,PWM周期20us*255=5.1ms,频率196Hz*****/
void time0(void) interrupt 1 using 0    //在晶振等于24MHz时,定时20us//
//PWM周期为20us*255=5.1ms,频率为196Hz
{
    click++;

    if(click < lmk)        //左轮脉宽调整
        left = 1;
```

```
    else
        left = 0;

    if(click < rmk)         //右轮脉宽调整
        right = 1;
    else
        right = 0;
}
```

13.3　步进电动机控制

本节介绍步进电动机为工作原理和静态指标，并以四相步进电动机为例，设计了四相四拍控制电路及相应程序。

13.3.1　步进电动机原理

步进电动机是一种将电脉冲信号变换成相应的角位移或直线位移的机电执行元件。当步进驱动器接收到一个脉冲信号，它就驱动步进电机按设定的方向转动一个固定的角度（及步距角）。通过控制脉冲个数即可以控制角位移量，从而达到准确定位的目的；同时通过控制脉冲频率来控制电机转动的速度和加速度，从而达到调速的目的。

在非超载的情况下，电机的转速、停止的位置只取决于脉冲信号的频率和脉冲，而不受负载变化的影响，即给电机加一个脉冲信号，电机则转过一个步距角。

四相步进电机，采用单极性直流电源供电。只要对步进电机的各相绕组按合适的时序通电，就能使步进电机步进转动，四相反应式步进电机工作原理示意图如图 13-7 所示。

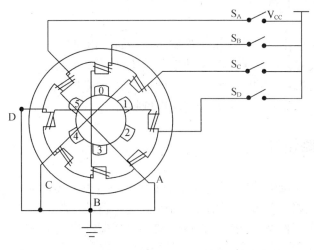

图 13-7　四相步进电机工作原理示意图

开始时，开关 SB 接通电源，SA、SC、SD 断开，B 相磁极和转子 0、3 号齿对齐，同时，转子的 1、4 号齿就和 C、D 相绕组磁极产生错齿，2、5 号齿就和 D、A 相绕组磁极产生错齿。

当开关 SC 接通电源，SB、SA、SD 断开时，由于 C 相绕组的磁力线和 1、4 号齿之间磁力线的作用，使转子转动，1、4 号齿和 C 相绕组的磁极对齐。而 0、3 号齿和 A、B 相绕组产生错齿，2、5 号齿就和 A、D 相绕组磁极产生错齿。依次类推，A、B、C、D 四相绕组轮流供电，则转子会沿着 A、B、C、D 方向转动。

四相步进电机按照通电顺序的不同，可分为单四拍、双四拍、八拍三种工作方式。单四拍与双四拍的步距角相等，但单四拍的转动力矩小。八拍工作方式的步距角是单四拍与双四拍的一半，因此，八拍工作方式既可以保持较高的转动力矩又可以提高控制精度。

13.3.2　静态指标

（1）相数

产生不同对极 N、S 磁场的激磁线圈对数，常用 m 表示。

（2）拍数

完成一个磁场周期性变化所需脉冲数或导电状态用 n 表示，或指电机转过一个齿距角所需脉冲数，以四相电机为例，有四相四拍运行方式即 AB-BC-CD-DA-AB，四相八拍运行方式即 A-AB-B-BC-C-CD-D-DA-A，第一拍和第二拍（每拍之间的）时间长短就决定了电机的频率从而影响到转速。

（3）步距角

对应一个脉冲信号，电机转子转过的角位移，用 θ 表示。θ =360 度（转子齿数 J*运行拍数），以常规二、四相，转子齿为 50 齿电机为例。四拍运行时步距角为 θ =360 度/（50*4）=1.8 度（俗称整步），八拍运行时步距角为 θ =360 度/（50*8）=0.9 度（俗称半步）。

（4）定位转矩

电机在不通电状态下，电机转子自身的锁定力矩（由磁场齿形的谐波以及机械误差造成的）

（5）静转矩

电机在额定静态电作用下，电机不作旋转运动时，电机转轴的锁定力矩，此力矩是衡量电机体积（几何尺寸）的标准，与驱动电压及驱动电源等无关。虽然静转矩与电磁激磁安匝数成正比，与定齿转子间的气隙有关，但过分采用减小气隙，增加激磁安匝来提高静力矩是不可取的，这样会造成电机的发热及机械噪音。

13.3.3　应用电路设计

L298 适用于对二相或四相步进电动机的驱动，与 L298 类似的电路还有 TER 公司的 3717，它是单 H 桥电路。SGS 公司的 SG3635 则是单桥臂电路，IR 公司的 IR2120 则是三相桥电路，Allegro 公司则有 A2916、A3953 等小功率驱动模块。

本设计采用反相器驱动，通过 P1.0～P1.3 控制步进电机 A～D 四个相，应用电路如图 13-8 所示。

13.3.4　软件设计

本四相步进电动机采用四相四拍控制，其控制表如表 13-1 所示。

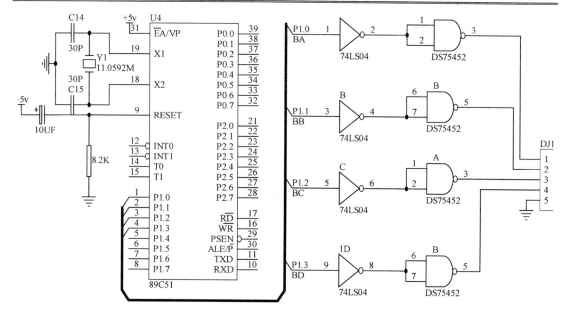

图 13-8　四相步进电动机控制电路

表 13-1　四相四拍控制字分析表

步序	控 制 位				通电状态	控制数据
	A 相	**B 相**	**C 相**	**D 相**		
1	1	0	0	0	A	08H
2	0	1	0	0	B	04H
3	0	0	1	0	C	02H
4	0	0	0	1	D	01H

```c
//******步进电机 PWM.h******//
#ifndef __PWM_H
#define __PWM_H
#define uchar unsigned char
#define uint unsigned int
void delay1(unsigned int i);
void bujin_F();
void bujin_Z();
#endif

//*******步进电机 PWM.c******//

#include <reg52.h>
#include <PWM.h>
code unsigned char run[4]={0x08,0x04,0x02,0x01};   //四相四拍工作方式
unsigned char s,j,k;

void delay1(unsigned int i)
{
    for(j=0;j<i;j++)
    for(k=0;k<250;k++);
}
void bujin_F()                 //************方向反转
{
    uchar z,a=25;
```

```
    while(a--)
    {
        for(z=0;z<4;z++)
        {
            P0=run[z];
            delay1(40);           //可以调整转速
        }
    }
}
void bujin_Z()                    //************方向正转
{
uchar b=25,z;
    while(b--)
    {
        for(z=4;z>0;z--)
        {
            P0=run[z-1];
            delay1(40);
        }
    }
}
```

13.4 舵 机 控 制

本节介绍舵机为工作原理和重要指标，设计 PWM 脉冲控制舵机运转的相应程序。

13.4.1 工作原理

舵机简单地说就是集成了直流电机、电机控制器和减速器等，并封装在一个便于安装的外壳里的伺服单元。能够利用简单的输入信号比较精确地转动给定角度的电机系统。

工作原理是控制电路接收信号源的控制脉冲，并驱动电机转动；齿轮组将电机的速度成大倍数缩小，并将电机的输出扭矩放大响应倍数，然后输出；电位器和齿轮组的末级一起转动，测量舵机轴转动角度；电路板检测并根据电位器判断舵机转动角度，然后控制舵机转动到目标角度或保持在目标角度。

模拟舵机需要一个外部控制器（遥控器的接收机）产生脉宽调制信号来告诉舵机转动角度，脉冲宽度是舵机控制器所需的编码信息。舵机的控制脉冲周期 20ms，脉宽从 0.5ms～2.5ms，分别对应-90°～ +90° 的位置。脉宽为 0.5ms，舵机输出臂位置为-90°，脉宽为 1ms，舵机输出臂位置为-45°，脉宽为 1.5ms，舵机输出臂位置为 0°，脉宽为 2 ms，舵机输出臂位置为 45°，脉宽为 2.5 ms，舵机输出臂位置为 90°。

13.4.2 舵机重要指标

（1）转速
转速由舵机无负载的情况下转过 60° 角所需时间来衡量，常见舵机的速度一般在 0.11/60°～0.21S/60° 之间。

（2）转矩

舵机扭矩的单位是 kg·cm，这是一个扭矩单位。可以理解为在舵盘上距舵机轴中心水平距离 1cm 处，舵机能够带动的物体重量。

（3）电压

厂商提供的速度、转矩数据和测试电压有关，在 4.8V 和 6V 两种测试电压下这两个参数有比较大的差别，如 Futaba S-9001 在 4.8V 时扭力为 3.9kg，速度为 0.22s，在 6.0V 时扭力为 5.2kg，速度为 0.18s。若无特别注明，JR 的舵机都是以 4.8V 为测试电压，Futaba 则是以 6.0V 作为测试电压。舵机的工作电压对性能有重大的影响，舵机推荐的电压一般都是 4.8V 或 6V。当然，有的舵机可以在 7V 以上工作，如 12V 的舵机也不少。较高的电压可以提高电机的速度和扭矩。选择舵机还需要看控制卡所能提供的电压。

选择舵机需要在计算自己所需扭矩和速度，并确定使用电压的条件下，选择有 150% 左右甚至更大扭矩富余的舵机。

13.4.3　软件设计

用定时器 T0 定时时间为 0.5ms，定义一个角度标识，数值为 1、2、3、4、5，实现 0.5ms、1ms、1.5ms、2ms、2.5ms 高电平的输出，再定义一个变量，数值最大为 40，实现周期为 20ms，用 P1^7 输出 PWM 信号控制舵机。

```c
#include "reg52.h"
unsigned char count;
sbit pwm =P1^7 ;              //PWM 信号输出
sbit jia =P3^0;               //角度增加按键检测 IO 口
sbit jan =P3^1;               //角度减少按键检测 IO 口
sbit jianwei=P3^4;            //按键位
unsigned char jd;             //角度标识
sbit dula=P2^6; .
sbit wela=P2^7;

void delay(unsigned char i)//*延时
{
    unsigned char j,k;
    for(j=i;j>0;j--)
    for(k=125;k>0;k--);
}
void Time0_Init()             //定时器初始化
{
    TMOD = 0x01;              //定时器 0 工作在方式 1
    IE= 0x82;
    TH0= 0xfe;
    TL0= 0x33;                //11.0592MZ 晶振，0.5ms
    TR0=1;                    //定时器开始
}
void Time0_Int() interrupt 1    //中断程序
{
    TH0 = 0xfe;               //重新赋值
    TL0= 0x33;
    if(count<jd)              //判断 0.5ms 次数是否小于角度标识
```

```
            pwm=1;                  //确实小于, PWM 输出高电平
        else
        {   pwm=0;                  //大于则输出低电平
            count=count+1;          //0.5ms 次数加 1
            if (count==40)          //保持周期为 20ms
                {count=0};
        }
}
void keyscan()                      //按键扫描
{
    if(jia==0)                      //角度增加按键是否按下
    {
        delay(10);                  //按下延时, 消抖
        if(jia==0)                  //确实按下
            {
            jd++;                   //角度标识加 1
            count=0;                //按键按下则 20ms 周期从新开始
            if(jd==6)
            jd=5;                   //已经是 180 度, 则保持
            while(jia==0);          //等待按键放开
            }
        }
    if(jan==0)                      //角度减小按键是否按下
        {
        delay(10);
        if(jan==0)
            {
            jd--;                   //角度标识减 1
            count=0;
            if(jd==0)
            jd=1;                   //已经是 0 度, 则保持
            while(jan==0);
            }
        }
}

void main()
{
    jd=1;
    jianwei=0;
    count=0;
    Time0_Init();
    while(1)
    {
        keyscan();                  //按键扫描
    }
}
```

13.5 RS232 与 VB 串行通讯

本节介绍了 VB 的通讯控件 MSComm 功能, 并设计了 RS232 通讯应用电路和相应的

代码，以及 VB 通讯界面。

13.5.1　VB 串行通讯简介

Microsoft Visual Basic（VB）是微软公司 1991 年推出的新一代 Basic 语言，它保留了原有 Basic 语言的功能和简单易用性，同时增加了图像处理、声音处理、文字处理、创建数据库和电子表格、数据通信等功能。VB 编程系统引入了部分面向对象的机制，提供了一种所见即所得的可视界面设计方法，使用户界面开发变得十分容易。

由于上位机的软件用 VB 来编写的，因此，在上位机通信软件的设计中涉及如何用 VB 来实现上下位机之间的通信。一般用 VB 开发串行通信程序有两种方法：一种是利用 Windows 的通信 API 函数；另一种是采用 VB 标准控件 MSComm 来实现。

由于 VB 的通讯控件 MSComm 友好、功能强大，提供了功能完善的串口数据的发送和接收功能，同时编程速度快是众人皆知的。所以在数据通讯量不是很大时，在单片机通讯领域广泛使用 VB 的 MSComm 通信控件来开发 PC 上层通讯软件。VB6.0 的 MSComm 通信控件提供了一系列标准通信命令的接口，它允许建立串口连接，可以连接到其他通信设备（如 Modem）、还可以发送命令、进行数据交换及监视和响应在通信过程中可能发生的各种错误和事件，从而可以用它创建全双工的、事件驱动的、高效实用的通信程序。为了实现实时监测功能，数据采集处理程序采用 MSComm 事件方式。

将下位机采集的数据上传 PC，采用 MSComm 控件来实现。MSComm 控件是为应用程序提供了串口通信功能，该应用程序允许通过串口发送和接收数据，信息会在系统的硬件线路上流动，此控件提供了以下两种方式处理信息的流动。

第一种方式是事件驱动（Event—driven），它是一种功能很强的处理串口活动的方法。在大多数情况下，用户需要获知事件发生的时间，在这种情况下，使用 MSComm 控件的 OnComm 事件捕获和处理这些通信事件和错误。

第二种方式是程序通过检查 CommEvent 属性的值来轮询（Plling）事件和错误。

在 VB6.0 开发环境中，MSComm 通信控件可以从 VB 的工具栏菜单的部件对话框中选择该控件添加到工具箱（toolbox）内，这样就可用其进行通信程序的设计。

13.5.2　应用电路设计

RS232C 是美国电子工业协会（EIA）正式公布的，在异步串行通讯中应用最广的标准总线。适用于终端设备（DTE）和数据通信设备（DCE）之间的接口。最高数据传送速率可达 19.2 kbps，最长传送电缆可达到 5m。RS232C 标准定义了 9 根引线，对于一般的双向通信，只需使用串行输入 RXD，串行输出 TXD 和地线 GND，RS232C 标准的电平采用负逻辑，规定+3V～+15V 之间的任意电平为逻辑 0 电平，–3V～–15V 之间的任意电平为逻辑 1 电平，与 TTL 和 CMOS 电平是不同的。在接口电路和计算机接口芯片中大都是 TTL/CMOS 电平，所以在通信时，必须进行电平转换，以便与 RS232C 标准的电平匹配。MAX232C 芯片可以完成电平转换这一工作

采用 MAX232 的 RS232 串行通讯电路如图 13-9 所示，现选用其中的一路发送/接收，R1OUT 接 AT89C51 的 RXD，T1IN 接 AT89C51 的 TXD；T1OUT 接 PC 机的 RD，R1IN

接 PC 的 TD，因为 MAX232 具有驱动能力，所以不需要外加驱动电路。

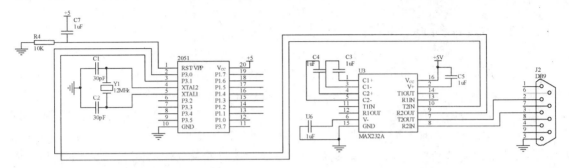

图 13-9　RS232 串行通讯电路

13.5.3　软件设计

1. 单片机串口收发数据程序

```
#pragma SMALL
#include <reg52.h>
#include <absacc.h>
#include <intrins.h>
#define uchar unsigned char
#define uint unsigned int
char
b[]={0x0,0x01,0x02,0x03,0x04,0x05,0x06,0x07,0x08,0x09,0x08,0x07,06,05,0
4,03};
//*发送数据数组
void init(void)
{
    TMOD=0x21;        //0010 0001  T1 方式 2（常数自动装入的 8 位定时器/记数器）
                      //T0 方式 1（16 位定时器/计数器）
    TH1=0xf3;         //定时器确定的波特率 4800
    TL1=0xf3;
    TR1=1;            //启动定时器 1
    PCON=0x80;        //SMOD=1
    SCON=0x50;        //0101 0000 方式 1（10 异步收发，由定时器决定）
}
//****************************************************//
void main(void)
{

    uint u,j;
    uint i;
    init();

    while(1)
    {
        while(RI==0);RI=0;
        i=SBUF;
        P1=SBUF;
        for(j=0;j<12500;j++);
        if (i==0x91)
        {
            for(u=0;u<16;u++)
```

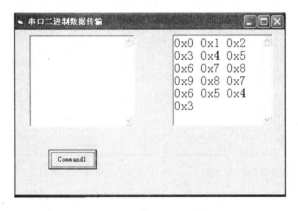

```
            {
                SBUF=b[u];
                while(TI==0);TI=0;
                for(j=0;j<12500;j++);
            }
        }
    }
}
```

2．VB程序收发数据程序

（1）界面设计

接收数据界面如图 13-10 所示。

图 13-10 接收数据界面

（2）MSCOMM1 属性设置

MSCOMM1 控件的属性窗体如图 13-11 所示。

图 13-11 MSCOMM1 控件的属性窗体

其中串口号（Commport）设置为 1、2 等表示 COM1、COM2。参数设置（Settings）格式为"B,P,D,S"，其中，B 表示波特率，P 表示奇偶校验（N：无校验；E：偶校验；O：

奇校验），D 表示数据位数，S 表示停止位数。InputLen 设置或返回的是用 Input 从缓冲区每次读出的字节数组。

主要是设置端口号、波特率、数据位、停止位、奇偶校验位、以及以字节模式或二进制模式来发送或接收数据等属性。此外，在设置波特率时，上下位机收发双方要以相同的波特率工作。通过对 MSComm 的以上属性的设置，可达成与下位机一致的通信协议，Settings 的属性设置根据下位机的波特率、奇偶校验位、数据位和停止位的值来确定，本设计与单片机通信格式设定为波特率为 4 800，无奇偶校验，8 位数据位，1 位停止位。数据传输采用二进制方式，以保证数据传输的可靠。设置好与单片机的通信格式，当缓存区接收到 9 个字符时，即引发 OnComm 事件，

（3）程序代码如下

```
Private Sub Command1_Click()
MSComm1.Output = "1"
End Sub
Private Sub Form_Load()
MSComm1.PortOpen = True
End Sub

Private Sub MSComm1_OnComm()
  Dim InByte() As Byte
  Buf = ""
  Select Case MSComm1.CommEvent
    Case comEvReceive
      InByte = MSComm1.Input
      For i = LBound(InByte) To UBound(InByte)
        Buf = InByte(i)
        Text2.Text = Text2.Text & "0x" & Hex(Buf) & Chr(32)
      Next i
  End Select
End Sub
```

13.6 语音录放控制

美国 ISD 公司的 2500 芯片，按录放时间 60s、75s、90s 和 120s 分成 ISD2560、2575、2590 和 25120 四个品种 ISD2500 系列和 1300 系列语音电路一样，具有抗断电、音质好、使用方便等优点。它的最大特点在于片内 E2PROM 容量为 480K（1300 系列为 128K），所以录放时间长；有 10 个地址输入端（1300 系列仅为 8 个），寻址能力可达 1 024 位；最多能分 600 段；设有 OVF（溢出）端，便于多个器件级联。

ISD2560 是 ISD 系列单片语音录放集成电路的一种。这是一种永久记忆型语音录放电路，录音时间为 60s，可重复录放 10 万次，该芯片采用多电平直接模拟量存储专利技术，每个采样值可直接存储在片内单个 E^2PROM 单元中，因此能够非常真实、自然地再现语音、音乐、音调和效果声，从而避免了一般固体录音电路因量化和压缩造成的量化噪声和"金属声"。该器件的采样频率为 8.0kHz，同一系列的产品采样频率越低，录放时间越长，但通频带和音质会有所降低。此外，ISD2560 还省去了 AD 和 DA 转换器。其集成度较高，内部包括前置放大器、内部时钟、定时器、采样时钟、滤波器、自动增益控制、逻辑控制、模拟收发器、解码器和 480K 字节的 E^2PROM。ISD2560 内部 E^2PROM 存储单元均匀分为

600 行，有 600 个地址单元，每个地址单元指向其中一行，每一个地址单元的地址分辨率为 100 ms。此外，ISD2560 还具备微控制器所需的控制接口。通过操纵地址和控制线可完成不同的任务，以实现复杂的信息处理功能，如信息的组合、连接、设定固定的信息段和信息管理等。ISD2560 可不分段，也可按最小段长为单位来任意组合分段。

13.6.1 ISD2560 引脚功能

ISD2560 的引脚如图 13-12 所示，各引脚的主要功能如下。

电源（V_{CCA}，V_{CCD}）：为了最大限度地减小噪声，芯片内部的模拟和数字电路使用不同的电源总线，并且分别引到外封装上。模拟和数字电源端最好分别走线，并应尽可能在靠近供电端处相连，而去耦电容则应尽量靠近芯片。

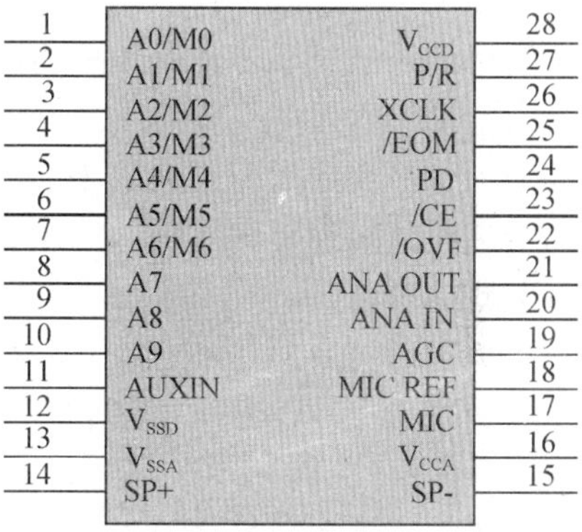

地线（V_{SSA}，V_{SSD}）：由于芯片内部使用不同的模拟和数字地线，因此，这两脚最好通过低阻抗通路连接到地。

节电控制（PD）：该端拉高可使芯片停止工作而进入节电状态。当芯片发生溢出，即 OVF 端输出低电平后，应将本端短暂变高以复位芯片；另外，PD 端在模式 6 下还有特殊的用途。

片选（CE）：该端变低且 PD 也为低电平时，允许

图 13-12 ISD2560 的引脚

进行录、放操作。芯片在该端的下降沿将锁存地址线和 P/R 端的状态；另外，它在模式 6 中也有特殊的意义。

录放模式（P/R）：该端状态一般在 CE 的下降沿锁存。高电平选择放音，低电平选择录音。录音时，由地址端提供起始地址，直到录音持续到 CE 或 PD 变高，或内存溢出；如果是前一种情况，芯片将自动在录音结束处写入 EOM 标志。放音时，由地址端提供起始地址，放音持续到 EOM 标志。如果 CE 一直为低，或芯片工作在某些操作模式，放音则会忽略 EOM 而继续进行下去，直到发生溢出为止。

信息结尾标志（EOM）：EOM 标志在录音时由芯片自动插入到该信息段的结尾。当放音遇到 EOM 时，该端输出低电平脉冲。另外，ISD2560 芯片内部会自动检测电源电压以维护信息的完整性，当电压低于 3.5 V 时，该端变低，此时芯片只能放音。在模式状态下，可用来驱动 LED，以指示芯片当前的工作状态。

溢出标志（OVF）：芯片处于存储空间末尾时，该端输出低电平脉冲以表示溢出，之后该端状态跟随 CE 端的状态，直到 PD 端变高。此外，该端还可用于级联多个语音芯片来延长放音时间。

话筒输入（MIC）：该端连至片内前置放大器。片内自动增益控制电路（AGC）可将增益控制在−15dB～24dB。外接话筒应通过串联电容耦合到该端。耦合电容值和该端的 10kΩ 输入阻抗决定了芯片频带的低频截止点。

话筒参考（MIC REF）：该端是前置放大器的反向输入。当以差分形式连接话筒时，可减小噪声，并提高共模抑制比。

自动增益控制（AGC）：AGC 可动态调整前置增益以补偿话筒输入电平的宽幅变化，

这样在录制变化很大的音量（从耳语到喧嚣声）时就能保持最小失真。响应时间取决于该端内置的 5kΩ 电阻和从该端到 VSSA 端所接电容的时间常数。释放时间则取决于该端外接的并联对地电容和电阻设定的时间常数。选用标称值分别为 470kΩ 和 4.7μF 的电阻、电容可以得到满意的效果。

模拟输出（ANA OUT）：前置放大器输出，其前置电压增益取决于 AGC 端电平。

模拟输入（ANA IN）：该端为芯片录音信号输入。对话筒输入来说，ANA OUT 端应通过外接电容连至该端，该电容和本端的 3kΩ 输入阻抗决定了芯片频带的附加低端截止频率。其他音源可通过交流耦合直接连至该端。

扬声器输出（SP+、SP−）：可驱动 16Ω 以上的喇叭（内存放音时功率为 12.2mW AUX IN 放音时功率为 50mW）。单端输出时必须在输出端和喇叭间接耦合电容，而双端输出则不用电容就能将功率提高至 4 倍。

辅助输入（AUX IN）：当 CE 和 P/R 为高，不进行放音或处于放音溢出状态时，该端的输入信号将通过内部功放驱动喇叭输出端。当多个 ISD2560 芯片级联时，后级的喇叭输出将通过该端连接到本级的输出放大器。为防止噪声，建议在存放内存信息时，该端不要有驱动信号。

外部时钟（XCLK）：该端内部有下拉元件，不用时应接地。

地址/模式输入（AX/MX）：地址端的作用取决于最高两位（MSB，即 A8 和 A9）的状态。当最高两位中有一个为 0 时，所有输入均作为当前录音或放音的起始地址。地址端只作输入，不输出操作过程中的内部地址信息。地址在 CE 的下降沿锁存。当最高两位全为 1 时，A0～A6 可用于模式选择。

13.6.2 应用电路设计

语音控制电路如图 13-13 所示。单片机的 P0 口、P2.0 和 P2.1 引脚提供语音芯片 ISD2560

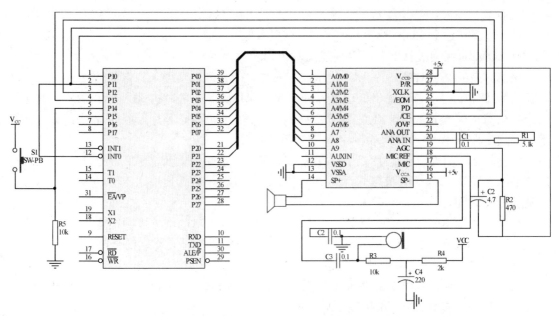

图 13-13　语音控制电路

的地址/模式输入；P1.0 引脚控制语音芯片 ISD2560 的录/放模式选择，低电平位录音状态，高电平位放音状态。P1.2 引脚和语音芯片 ISD2560 的节电控制输入相连，单片机通过此引脚可以控制芯片的开关。P1.3 引脚和语音芯片 ISD2560 的片选，低电平时选中芯片。单片机的 INT0 脚，P1.4 和 ISD2560 的 EOM 标志输出相连，EOM 标志在录音时由芯片自动插入到录音信息的结尾处，放音遇到 EOM 时，会产生低电平脉冲，触发单片机中断，单片机必须在检测到此输出的上升沿后才播放新的录音，否则播放的语音就不连续，而且会产生杂声。

13.6.3　软件程序设计

```
#pragma SMALL
#include <reg52.h>
#include <absacc.h>
#include <intrins.h>
#define uchar unsigned char
#define uint unsigned int
uchar count
uchar startflag
uchar idleflag
//*定义 ISD2560 的控制引脚
sbit start=P1^4;
sbit eom= P1^1;
sbit PR= P1^0;
sbit PD= P1^2;
sbit CE= P1^3;
//*延时毫秒
void delay (uint t)
{
    uint i;
    while(t--)
{
        for(i=0;i<125;i++)
        {}
    }
}
//*外部中断 0 程序
void out_int0 () interrupt 0 using 1
{
    EX0=0;
    pd=1;
    if(count<2)
    {
        count++;
        delay(5000);
        P2= P2&0XFC;
        P0= P0&0X00;
        Playback();
        EX0=1;
    }
    else
    {
        idleflag=1;
        count=0;
    }
}
```

```
//*主程序
void main()
{
    EA=1;
    count=0;
    startflag=0;
    idleflag=1;

    while(idleflag= =1)
    {
        if (start)
        {
            delay(10);
            if(start)
            startflag=1;
        }
        if (startflag= =1)
        {
            do
            {
                P2= P2&0XFC;
                P0= P0&0X00;
                Record();
            }
            while( start);
            startflag=0;
            PR=1;
            PD=1;
            delay(500);
            EX0=1;
            P2= P2&0XFC;
            P0= P0&0X00;
            playback();
            idleflag=0;
        }
    }
}
//*录音子函数
void record(void)
{
    ce=0;
    pd=0;
    pr=0;
}
//*放音子函数
void playback(void)
{
    ce=0;
    pd=0;
    pr=0;
}
```

13.7　短距离无线传输

　　RF905 无线收发模块（PTR8000+），在 Nordic VLSI 公司最新封装改版 NRF905 无线通信芯片基础上，特做优化设计，采用高精度贴片晶振，体积更小，性能更优。工作于

433MHz 全球开放 ISM 频段免许可证使用，高性能低功耗，接收灵敏度高，抗干扰性强，集成度高，通信稳定，是目前最主流的无线收发电路。

模块性能及特点如下。

（1）433MHz 开 ISM 频段免许可证使用；

（2）最高工作速率 50 kbps，高效 GSFK 调制，抗干扰能力强，特别适合工业控制场合；

（3）125 频道，满足多点通信和跳频通信需要；

（4）内置硬件 CRC 检错和点对多点通信地址控制；

（5）低功耗 1.9V～3.6V 工作，待机模式下状态仅为 2.5V；

（6）收发模式切换时间<650us；

（7）模块可通过软件设地址，只有收到本机地址时才会输出数据（提供中断指示），可直接接各种单片机使用，软件编程非常方便；

（8）TX Mode:在+10dBm 情况下，电流为 30 mA, RX Mode:12.2 mA；

（9）标准 DIP 间距接口，便于嵌入式应用；

（10）RF905B 配 PCB 板天线，传输距离 100 m，RF905E 及 RF905RD 配 SMA 天线，传输距离 300 m。

13.7.1　模块管脚说明

RF905 模块管脚图如图 13-14 所示。

V_{CC}：电源电压范围为 3.3V～3.6VDC。

TX_EN：TX_EN=1，TX 模式；TX_EN=0，RX 模式。

TRX_CE：使能芯片发射或接收。

PWR_UP：芯片上电。

UCLK：本模块该脚废弃不用。

CD：载波检测。

AM：地址匹配。

DR：接收或发射数据完成。

MISO：SPI 输出。

MOSI：SPI 输入。

SCK：SPI 时钟。

CSN：SPI 使能。

GND：接地。

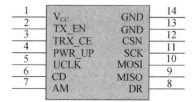

图 13-14　RF905 模块管脚图

说明：（1）V_{CC} 脚接电压范围为 3.3V～3.6V 之间，不能在这个区间之外，超过 3.6V 将会烧毁模块。推荐电压 3.3V 左右；

（2）除电源 V_{CC} 和接地端外，其余脚都可以直接和普通的 5V 单片机 IO 口直接相连，无需电平转换。当然对 3V 左右的单片机更加适用；

（3）硬件上没有 SPI 的单片机，可以用普通单片机 IO 口模拟 SPI，不需要单片机 SPI 模块介入，只需添加代码模拟 SPI 时序即可；

（4）12 脚、13 脚为接地脚，需要和母板的逻辑地连接起来；

（5）与 51 系列单片机 P0 口连接时，需要加 10K 的上拉电阻，与其余口连接不需要；

（6）其他系列的单片机，如果是 5V 的，请参考该系列单片机 IO 口输出电流大小，如果超过 10mA，需要串联电阻分压，否则容易烧毁模块！如果是 3.3V 的，可以直接和 RF905 模块的 IO 口线连接。

13.7.2　工作模式

RF905 一共有四种工作模式，由 TRX_CE、TX_EN 和 PWR_UP 的设置来设定，其设定表格如表 13-2 所示。

表 13-2　RF905 工作模式设置

PWR_UP	TRX_CE	TX_EN	工 作 模 式
0	X	X	掉电和 SPI 编程
1	0	X	Standby 和 SPI 编程
1	1	0	ShockBurst RX
1	1	1	ShockBurst TX

1．ShockBurst 模式

在 ShockBurst TM 收发模式下，使用片内的先入先出堆栈区，数据低速从微控制器送入，但高速发射，这样可以尽量节能，因此，使用低速的微控制器也能得到很高的射频数据发射速率。与射频协议相关的所有高速信号处理都在片内进行，这种做法有三大好处：尽量节能；低的系统费用（低速微处理器也能进行高速射频发射）；数据在空中停留时间短，抗干扰性高。ShockBurst TM 技术同时也减小了整个系统的平均工作电流。

在 ShockBurstTM 收发模式下，RF905 自动处理字头和 CRC 校验码。在接收数据时，自动把字头和 CRC 校验码移去。在发送数据时，自动加上字头和 CRC 校验码，当发送过程完成后，DR 引脚通知微处理器数据发射完毕。

2．节能模式

RF905 的节能模式包括关机模式和节能模式。在关机模式，RF905 的工作电流最小，一般为 2.5uA。进入关机模式后，RF905 保持配置字中的内容，但不会接收或发送任何数据。空闲模式有利于减小工作电流，其从空闲模式到发送模式或接收模式的启动时间也比较短。在空闲模式下，RF905 内部的部分晶体振荡器处于工作状态。

13.7.3　RF905 数据的收发过程

1．数据发送

当微控制器有数据要发送时，通过 SPI 接口将接收点地址和要发送的数据送传给 RF905；微控制器置高 TRX_CE 和 TX_EN，激活 RF905 发送模式；RF905 发送数据。如果 AUTO_RETRAN 被置高，RF905 不断重发，直到 TRX_CE 置低；当 TRX_CE 被置低，

RF905 发送过程完成，自动进入空闲模式。一旦发送数据的过程开始，无论 TRX_EN 和 TX_EN 引脚是高或低，发送过程都会被处理完。只有在前一个数据包被发送完毕，RF905 才能接受下一个发送数据包。

2．数据接收流程

当 TRX_CE 为高、TX_EN 为低时，RF905 进入接收模式；650 us 后，RF905 不断监测，等待接收数据；当 RF905 检测到同一频段的载波时，载波检测 CD 置高；当接收到一个相匹配的地址，AM 引脚被置高；当一个正确的数据包接收完毕，RF905 自动移去字头、地址和 CRC 校验位，然后把 DR 引脚置高；微控制器把 TRX_CE 置低，RF905 进入空闲模式；MCU 器通过 SPI 口，以一定的速率把数据移到 MCU，当所有的数据接收完毕，RF905 把 DR 引脚和 AM 引脚置低；nRF905 此时可以进入 ShockBurstTM 接收模式、ShockBurstTM 模式或关机模式。

当正在接收一个数据包时，TRX_CE 或 TX_EN 电平发生变化，nRF905 会立即退出接收模式，数据包丢失。

13.7.4 软件设计

1．NRF905.H文件

```
ifndef __NR905_H
#define __NR905_H

#include "reg52.h"
#include <intrins.h>

#define uint  unsigned int
#define uchar unsigned char
/****************905 调试位申明、控制参数*****************/
#define WC      0x00          //Write configuration register command
#define RC      0x10          //Read  configuration register command
#define WTP     0x20          //Write TX Payload  command
#define RTP     0x21          //Read  TX Payload  command
#define WTA     0x22          //Write TX Address  command
#define RTA     0x23          //Read  TX Address  command
#define RRP     0x24          //Read  RX Payload  command
/*************************************************/
/*****************************************************/
sbit    TX_EN   =P0^0;
sbit    PWR_UP  =P0^1;
sbit    CD      =P0^2;
sbit    DR      =P0^3;
sbit    MOSI    =P0^4;
sbit    CSN     =P0^5;

sbit    TRX_CE  =P0^6;
sbit    AM      =P0^7;
sbit    MISO    =P1^0;
sbit    SCK     =P1^1;
/****************END*****************************/

void nRF905Init(void);
void Config905(void);
```

```
void TxPacket(void);
void RxPacket(void);
void SetTxMode(void);
void SetRxMode(void);

#endif /*__NR905_H*/
```

2. nr905.C文件

```
/****************** nr905.C***************************/
#include "nr905.h"
typedef struct RFConfig
{
    uchar n;
    uchar buf[10];
}RFConfig;

code RFConfig RxTxConf =
{
    0x 0A,0x4c, 0x0c, 0x44, 0x20, 0x20, 0xcc, 0xcc, 0xcc,0xcc, 0x58
};

/*********************************************/
uchar data TxBuf[32];
uchar data RxBuf[32];
/*********************************************/
uchar bdata DATA_BUF;
sbit    flag    =DATA_BUF^7;
sbit    flag1   =DATA_BUF^0;

/************NRF905 延时函数***************/
static void Delay(uchar n)
{
    uint i;
    while(n--)
    for(i=0;i<80;i++);
}

/*********************************/

/************NRF905 初始化***************/

void nRF905Init(void)
{
    CSN=1;       //Spi    disable    SCK=0;       //Spi clock line init high
    DR=1;                        //Init DR for input
    AM=1;                        //Init AM for input
    PWR_UP=1;                    //nRF905 power on
    TRX_CE=0;                    //Set nRF905 in standby mode
    TX_EN=0;                     //set radio in Rx mode
}
/*********************************/

/***********function SpiWrite()***************/
void SpiWrite(uchar  byte)
{
    uchar i;
    DATA_BUF=byte;               //Put function's parameter into a bdata variable

    for (i=0;i<8;i++)            //Setup byte circulation bits
```

```
    {
        if (flag)                //Put DATA_BUF.7 on data line
        MOSI=1;
        else
        MOSI=0;
        SCK=1;                   //Set clock line high
        DATA_BUF=DATA_BUF<<1;   //Shift DATA_BUF
        SCK=0;                   //Set clock line low
    }
}
/*********************************************************/

/**********function SpiRead*****************************/
uchar SpiRead(void)
{
    uchar i;
    for (i=0;i<8;i++)            //Setup byte circulation bits
    {
        DATA_BUF=DATA_BUF<<1;   //Right shift DATA_BUF
        SCK=1;                   //Set clock line high
        if (MISO)
            flag1=1;             //Read data
        else
            flag1=0;

        SCK=0;                   //Set clock line low
    }
    return DATA_BUF;             //Return function parameter
}
/*****************************************************/

/************function Config905*************/
void Config905(void)
{
    uchar i;
    CSN=0;              //Spi enable for write a spi command
    SpiWrite(WC);       //Write config command 写放配置命令
    for (i=0;i<RxTxConf.n;i++)      //Write configration words  写放配置字
    {
        SpiWrite(RxTxConf.buf[i]);
    }
    CSN=1;              //Disable Spi
}
/**************************************/

/************function TxPacke*****************************/
void TxPacket(void)
{
    uchar i;
    CSN=0;                      //Spi enable for write a spi command
    SpiWrite(WTP);              //Write payload command
    for (i=0;i<32;i++)
    {
        SpiWrite(TxBuf[i]);     //Write 32 bytes Tx data
    }
    CSN=1;                      //Spi disable
    Delay(1);
    CSN=0;                      //Spi enable for write a spi command
    SpiWrite(WTA);              //Write address command
```

```
    for (i=0;i<4;i++)            //Write 4 bytes address
    {
        SpiWrite(RxTxConf.buf[i+5]);
    }
    CSN=1;                       //Spi disable
    TRX_CE=1;                    //Set TRX_CE high,start Tx data transmission
    Delay(1);                    //while (DR!=1);
    TRX_CE=0;                    //Set TRX_CE low
}
/*************************************************/

/*****************function RxPacket****************************/
void RxPacket(void)
{
    uchar i;
    TRX_CE=0;                    //Set nRF905 in standby mode
    CSN=0;                       //Spi enable for write a spi command
    SpiWrite(RRP);               //Read payload command
    for (i=0;i<32;i++)
    {
        RxBuf[i]=SpiRead();      //Read data and save to buffer
    }
    CSN=1;                       //Disable spi
    while(DR||AM);

    TRX_CE=1;
}

/***********************************************************/

/**************function SetTxMode********************/
void SetTxMode(void)
{
    TX_EN=1;
    TRX_CE=0;
    Delay(1);                    //delay for mode change(>=650us)
}
/**********************************************/

/******************function SetRxMode**************/
void SetRxMode(void)
{
    TX_EN=0;
    TRX_CE=1;
    Delay(1);                    //delay for mode change(>=650us)
}

/***********************************************************/
```

3. nr905发送数据文件

```
/***********************************************************/
#include "nr905.h"
#include "18B20.h"
extern uchar data TxBuf[32];
extern uchar data RxBuf[32];
uint i;
void delay_1ms(uint x)
{
    uint i,j;
```

```
    for(i = 0; i < x; i ++)
    for (j = 0 ;j < 100; j ++) ;
}

//-------------main 函数---------------------//

void main()
{
  nRF905Init();
  Config905();

  while(1)
  {
    i = ReadTemperature();
    SetTxMode();
    TxBuf[0] = (unsigned int)i >>8 ;
    TxBuf[1] = (unsigned char)i;
    TxPacket();
    delay_1ms(50);
  }
}

/***********************************************************/
```

4．nrf905接收数据文件

```
/***********************************************************/
#include "nr905.h"

extern uchar data TxBuf[32];
extern uchar data RxBuf[32];
uchar flaga, i;
void delay_1ms(uint x)
{
  uint i,j;
  for(i = 0; i < x; i ++)
  for (j = 0 ;j < 100; j ++)   ;
}

//-------------main 函数---------------------//
void main()
{
  nRF905Init();
  Config905();

  while(1)
  {
    SetRxMode();            //设置为接收模式
      if(DR)
    RxPacket();
    P1 = RxBuf[0] ;
  }
}
```

13.8　思考与练习

1）车库为 2X3 结构，车库的高度长度不限，示意图如图 13-15 所示，一共六个车位，分别用数字 1~6 标示。蓝色线内没有任何引线或标记，可在内部设计载车机构。

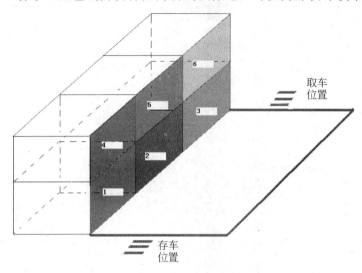

图 13-15　2X3 型立体车库

基本要求： （1）可将小车存到任何自定的车位处，或将某指定车位的车取出；

（2）实时显示剩余车位数；

（3）应用 zigbee 技术，将 1~6 车位内的温度信号及车位信息实时无线发送计算机端，并在计算机软件上显示当前信息；

（4）计算机可根据 IC 卡的信息，对车进行存储，或将车位内车取出。

发挥部分： （1）可根据 GSM 短信，进行预约取车或存车；

（2）可进行人工按键操作，进行预约取车或存车。

2）已知无线总基站 1 个，无线分基站 2 个（2 号无线基站传送温度数据，3 号无线基站传送湿度数据）如图 13-16 所示。

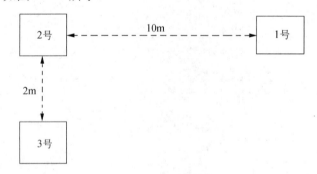

图 13-16　无线数据传输网络

基本要求： （1）2 号无线基站显示温度范围 0.00℃~100.00 ℃，相对误差在 0.2%；

（2）3 号无线基站显示湿度范围 0.00~100.00 %RH；

（3）1 号总基站可手动分别或同时接收 2 号和 3 号传送来的当前的数据并显示；

（4）1 号总基站可按键设超界报警功能。（设置步进为 5）。

发挥部分：　（1）1 号总基站每隔 1 秒接收 2 号和 3 号传送来的当前的数据，并在液晶屏上绘制 2 号和 3 号的实时数据曲线；

　　　　　　　（2）当数据有越界，则可将越界信息传送到用户手机上。

3）设计并制作一个温度自动控制系统，控制对象为两对照光源产生温度场。温度场温度可以在一定范围内设定，并能实现在 40℃～120℃量程范围内对某一点温度的自动控制，以保持设定的温度基本保持不变。

基本要求：　（1）温度传感器不可以采用 DS18B20 等数字式传感器或成型温度模块；

　　　　　　　（2）可键盘设定控制温度值，并能用液晶显示，显示最小区分度为 0.1℃；

　　　　　　　（3）可以测量并显示实际温度。温度测量误差在±0.5 ℃内；

　　　　　　　（4）温度控制系统应具有全量程（40℃～120℃）内的升温、降温功能；

　　　　　　　（5）在全量程内任意设定一个温度值，控制系统可以实现该给定温度的恒值自动控制。控制的最大动态误差小于或等于±4℃，静态误差小于或等于±1℃，系统达到稳态的时间小于或等于 15min。

4）设计并制作一台数字显示的简易频率计。

基本要求：　（1）频率测量

　　　　　　　a．测量范围信号：方波、正弦波；幅度：0.5V～5V；频率：1Hz～10MHz

　　　　　　　b．测量误差小于或等于 0.1%

　　　　　　　（2）周期测量

　　　　　　　a．测量范围信号：方波、正弦波；幅度：0.5V～5V；频率：1Hz～10MHz

　　　　　　　b．测量误差小于或等于 0.1%

　　　　　　　（3）脉冲宽度测量

　　　　　　　a．测量范围信号：脉冲波；幅度：0.5V～5V；脉冲宽度大于或等于 10μs

　　　　　　　b．测量误差小于或等于 1%

附录 A ASCII 码字符表

ASCII（美国标准信息交换码）表

高位 654 低位 3210		0 000	1 001	2 010	3 011	4 100	5 101	6 110	7 111
0	0000	NUL	DLE	SP	0	@	P	`	p
1	0001	SOH	DC1	!	1	A	Q	a	q
2	0010	STX	DC2	"	2	B	R	b	r
3	0011	ETX	DC3	#	3	C	S	c	s
4	0100	EOT	DC4	$	4	D	T	d	t
5	0101	ENQ	NAK	%	5	E	U	e	u
6	0110	ACK	SYN	&	6	F	V	f	v
7	0111	BEL	ETB	´	7	G	W	g	w
8	1000	BS	CAN	(	8	H	X	h	x
9	1001	HT	EM	)	9	I	Y	i	y
A	1010	LF	SUB	*	:	J	Z	g	z
B	1011	VT	ESC	+	;	K	[	k	{
C	1100	FF	FS	,	<	L	\	l		
D	1101	CR	GS	-	=	M	]	m	}
E	1110	SO	RS	.	>	N	Ω	n	~
F	1111	SI	US	/	?	O	—	o	DEL

表中符号说明：

NUL	空	FF	走纸控制	CAN	作废
SOH	标题开始	CR	回车	EM	纸尽
STX	正文开始	SO	移位输出	SUB	减
ETX	正文结束	SI	移位输入	ESC	换码
EOT	传输结果	DLE	数据链换码	FS	文字分隔符
ENQ	询问	DC1	设备控制 1	GS	组分隔符
ACK	应答	DC2	设备控制 2	RS	记录分隔符
BEL	响铃	DC3	设备控制 3	US	单元分隔符
BS	退格	DC4	设备控制 4	SP	空格
HT	横向列表	NAK	未应答	DEL	删除
LF	换行	SYN	空转同步		
VT	垂直制表	ETB	信息组传送结束		

附录 B MCS-51 系列单片机指令一览表

表B-1 数据传送指令

指　　令	十六进制代码	功　　能	对标志位影响				字节数	机器周期数
			Cy	AC	OV	P		
MOV A,Rn	E8～EF	A←(Rn)				√	1	1
MOV A,direct	E5 direct	A←(direct)				√	2	1
MOV A,@Ri	E6 E7	A←((Ri))				√	1	1
MOV A,#data	74 data	A←data				√	2	1
MOV Rn,A	F8～FF	Rn←(A)					1	1
MOV Rn,direct	A8～AF direct	Rn←(direct)					2	2
MOV Rn,#data	78～7F data	Rn←data					2	1
MOV direct,A	F5 direct	direct←(A)					2	1
MOV direct,Rn	88～8F direct	direct←(Rn)					2	2
MOV direct1,direct2	85 direct2 direct1	direct1←(direct2)					3	2
MOV direct,@Ri	86～87 direct	direct←((Ri))					2	2
MOV direct,#data	75 direct data	direct←data					3	2
MOV @Ri,A	F6～F7	(Ri)←(A)					1	1
MOV @Ri,direct	A6～A7 direct	(Ri)←(direct)					2	2
MOV @Ri,#data	76～77 data	(Ri)←data					2	1
MOV DPTR,#data16	90 data15～8 data7～0	DPTR←data16					3	2
MOVX A,@DPTR	E0	A←((DPTR))				√	1	2
MOVX @DPTR,A	F0	(DPTR)←(A)					1	2
MOVX A,@Ri	E2～E3	A←((Ri))				√	1	2
MOVX @Ri,A	F2～F3	(Ri)←(A)					1	2
MOVC A,@A+DPTR	93	A←((A)+(DPTR))				√	1	2
MOVC A,@A+PC	83	A←((A)+(PC))				√	1	2
XCH A,Rn	C8～CF	(A)←→(Rn)				√	1	1
XCH A,direct	C5 direct	(A)←→(direct)				√	2	1
XCH A,@Ri	C6～C7	(A)←→((Ri))				√	1	1
XCHD A,@Ri	D6～D7	$(A)_{3\sim0}$←→$((Ri))_{3\sim0}$				√	1	1
SWAP A	C4	$(A)_{7\sim4}$←→$(A)_{3\sim0}$					1	1
PUSH direct	C0 direct	SP←(SP)+1 (SP)←(direct)					2	2
POP direct	D0 direct	direct←((SP)) SP←(SP)-1					2	2

表B-2　算术运算指令

指　　令	十六进制代码	功　　能	对标志位影响				字节数	机器周期数
			Cy	AC	OV	P		
ADD A,Rn	28～2F	A←(A)+(Rn)	√	√	√	√	1	1
ADD A,direct	25 direct	A←(A)+(direct)	√	√	√	√	2	1
ADD A,@Ri	26～27	A←(A)+((Ri))	√	√	√	√	1	1
ADD A,#data	24 data	A←(A)+data	√	√	√	√	2	1
ADDC A,Rn	38～3F	A←(A)+(Rn)+(Cy)	√	√	√	√	1	1
ADDC A,direct	35 direct	A←(A)+(direct)+(Cy)	√	√	√	√	2	1
ADDC A,@Ri	36～37	A←(A)+((Ri))+(Cy)	√	√	√	√	1	1
ADDC A,#data	34 data	A←(A)+data+(Cy)	√	√	√	√	2	1
SUBB A,Rn	98～9F	A←(A)-(Rn)-(Cy)	√	√	√	√	1	1
SUBB A,direct	95 direct	A←(A)-(direct)-(Cy)	√	√	√	√	2	1
SUBB A,@Ri	96～97	A←(A)-((Ri))-(Cy)	√	√	√	√	1	1
SUBB A,#data	94 data	A←(A)-data-(Cy)	√	√	√	√	2	1
INC A	04	A←(A)+1				√	1	1
INC Rn	08～0F	Rn←(Rn)+1					1	1
INC direct	05 direct	direct←(direct)+1					2	1
INC @Ri	06～07	(Ri)←((Ri))+1					1	1
INC DPTR	A3	DPTR←(DPTR)+1					1	2
DEC A	14	A←(A)-1				√	1	1
DEC Rn	18～1F	Rn←(Rn)-1					1	1
DEC direct	15 direct	direct←(direct)-1					2	1
DEC @Ri	16～17	(Ri)←((Ri))-1					1	1
MUL AB	A4	BA←(A)×(B)	0		√	√	1	4
DIV AB	84	A⋯B←(A)÷(B)	0		√	√	1	4
DA A	D4	对 A 进行十进制调整	√	√	√	√	1	1

表B-3　逻辑运算指令

指　　令	十六进制代码	功　　能	对标志位影响				字节数	机器周期数
			Cy	AC	OV	P		
ANL A,Rn	58～5F	A←(A)∧(Rn)				√	1	1
ANL A,direct	55 direct	A←(A)∧(direct)				√	2	1
ANL A,@Ri	56～57	A←(A)∧((Ri))				√	1	1
ANL A,#data	54 data	A←(A)∧data				√	2	1
ANL direct,A	52 direct	direct←(direct)∧(A)					2	1
ANL direct,#data	53 direct data	direct←(direct)∧data					3	2
ORL A,Rn	48～4F	A←(A)∨(Rn)				√	1	1
ORL A,direct	45 direct	A←(A)∨(direct)				√	2	1
ORL A,@Ri	46～47	A←(A)∨((Ri))				√	1	1
ORL A,#data	44 data	A←(A)∨data				√	2	1
ORL direct,A	42 direct	direct←(direct)∨(A)					2	1
ORL direct,#data	43 direct data	direct←(direct)∨data					3	2
XRL A,Rn	68～6F	A←(A)⊕(Rn)				√	1	1

附录 B MCS-51 系列单片机指令一览表

续表

指　　令	十六进制代码	功　能	Cy	AC	OV	P	字节数	机器周期数
XRL A,direct	65 direct	A←(A)⊕(direct)				√	2	1
XRL A,@Ri	66～67	A←(A)⊕((Ri))				√	1	1
XRL A,#data	64 data	A←(A)⊕data				√	2	1
XRL direct,A	62 direct	direct←(direct)⊕(A)					2	1
XRL direct,#data	63 direct data	direct←(direct)⊕data					3	2
CLR A	E4	A←0				√	1	1
CPL A	F4	A←(A)按位取反					1	1
RL　A	23	$A_7 \leftarrow A_0$循环左移					1	1
RR　A	03	$A_7 \rightarrow A_0$循环右移					1	1
RLC　A	33	$Cy, A_7 \leftarrow A_0$带进位循环左移	√			√	1	1
RRC　A	13	$Cy, A_7 \rightarrow A_0$带进位循环右移	√			√	1	1

表B-4　控制转移指令

指　　令	十六进制代码	功　能	Cy	AC	OV	P	字节数	机器周期数
LJMP addr16	02 addr15～8 addr7～0	PC←addr16					3	2
AJMP addr11	字节1 addr7～0	PC←(PC)+2, PC10～0←addr11					2	2
SJMP rel	80 rel	PC←(PC)+2, PC←(PC)+rel					2	2
JMP @A+DPTR	73	PC←(A)+(DPTR)					1	2
JZ rel	60 rel	若(A)≠0, 则PC←(PC)+2 若(A)=0, 则PC←(PC)+2+rel					2	2
JNZ rel	70 rel	若(A)=0, 则PC←(PC)+2 若(A)≠0, 则PC←(PC)+2+rel					2	2
CJNE A,direct,rel	B5 direct rel	若(A)=(direct), 则PC←(PC)+3,Cy←0 若(A)>(direct), 则PC←(PC)+3+rel,Cy←0 若(A)<(direct), 则PC←(PC)+3+rel,Cy←1					3	2
CJNE A,#data,rel	B4 data rel	若(A)=data, 则PC←(PC)+3,Cy←0 若(A)>data, 则PC←(PC)+3+rel,Cy←0 若(A)<data, 则PC←(PC)+3+rel,Cy←1	√				3	2

续表

指　　令	十六进制代码	功　　能	对标志位影响				字节数	机器周期数
CJNE Rn,#data,rel	B8～BF data rel	若(Rn)＝data, 则 PC←(PC)＋3,Cy←0 若(Rn)＞data, 则 PC←(PC)＋3＋rel,Cy←0 若(Rn)＜data, 则 PC←(PC)＋3＋rel,Cy←1	√				3	2
CJNE @Ri,#data,rel	B6～B7 data rel	若((Ri))＝data, 则 PC←(PC)＋3,Cy←0 若((Ri))＞data, 则 PC←(PC)＋3＋rel,Cy←0 若((Ri))＜data, 则 PC←(PC)＋3＋rel,Cy←1	√				3	2
DJNZ Rn,rel	D8～DF rel	Rn←(Rn)－1 若(Rn)=0,则 PC←(PC)＋2 若(Rn)≠0,则 PC←(PC)＋2＋rel	√				2	2
DJNZ direct,rel	D5 direct rel	direct←(direct)－1 若(direct)=0,则 PC←(PC)＋2 若(direct)≠0,则 PC←(PC)＋2＋rel					3	2
LCALL addr16	12 addr15～8 addr7～0	PC←(PC)＋3 SP←(SP)＋1,(SP)←(PC)$_{7～0}$ SP←(SP)＋1,(SP)←(PC)$_{15～8}$ PC←addr16					3	2
ACALL addr11	字节 2 addr7～0	PC←(PC)＋2 SP←(SP)＋1,(SP)←(PC)$_{7～0}$ SP←(SP)＋1,(SP)←(PC)$_{15～8}$ PC$_{10～0}$←addr11					2	2
RET	22	PC$_{15～8}$←((SP)),SP←(SP)-1 PC$_{7～0}$←((SP)),SP←(SP)-1					1	2
RETI	32	PC$_{15～8}$←((SP)),SP←(SP)-1 PC$_{7～0}$←((SP)),SP←(SP)-1 清除中断优先级状态触发器					1	2
NOP	00	PC←(PC)+1					1	1

注：字节 1 由 addr11 高 3 位和操作码构成，表示成八位二进制数 addr10 addr9 addr8 0 0 0 0 1
字节 2 由 addr11 高 3 位和操作码构成，表示成八位二进制数 addr10 addr9 addr8 1 0 0 0 1

表B-5　位操作指令

指　　令	十六进制代码	功　　能	对标志位影响				字节数	机器周期数
			Cy	AC	OV	P		
MOV C,bit	A2 bit	Cy←(bit)	√				2	1
MOV bit,C	92 bit	bit←(Cy)$\overline{(bit)}$					2	2
ANL C,bit	82 bit	Cy←(Cy)∧	√				2	2
ANL C,/bit	B0 bit	Cy←(Cy)∧(bit)	√				2	2

续表

指　　令	十六进制代码	功　　能	对标志位影响				字节数	机器周期数
			Cy	AC	OV	P		
ORL C,bit	72 bit	$Cy \leftarrow (Cy) \vee (bit)$	√				2	2
ORL C,/bit	A0 bit	$Cy \leftarrow (Cy) \vee \overline{(bit)}$	√				2	2
SETB C	D3	$Cy \leftarrow 1$	1				1	1
SETB bit	D2 bit	$bit \leftarrow 1$					2	1
CLR C	C3	$Cy \leftarrow 0$	0				1	1
CLR bit	C2 bit	$bit \leftarrow 0$					2	1
CPL C	B3	$Cy \leftarrow \overline{(Cy)}$	√				1	1
CPL bit	B2 bit	$bit \leftarrow \overline{(bit)}$					3	2

符号说明：√有影响；0 清 0；1 置 1；其余不影响

附录 C   C51 库函数

一、字符函数 CTYPE.H

1. extern bit isalpha (unsigned char);

   检查参数字符是否为英文字符('A'-'Z'和 'a' - 'z'），是则返回 1，否则返回 0。

2. extern bit isalnum (unsigned char);

   检查参数字符是否为字母('A'-'Z'和 'a' - 'z')或者数字字符('0'-'9')，是则返回 1，否则返回 0。

3. extern bit iscntrl (unsigned char);

   检查参数值是否为普通控制字符(0x00~0x1F)或者是作废字符(0x7F)，是则返回 1，否则返回 0。

4. extern bit isdigit (unsigned char);

   检查参数值是否为数字字符('0'-'9')，是则返回 1，否则返回 0。

5. extern bit isgraph (unsigned char);

   检查参数是否为可打印字符(0x21~0x7E)，是则返回 1，否则返回 0。

6. extern bit isprint (unsigned char);

   检查参数是否为可打印字符，包括空格符(0X20~0x7E)，是则返回 1，否则返回 0。

7. extern bit ispunct (unsigned char);

   检查参数是否为标点符号字符(!,.:'"?'`#$%&@^_~()*+-=/|\<>[]{})，是则返回 1，否则返回 0。

8. extern bit islower (unsigned char);

   检查参数是否为小写字母('a'-'z')，是则返回 1，否则返回 0。

9. extern bit isupper (unsigned char);

   检查参数是否为大写字母('A'-'Z')，是则返回 1，否则返回 0。

10. extern bit isspace (unsigned char);

    检查参数是否为空白字符(0X09~0x0D 或 0x20,水平制表符'\t'、回车'\r'、走纸换行'\f'、垂直制表符'\v'和换行符'\n'、空格' ')，是则返回 1，否则返回 0。

11. extern bit isxdigit (unsigned char);

    检查参数是否为十六进制数字符('0'-'9'，'A'-'F'，'a'-'f')，是则返回 1，否则返回 0。

12. extern unsigned char tolower (unsigned char);

    将大写字符转换成小写形式，如果字符不在'A'-'Z'之间，则直接返回该字符。

13. extern unsigned char toupper (unsigned char);

    将小写字符转换成大写形式，如果字符不在'a'-'z'之间，则直接返回该字符。

14. extern unsigned char toint (unsigned char);

    将 ASCII 字符'0'-'9'，'A'-'F'或'a'-'f'转换成十六进制值 0~15，返回转换后的十六进制数值。

15. char _tolower(char c) ; ((c)-'A'+'a')

    _tolower 宏是在已知参数是一个大写字符的情况下可用的 lower 的一个版本。返回值为字符的小写。

16．_toupper(c);((c)-'a'+'A')

_toupper 宏是在已知参数是一个小写字符的情况下可用的 toupper 的一个版本。返回值为字符的大写。

17．toascii(c) ; ((c)&0x7F)

该宏将参数字符转换为一个 7 位 ASCII 字符，返回值为 7 位 ASCII 字符。

二、流输入/输出函数 STDIO.H

1．extern char _getkey (void);

等待从串口接收一个字符，返回接收到的字符。_getkey 和 putchar 函数的源代码可以修改，提供针对硬件的字符级的 I/O。

2．extern char getchar (void);

该函数使用_getkey()函数从串口读一个字符，并将读入的字符用 putchar()函数输出显示，返回所读的字符。

3．extern char ungetchar (char);

将输入的字符回送输入缓冲区，成功返回 char，否则返回 EOF。下次使用 gets 或 getchar 时可得到该字符，但不能用 ungetchar 处理多个字符。

4．extern char putchar (char);

通过 8051 的串口输出字符，返回值为输出的字符。

5．extern int printf (const char *fmststr[,arguments]...);

格式化一系列的字符串和数值，生成一个字符串用 putchar 写到输出流，返回值为实际输出的字符数。

6．extern int sprintf (char *buffer, const char * fmststr[,arguments]...);

与 printf 类似，格式化一系列的字符串和数值，并通过一个指针保存结果字符串在可寻址的内存缓冲区，并以 ASCII 码的形式存储，返回值为实际写到输出流的字符数。

7．extern int vprintf (const char *fmtstr, char *argptr);

格式化一系列字符串和数值，并建立一个用 putchar 函数写到输出流的字符串，该函数类似于 printf，但使用参数列表的指针，而不是一个参数列表，返回值为实际写到输出流的字符数。

8．extern int vsprintf (char *, const char *, char *);

格式化一系列字符串和数值，并通过一个指针保存结果字符串在可寻址的内存缓冲区，该函数类似于 sprintf，但使用参数列表的指针，而不是一个参数列表。返回值为实际写到输出流的字符数。

9．extern char *gets (char *string, int n);

该函数通过 getchar 函数从控制台设备读入一个字符串送入由 string 指向的缓冲区。N 指定可读的最多字符数，返回值为 string。

10．extern int scanf (const char *, ...);

该函数通过 getchar 从控制台读入数据，输入的数据保存在由 argument 根据格式字符串 fmstrtr 指定的位置，返回值为成功转换的输入域的数目，有错误则返回 EOF。

11．extern int sscanf (char *, const char *, ...);

与 scanf 类似，该函数从缓冲区读入数据，输入的数据保存在由 argument 根据格式字符串 fmstrtr 指定的位置，返回值为成功转换的输入域的数目，有错误则返回 EOF。

12．extern int puts (const char *);

该函数用 putchar 函数将字符串和换行符\n 写到输出流。返回值为 0，有错误返回 EOF。

三、字符串函数 string.h

1. extern char *strcat (char *s1, char *s2);

   将串 s2 添加到串 s1 结尾，并用 NULL 字符表示串 s1 结束，返回 s1 指针。

2. extern char *strncat (char *s1, char *s2, int n);

   将串 s2 中 n 个字符添加到串 s1 结尾，并用 NULL 字符表示串 s1 结束，返回 s1 指针。

3. extern char strcmp (char *s1, char *s2);

   比较字符串 s1 和 s2，如果 s1<s2 则返回负数，如果相等返回 0，如果 s1>s2，则返回正数。

4. extern char strncmp (char *s1, char *s2, int n);

   比较字符串 s1 和 s2 的前 n 个字符，如果 s1<s2 则返回负数，如果相等返回 0，如果 s1>s2，则返回正数。

5. extern char *strcpy (char *s1, char *s2);

   将字符串 s2 复制到字符串 s1，用 NULL 字符结束，返回 s1 指针。

6. extern char *strncpy (char *s1, char *s2, int n);

   将字符串 s2 的前 n 个字符复制到字符串 s1，如果 s2 长度小于 n，则补'0'到 n 个字符，返回 s1 指针。

7. extern int strlen (char *);

   计算字符串的长度，不包括 NULL 结束符。返回值为字符串的字节数。

8. extern char *strchr (const char *s, char c);

   搜索字符串 s 中第一个出现的'c'字符，遇到 NULL 字符终止搜索，如果成功，返回指向该字符的指针，否则返回 NULL 指针。

9. extern int strpos (const char *s, char c);

   搜索字符串 s 中第一个出现的'c'字符，遇到 NULL 字符终止搜索，如果成功，返回该字符在串中的位置，否则返回–1。

10. extern char *strrchr (const char *s, char c);

    搜索字符串 s 中最后一个出现的'c'字符，如果成功，返回指向该字符的指针，否则返回 NULL 指针。

11. extern int strrpos (const char *s, char c);

    搜索字符串 s 中最后一个出现的'c'字符，如果成功，返回该字符在串中的位置，否则返回–1。

12. extern int strspn (char *s, char *set);

    在字符串 s 中查找字符串 set 中的任何字符，返回值为在 s 中包含的与 set 中匹配字符的个数，如果 s 是空字符串，返回值为 0。

13. extern int strcspn (char *s, char *set);

    在字符串 s 中查找字符串 set 中没有的字符，返回值为在 s 中第一个与 set 匹配的字符索引，如果 s 是空字符串，返回值为 0，如果 s 中无匹配字符，返回字符串 s 的长度。

14. extern char *strpbrk (char *s, char *set);

    在字符串 s 中查找第一个包含在字符串 set 中的字符，返回值为该匹配字符的指针，如果无匹配字符，返回一个 NULL 指针。

15. extern char *strrpbrk (char *s, char *set);

    在字符串 s 中查找最后一个包含在字符串 set 中的字符，返回值为该最后一个匹配字符的指针，如果无匹配字符，返回一个 NULL 指针。

16. extern char *strstr (char *s, char *sub);

在字符串 s 中搜索子字符串 sub，返回值为子字符串 sub 在字符串 s 中第一次出现的位置指针，如果 s 中不存在子字符串 sub，则返回一个 NULL 指针。

17. extern char memcmp (void *s1, void *s2, int n);

比较两个缓冲区 s1 和 s2 的前 n 个字节，相等时以上 3 个函数返回值为 0，若 s1>s2，则返回正数，若 s1<s2，则返回负数。

18. extern void *memcpy (void *s1, void *s2, int n);

复制缓冲区 s2 中的前 n 个字节到缓冲区 s1，返回值为指向 s1 的指针。

19. extern void *memchr (void *s, char val, int n);

在缓冲区 s 的前 n 个字节中查找字符 val，第一次找到 val 时停止查找，成功时返回值为指向字符 val 的指针，失败时返回一个 NULL 指针。

20. extern void *memccpy (void *s1, void *s2, char val, int n);

复制内存缓冲区 s2 的前 n 个字节到内存缓冲区 s1 中，直到复制字符 val 后或复制 n 个字符后结束，返回值为指向 s1 中 val 字符的下一个字节的指针，如果 s2 前 n 个字节中无 val 字符，返回值为一个 NULL 指针。

21. extern void *memmove (void *s1, void *s2, int n);

复制缓冲区 s2 中的前 n 个字节到缓冲区 s1，返回值为指向 s1 的指针。

与 memcpy 工作方式相同，区别在于 memmove 函数保证 s2 中内容在被覆盖前复制到 s1。

22. extern void *memset (void *s, char val, int n);

用字符 val 初始化缓冲区 s 的 n 个字节，返回值为指向 s 的指针。

四、标准库函数 stdlib.h

1. extern float atof (char *s1);

将浮点数格式的字符串 s 转换为浮点数，返回值为浮点值。

2. extern long atol (char *s1);

将字符串 s1 转换为一个长整型值，返回值为长整型值。

3. extern int atoi (char *s1);

将字符串 s1 转换为整型数，返回值为整型数。

4. extern int rand ();

产生一个 0~32 767 之间的伪随机数，返回值为随机数。

5. extern void srand (int seed);

初始化伪随机数发生器的种子，相同的 seed 值产生相同的随机数，无返回值。

6. extern float strtod (char *, char **);

将浮点数格式的字符串转换为浮点数，字符串开头的空白字符忽略，返回值为浮点数。

7. extern long strtol (char *, char **, unsigned char);

将数字字符串转换为长整型值，字符串开头的空白字符忽略，返回值为长整型值，如果溢出，则返回 LONG_MIN 或 LONG_MAX。

8. extern unsigned long strtoul (char *, char **, unsigned char);

将字符串转换为无符号长整型值，返回值为长整型值，如果溢出，返回值为 ULONG_MAX。

9. extern void init_mempool (void xdata *p, unsigned int size);

初始化存储池的起始地址和大小，无返回值。

10. extern void xdata *malloc (unsigned int size);

从存储池分配 size 字节的存储块，返回值为指向分配存储块的指针，如果存储池没有足够的存储空间，则返回 NULL 指针。

11. extern void free (void xdata *p);

释放存储块到存储池。无返回值。

12. extern void xdata *realloc (void xdata *p, unsigned int size);

改变已分配的存储块的大小，返回指向新块的指针，如果存储池没有足够的存储空间，则返回 NULL 指针。

13. extern void xdata *calloc (unsigned int size, unsigned int len);

为 size 个元素，每个元素占用 len 个字节的数组分配存储区，返回值为指向分配存储区的指针，如果存储池没有足够的存储空间，则返回 NULL 指针。

五、数学函数 math.h

1. extern char cabs (char val);

计算并返回 val 的绝对值，为 char 型。

2. extern int abs (int val);

计算并返回 val 的绝对值，为 int 型。

3. extern long labs (long val);

计算并返回 val 的绝对值，为 long 型。

4. extern float fabs (float val);

计算并返回 val 的绝对值，为 float 型。

5. extern float sqrt (float x);

计算并返回 x 的正平方根。

6. extern float exp (float x);

计算并返回 e 的 x 次幂。

7. extern float log (float x);

计算并返回 x 的自然对数，自然对数基数为 e。

8. extern float log10 (float x);

计算并返回以 10 为底的 x 的常用对数。

9. extern float sin (float x);

计算并返回 x 的正弦值。

10. extern float cos (float x);

计算并返回 x 的余弦值。

11. extern float tan (float x);

计算并返回 x 的正切值。

以上 3 个函数返回相应的三角函数值，所有的变量范围在 $-\pi/2 \sim +\pi/2$ 之间，否则会返回错误。

12. extern float asin (float x);

计算并返回 x 的反正弦值。

13. extern float acos (float x);

计算并返回 x 的反余弦值。

14. extern float atan (float x);

计算并返回 x 的反正切值。

以上 3 个函数返回相应的反三角函数值，返回值为 -π/2 ～ +π/2 之间。

15. extern float sinh (float x);

计算并返回 x 的双曲正弦值。

16. extern float cosh (float x);

计算并返回 x 的双曲余弦值。

17. extern float tanh (float x);

计算并返回 x 的双曲正切值。

18. extern float atan2 (float y, float x);

计算并返回 y/x 的反正切值，返回值为 -π ～ +π 之间。

19. extern float ceil(float x);

计算并返回一个不小于 x 的最小浮点型整数值。

20. extern float floor(float x);

计算并返回一个不大于 x 的最大浮点型整数值。

21. extern float modf(float x, float *n);

将浮点数 x 分为整数和小数两部分，两者的符号与 x 相同，带符号整数部分存入 *n，带符号小数部分作为返回值。

22. extern float fmod(float x, float y);

计算并返回 x/y 的余数。

23. extern float pow(float x, float y);

计算并返回 x 的 y 次幂。

六、绝对地址访问函数 absacc.h

以下 4 个宏定义，进行绝对地址访问，可以作为字节寻址，CBYTE 寻址 code 区，DBYTE 寻址 data 区，PBYTE 寻址分页 pdata 区，XBYTE 寻址 xdata 区。

1. #define CBYTE ((unsigned char volatile code *) 0)

允许访问 8051 程序存储器中的字节。

2. #define DBYTE ((unsigned char volatile data *) 0)

允许访问 8051 片内数据存储器中的字节。

3. #define PBYTE ((unsigned char volatile pdata *) 0)

允许访问 8051 片外数据存储器中的字节。

4. #define XBYTE ((unsigned char volatile xdata *) 0)

允许访问 8051 片外数据存储器中的字节。

以下 4 个宏定义与上面 4 个功能类似，只是数据类型是 unsigned int 型。

5. #define CWORD ((unsigned int volatile code *) 0)

允许访问 8051 程序存储器中的字。

6. #define DWORD ((unsigned int volatile data *) 0)

允许访问 8051 片内数据存储器中的字节。

7. #define PWORD ((unsigned int volatile pdata *) 0)

允许访问 8051 片外数据存储器页面中的字。

8. #define XWORD ((unsigned int volatile xdata *) 0)

允许访问 8051 片外数据存储器中的字。

七、内部函数 intrins.h

1. extern void _nop_ (void);

   空操作指令，在程序中插入 8051 NOP 指令。

2. extern bit _testbit_ (bit);

   该函数对位进行测试，在程序中插入 8051 JBC 指令，如果该位为 1 则清零并返回 1，否则返回 0。

3. extern unsigned char _cror_ (unsigned char val, unsigned char n);

   将字符 val 循环右移 n 位，返回循环移位后的字符值。

4. extern unsigned int _iror_ (unsigned int val,   unsigned char n);

   将整数 val 循环右移 n 位，返回循环移位后的整数值。

5. extern unsigned long _lror_ (unsigned long val, unsigned char n);

   将长整数 val 循环右移 n 位，返回循环移位后的长整数值。

6. extern unsigned char _crol_ (unsigned char, unsigned char);

   将字符 val 循环左移 n 位，返回循环移位后的字符值。

7. extern unsigned int   _irol_ (unsigned int,   unsigned char);

   将整数 val 循环左移 n 位，返回循环移位后的整数值。

8. extern unsigned long _lrol_ (unsigned long, unsigned char);

   将长整数 val 循环左移 n 位，返回循环移位后的长整数值。

9. extern unsigned char _chkfloat_(float);

   检查浮点数的状态，如果是标准浮点数，返回值为 0，如果是浮点数 0，返回值为 1，如果浮点数正溢出，返回值为 2，如果浮点数负溢出，返回值为 3，如果不是数，返回值为 NaN 错误状态。

10. extern void _push_(unsigned char _sfr);

    将特殊功能寄存器_sfr 中内容压入堆栈。

11. extern void _pop_ (unsigned char _sfr);

    将堆栈内容弹出到特殊功能寄存器_sfr 中。

八、跳转函数 setjmp.h

typedef char jmp_buf[_JBLEN];

1. extern volatile int   setjmp   (jmp_buf env);

   setjmp 函数将当前 CPU 的状态保存在 env，该状态可以调用 longjmp 函数来恢复。当 CPU 的当前状态复制到 env，当直接调用 setjmp 时返回值是 0，由 longjmp 函数来返回 setjmp 函数的调用时返回非零值，此时，返回值是传递给 longjmp 函数的值。

2. extern volatile void longjmp (jmp_buf env, int val);

   longjmp 函数恢复由 setjmp 函数保存在 env 中的状态，程序从调用 setjmp 语句的下一条语句执行，参数 val 为调用 setjmp 函数的返回值。

九、可变参数 stdarg.h

typedef char * va_list

1. void va_start(va_list argptr,Npara);

   初始化可变长度参数列表的指针，Npara 必须是 "…" 前的那个参数。

2. type va_arg(va_list argptr,type);

   从 argptr 指向的可变长度参数表中检索 type 类型的值，且必须根据参数列表中的参数顺序调用。

type 指定提取参数的数据类型。返回值为指定参数的类型。

3．void va_end(va_list argptr);

　　关闭参数表，结束对可变参数表的访问。

十、计算结构体成员偏移量 stddef.h

1．int offsetof(structure,member)

　　计算结构体成员 member 的偏移量。返回值为结构体成员对于结构体 structure 起始地址的偏移量字节数。

参 考 文 献

1. Intel. "Microcontroller handbook",1988.
2. Intel. "Software Handbook,1984.
3. 张毅刚. 《单片机原理及应用》. 北京：高等教育出版社，2004.
4. 胡汉才. 《单片机原理及其接口技术（第 2 版）》. 北京：清华大学出版社，2004.
5. 何立民. 《MCS-51 单片机应用系统设计》. 北京：北京航空航天大学出版社，1990.
6. 朱定华，戴汝平. 《MCS-51 单片机应用系统设计》. 北京：北方交通大学出版社，2003.
7. 牛煜光，李晓林等. 《单片机原理与接口技术》. 北京：电子工业出版社，2008.
8. 余锡纯，等. 《单片机原理与接口技术》. 西安：电子科技大学出版社，2003.
9. 李云钢，邹逢兴，龙志强编著. 《单片机原理与应用系统设计》. 北京：中国水利水电出版社，2008.
10. 张鑫主编，华臻，陈书谦副主编. 《单片机原理与应用》. 北京：电子工业出版社，2005.
11. 杨恢先，黄恢先等编著. 《单片机原理与应用》. 长沙：国防科技大学出版社，2002.
12. 梅丽凤，王艳秋，汪毓铎，张军编著. 《单片机原理及接口技术》. 北京：清华大学出版社，北京交通大学出版社，2004.
13. 周国运主编. 《单片机原理及应用（C 语言版）》. 北京：中国水利水电出版社，2009.
14. 李朝青编著. 《单片机原理及接口技术（第 3 版）》. 北京：北京航空航天大学出版社，2006.
15. 胡伟，季晓衡编著. 《单片机 C 程序设计及应用实例》. 北京：人民邮电出版社，2003.
16. 南建辉，熊鸣，王军茹编著. 《MCS-51 单片机原理及应用实例》. 北京：清华大学出版社，2003.
17. 吕能元，孙育才等编著. 《MCS-51 单片机微型计算机原理·接口技术·应用实例》. 北京：科学出版社，1993.
18. 张友德编著. 《单片微型机原理、应用与实验》. 上海：复旦大学出版社，1992.